一米高度：儿童友好型社区街道空间营建研究

郭菂 王 正 等著

东南大学出版社
·南京·

内容提要

本书运用环境可供性的儿童认知心理学和数字技术的儿童高度街景图像对社区街道空间展开研究,基于儿童群体的主观感知建立环境观察、评价体系、问题分析以及设计策略。希望通过用儿童的眼睛去看城市、以儿童的心理去感知环境的方式将儿童群体的意见纳入儿童友好型社区街道空间的营建,助力儿童友好型城市发展。同时,将社区街道的空间环境视为一种"资源",并认为充分评估和控制各种风险是最大限度地利用可用资源的一种手段。通过分析社区街道的交通、设施和物理空间对儿童活动的影响,尝试转译抽象的环境要素为具体的评价指标和空间语言,为儿童提供更好的、更适合的社区活动空间。

本书可供城市更新研究与设计专业人士、相关社区营建组织和实践者阅读。

图书在版编目(CIP)数据

一米高度:儿童友好型社区街道空间营建研究/郭茚等著. - -南京:东南大学出版社,2024.11. - -ISBN 978-7-5766-1753-5

1. TU984.12

中国国家版本馆 CIP 数据核字第 2024LN8195 号

责任编辑:曹胜玫　　责任校对:张万莹
封面设计:王　玥　　责任印制:周荣虎

一米高度:儿童友好型社区街道空间营建研究
YIMI GAODU: ERTONG YOUHAOXING SHEQU JIEDAO KONGJIAN YINGJIAN YANJIU

著　　者:郭　茚　王　正　等
出版发行:东南大学出版社
出 版 人:白云飞
社　　址:南京市四牌楼 2 号　邮编:210096　电话:025-83793330
网　　址:http://www.seupress.com
经　　销:全国各地新华书店
印　　刷:苏州市古得堡数码印刷有限公司
开　　本:787 mm×1092 mm　1/16
印　　张:17.5
字　　数:404 千
版　　次:2024 年 11 月第 1 版
印　　次:2024 年 11 月第 1 次印刷
书　　号:ISBN 978-7-5766-1753-5
定　　价:69.00 元

本社图书若有印装质量问题,请直接与营销部调换。电话(传真):025-83791830

前 言 Preface

儿童友好是当今城市发展中备受关注的话题。与外界具有较大隔离程度的主题公园等正式游戏场所并不能完全满足儿童的需求，非正式的户外公共活动空间是儿童活动最频繁的场所。社区街道作为一种能够实现日常交通和居民社会生活的城市开放空间，是人们体验城市时最直接的感受媒介，也是城市公共空间设计的重要对象。对于儿童而言，社区街道是他们日常通行的空间，为他们提供一定的安全感和归属感，其中存在着的大量社会化元素，使其成为儿童从家庭走向社会、接触社会的重要通道和学习场所，是孩子们的"第一个游戏场"。因此，儿童友好街道空间的更新设计是儿童友好城市建设中不可忽略的一部分。与此同时，儿童户外活动空间的研究和实践一直呼吁关注儿童的视角，需要规划设计者亲临其中，以儿童的身高、儿童的思维、儿童的行为方式去设计，满足儿童的真实需求。《一米高度：儿童友好型社区街道空间营建研究》运用环境可供性的儿童认知心理学和数字技术的儿童高度街景图像展开研究，其中建立的环境观察、评价体系、问题分析以及设计策略均基于儿童群体的主观感知。本书将空间品质定义为儿童对于街道环境的主观感知与对于街道空间是否能满足自身需求的综合性质量评定，这个评价体系反映的正是儿童群体对于街道建成环境的主观判断。本书希望通过用儿童的眼睛去看城市、以儿童的心理去感知环境的方式将儿童群体的意见纳入儿童友好型社区街道空间的营建，助力儿童友好型城市发展。

《一米高度：儿童友好型社区街道空间营建研究》上篇以认知心理学中的可供性理论为主要理论依据，运用可供性的观点理解儿童与环境之间的关系，通过街道环境的可供性和儿童对街道环境的依附性的交互作用，实现了主体与客体的共振共享、从感知到行为再到交互的互动关系。首先，上篇以文献整理和实地调研为基础分析儿童活动与社区街道空间的关系。在客体环境方面，根据社区街道定义及基本构成总结环境类、空间类和设施类的环境要素；在儿童主体研究上，运用观察主体、深度访谈、行为标注、问卷调查等方法探究区域内儿童街道感知与儿童认知与行为特征，将儿童活动分为认知探索类、散步休憩类和休闲游戏类，将社区街道空间存在的可供性分为认知可供性、功能可供性和社会可供性，并分析不同活动对街道中环境要素的具体需求。研究以可供性理论为联结点关联街道环境空间与儿童主体活动，将"感知—行为—交互"三者互动关系的抽象理论上升到可评估和可操作层面，综合主观与客观两个评价维度，构建包括评价目标、评价对象和评价要素的可供性视角下社区街道空间儿童友好度的评价框架以及可量化的儿童友好社区街道空间评价体系。其次，研究通过对比样本社区街道在评价体系下的结果、调研中儿童活动空间分布特征及受访者对街道儿童友好度的整体评价，将可供性理论落实到具体的、可基于调研结果直接对应的环境要素表现层次中。验证结果显示评价体系可行，评价方法简明清晰，量化评价能够反映街道对儿童活动实际需求的满足程度，为儿童友好型社区街道空间评价提供了新的视角。最后，研究以实际案例验证，获得各评价指标的量化值，发现社区街道为儿童提供的积极可供性以及儿童的需求与各环境要素可供性表现之间的差异，为挖掘街道空间在激发与使用者（儿童）互动方面的潜在价值提供依据，为儿童友好型社区街道的优化设计提供指引。

运用可供性思维理解儿童与环境的关系，是一个有积极意义的尝试。关注儿童与（街道）环境的双向互动关系是儿童理论的空间化，是一种空间效能协同需求的行为－空间耦合机制，街道空间对于儿童的刺激需要调整到儿童能够处理的合理水平。基于环境可供性的社区街道儿童友好评价框架具有一定的工具性，其目的在于帮助儿童感知复杂环境下的可供性，为儿童提供更好的、更适合的活动空间。当然，可供性与复杂街道环境之间的解释是多元和水平的，不应存在唯一解，只有坚持这个原则，才能更好地对实际生活的交互情况做出解释。

《一米高度：儿童友好型社区街道空间营建研究》下篇基于街景图像利用机器学习算法训练儿童视角下社区街道空间品质评价模型，对"一米高度"的街道空间品质进行大规模、高效率的评价与分析。首先，下篇梳理了相关理论、儿童群体的行为特点与心理特征，确定了儿童友好街道安全、舒适、儿童导向的评价维度，分析了街景图像和机器学习对于评估街道现状、赋能街道建设的价值和技术可行性。基于文献研究和技术可行性分析研究建立了以绿视率、天空可见度、步行可行度、车辆干扰度、界面围合度、行人指数、设施指数、视觉熵、色彩氛围度九个指标为基础的儿童视角下社区街道空间品质评价体系。其次，研究以评价体系指标为特征，以街景图像量化数据为输入变量，以基于图像偏好选择的空间品质主观评分为输出变量，通过性能比选最终以随机森林回归为模型算法，训练儿童视角下社区街道空间品质评价模型：在客观数据的量化处理方面，运用 Cityscapes 数据集与 SegFormer 算法对样本街景图像实施语义分割，以精确解析图像中建成环境要素，同时，采用 K-means 聚类算法与视觉熵算法对图像属性进行深层次挖掘与提取，以期全面表征街道空间特征；在主观数据的量化方面，采取 Elo 图像偏好选择算法对儿童的主观感知进行量化评分，确保个体主观评价的有效转化与统一衡量。在此基础上，研究将经量化处理的客观数据与主观数据分别作为机器学习模型的输入变量与输出变量，选择随机森林回归算法作为基础建模工具，通过超参调优与过拟合检验手段，确保模型的稳定性与泛化能力。最后，研究构建了能够准确反映儿童视角下街道空间品质及其三个维度的评价模型。所构建模型的损失函数均方差（MAE）平均值为 0.158，该数值处于较低水平，表明模型预测值与实际值之间的平均偏差较小。与此同时，模型的决定系数 R^2 均值为 0.454，揭示模型对实际数据变异性的解释能力达到中等水平，且模型预测结果与实际结果展现出较为一致的趋势，整体上显示出模型具有较高的预测准确度与可靠性。

儿童视角下社区街道空间品质评价模型在量化客观与主观数据的基础上，通过合理的算法选择与严格的模型训练，成功实现了对街道空间品质及其关键维度的有效评估。机器学习与街景图像的结合，不仅可以方便地获取街道基础数据，也保证了数据高效、精细化的利用，基于儿童视角能更为准确和科学地从人本尺度对街道空间进行儿童友好度评测，探索通过中微观层面的空间元素和结构优化来改善街道空间共享的设计依据，为创建更具有包容性与可持续性的城市提出新的思考。

《一米高度：儿童友好型社区街道空间营建研究》将社区街道的空间环境视为一种"资源"，并认为充分评估和控制各种风险是最大限度地利用可用资源的一种手段。然而，大多数社区街道不仅缺乏安全的活动环境和充足的活动空间，甚至通过严格的管理方法禁止儿童的停留与活动，从而未能充分发挥其最大潜力。本书尝试转译抽象的环境要素为具体的评价指标和空间语言，促进建成环境供给与儿童需求的匹配度，为儿童提供更好的、更适合的社区活动空间。中国是一个儿童人口大国，儿童数量位居世界第二位。因此，在城市建设和更新中，儿童视角不可或缺。儿童是我们的未来，寄托着我们对未来无限的想象，帮助他们走好人生的第一步，需要我们在"适儿化"改造中坚持"一米高度"视角，站在儿童角度，为儿童着想，为儿童努力。

郭 茹
2024 年 11 月

目 录 Contents

导论 以儿童的心理需求和视线高度作为研究视角

1 研究背景与意义 ······ 003
  1.1 研究背景 ······ 003
    1.1.1 快速城市化背景下儿童权利缺失 ······ 003
    1.1.2 国际儿童友好城市建设持续推进 ······ 004
    1.1.3 城市高质量发展阶段的切实需求 ······ 005
  1.2 研究意义和创新点 ······ 006
    1.2.1 研究意义 ······ 006
    1.2.2 研究创新点 ······ 006

2 基本概念 ······ 009
  2.1 儿童群体 ······ 009
    2.1.1 儿童心理特征 ······ 009
    2.1.2 儿童行为特征 ······ 009
    2.1.3 儿童友好场所特征 ······ 010
  2.2 社区街道 ······ 011
    2.2.1 社区的含义 ······ 011
    2.2.2 社区街道 ······ 012
    2.2.3 社区街道与社区 ······ 013
    2.2.4 社区街道中的环境要素 ······ 014

3 国内外研究现状综述 ······ 017
  3.1 国内外儿童友好理论 ······ 017
    3.1.1 国外儿童友好理论沿革 ······ 017
    3.1.2 国内儿童友好理论综述 ······ 020
  3.2 城市公共空间理论 ······ 021
    3.2.1 国外城市公共空间理论沿革 ······ 021
    3.2.2 国内城市公共空间理论研究 ······ 024
  3.3 儿童友好城市与街道 ······ 026
    3.3.1 儿童友好城市研究 ······ 026

3.3.2　儿童友好街道设计理念 ························· 027
　　3.3.3　儿童友好街道评价标准 ························· 028
3.4　国内外实践案例 ·· 029
　　3.4.1　国外实践案例 ··································· 029
　　3.4.2　国内实践案例 ··································· 031
3.5　研究现状总结 ··· 032

上篇　可供性理论下的社区街道空间儿童友好度评价

4　相关理论及研究方法 ·· 037
4.1　可供性理论 ··· 037
　　4.1.1　可供性理论内涵及发展 ························· 037
　　4.1.2　可供性的表现层次 ······························ 038
　　4.1.3　不同程度的可供性实现 ························· 039
　　4.1.4　可供性与活动 ··································· 040
4.2　可供性理论与设计 ··· 041
　　4.2.1　可供性理论在空间设计中的应用 ··············· 041
　　4.2.2　可供性理论应用于儿童友好空间设计的可行性 ·· 042
4.3　研究对象与方法 ·· 043
　　4.3.1　研究对象 ··· 043
　　4.3.2　研究内容 ··· 044
　　4.3.3　研究方法 ··· 044

5　可供性视角下儿童友好型社区街道评价体系构建 ············· 045
5.1　儿童友好型社区街道可供性分类 ·························· 045
5.2　儿童友好型社区街道评价指标选取 ······················· 047
　　5.2.1　社区街道中儿童活动的需求 ···················· 047
　　5.2.2　影响可供性的物质环境要素 ···················· 050
5.3　儿童友好型社区街道可供性表现量化 ···················· 052
　　5.3.1　认知可供性的量化评价标准 ···················· 052
　　5.3.2　功能可供性的量化评价标准 ···················· 055
　　5.3.3　社会可供性的量化评价标准 ···················· 058

6　儿童活动特征调研及倾向性分析 ······························ 061
6.1　调研范围与调研过程 ······································· 061
　　6.1.1　调研范围 ··· 061
　　6.1.2　社区概况 ··· 062
　　6.1.3　调研对象 ··· 063
　　6.1.4　调研过程 ··· 064
6.2　社区街道中的儿童活动分析 ······························· 066

		6.2.1 儿童活动的年龄特征 ⋯⋯⋯⋯⋯⋯⋯⋯⋯⋯⋯⋯⋯⋯⋯⋯⋯⋯⋯⋯ 066

- 6.2.1 儿童活动的年龄特征 ⋯⋯⋯⋯⋯⋯⋯⋯⋯⋯⋯⋯⋯⋯⋯⋯⋯⋯⋯⋯ 066
- 6.2.2 儿童活动的时空特征 ⋯⋯⋯⋯⋯⋯⋯⋯⋯⋯⋯⋯⋯⋯⋯⋯⋯⋯⋯⋯ 067
- 6.2.3 儿童活动的类型偏好 ⋯⋯⋯⋯⋯⋯⋯⋯⋯⋯⋯⋯⋯⋯⋯⋯⋯⋯⋯⋯ 070
- 6.3 受访者对社区街道内各环境要素的态度 ⋯⋯⋯⋯⋯⋯⋯⋯⋯⋯⋯⋯⋯⋯⋯ 071
  - 6.3.1 受访者对各环境要素的重视程度 ⋯⋯⋯⋯⋯⋯⋯⋯⋯⋯⋯⋯⋯⋯⋯ 071
  - 6.3.2 受访者对各环境要素的可供性评价 ⋯⋯⋯⋯⋯⋯⋯⋯⋯⋯⋯⋯⋯⋯ 073
  - 6.3.3 儿童在社区街道中的活动感受 ⋯⋯⋯⋯⋯⋯⋯⋯⋯⋯⋯⋯⋯⋯⋯⋯ 074

7 儿童友好型社区街道空间可供性评价 ⋯⋯⋯⋯⋯⋯⋯⋯⋯⋯⋯⋯⋯⋯⋯⋯⋯ 076

- 7.1 认知可供性评价 ⋯⋯⋯⋯⋯⋯⋯⋯⋯⋯⋯⋯⋯⋯⋯⋯⋯⋯⋯⋯⋯⋯⋯⋯⋯ 079
  - 7.1.1 社区街道认知可供性评价结果 ⋯⋯⋯⋯⋯⋯⋯⋯⋯⋯⋯⋯⋯⋯⋯⋯ 079
  - 7.1.2 社区街道认知可供性表现分析 ⋯⋯⋯⋯⋯⋯⋯⋯⋯⋯⋯⋯⋯⋯⋯⋯ 083
  - 7.1.3 街道环境要素对儿童认知的潜在和消极可供性 ⋯⋯⋯⋯⋯⋯⋯⋯⋯ 086
- 7.2 功能可供性评价 ⋯⋯⋯⋯⋯⋯⋯⋯⋯⋯⋯⋯⋯⋯⋯⋯⋯⋯⋯⋯⋯⋯⋯⋯⋯ 087
  - 7.2.1 社区街道功能可供性评价结果 ⋯⋯⋯⋯⋯⋯⋯⋯⋯⋯⋯⋯⋯⋯⋯⋯ 087
  - 7.2.2 社区街道功能可供性表现分析 ⋯⋯⋯⋯⋯⋯⋯⋯⋯⋯⋯⋯⋯⋯⋯⋯ 090
  - 7.2.3 街道环境要素对儿童活动的潜在和消极可供性 ⋯⋯⋯⋯⋯⋯⋯⋯⋯ 093
- 7.3 社会可供性评价 ⋯⋯⋯⋯⋯⋯⋯⋯⋯⋯⋯⋯⋯⋯⋯⋯⋯⋯⋯⋯⋯⋯⋯⋯⋯ 095
  - 7.3.1 各社区街道社会可供性评价结果 ⋯⋯⋯⋯⋯⋯⋯⋯⋯⋯⋯⋯⋯⋯⋯ 095
  - 7.3.2 社区街道社会可供性表现分析 ⋯⋯⋯⋯⋯⋯⋯⋯⋯⋯⋯⋯⋯⋯⋯⋯ 097
  - 7.3.3 街道环境要素对儿童社会交往的潜在和消极可供性 ⋯⋯⋯⋯⋯⋯⋯ 099
- 7.4 社区街道认知、功能和社会可供性评价总结 ⋯⋯⋯⋯⋯⋯⋯⋯⋯⋯⋯⋯⋯ 100
  - 7.4.1 安全性和开放性共存 ⋯⋯⋯⋯⋯⋯⋯⋯⋯⋯⋯⋯⋯⋯⋯⋯⋯⋯⋯⋯ 100
  - 7.4.2 偏好和多样的可供性 ⋯⋯⋯⋯⋯⋯⋯⋯⋯⋯⋯⋯⋯⋯⋯⋯⋯⋯⋯⋯ 100
  - 7.4.3 积极可供性和消极可供性 ⋯⋯⋯⋯⋯⋯⋯⋯⋯⋯⋯⋯⋯⋯⋯⋯⋯⋯ 101
  - 7.4.4 实现可供性和潜在可供性 ⋯⋯⋯⋯⋯⋯⋯⋯⋯⋯⋯⋯⋯⋯⋯⋯⋯⋯ 101

8 儿童友好型社区街道环境可供性优化策略 ⋯⋯⋯⋯⋯⋯⋯⋯⋯⋯⋯⋯⋯⋯⋯ 102

- 8.1 重视空间环境的整体性 ⋯⋯⋯⋯⋯⋯⋯⋯⋯⋯⋯⋯⋯⋯⋯⋯⋯⋯⋯⋯⋯⋯ 102
  - 8.1.1 整体性原则 ⋯⋯⋯⋯⋯⋯⋯⋯⋯⋯⋯⋯⋯⋯⋯⋯⋯⋯⋯⋯⋯⋯⋯⋯ 102
  - 8.1.2 相关问题及具体表现 ⋯⋯⋯⋯⋯⋯⋯⋯⋯⋯⋯⋯⋯⋯⋯⋯⋯⋯⋯⋯ 103
  - 8.1.3 合理统筹资源，重视空间环境的整体性 ⋯⋯⋯⋯⋯⋯⋯⋯⋯⋯⋯⋯ 104
- 8.2 提升友好参与的多样性 ⋯⋯⋯⋯⋯⋯⋯⋯⋯⋯⋯⋯⋯⋯⋯⋯⋯⋯⋯⋯⋯⋯ 106
  - 8.2.1 多样性原则 ⋯⋯⋯⋯⋯⋯⋯⋯⋯⋯⋯⋯⋯⋯⋯⋯⋯⋯⋯⋯⋯⋯⋯⋯ 106
  - 8.2.2 相关问题及具体表现 ⋯⋯⋯⋯⋯⋯⋯⋯⋯⋯⋯⋯⋯⋯⋯⋯⋯⋯⋯⋯ 106
  - 8.2.3 引导活动内容，提升友好参与的多样性 ⋯⋯⋯⋯⋯⋯⋯⋯⋯⋯⋯⋯ 108
- 8.3 考虑改造结果的平衡性 ⋯⋯⋯⋯⋯⋯⋯⋯⋯⋯⋯⋯⋯⋯⋯⋯⋯⋯⋯⋯⋯⋯ 112
  - 8.3.1 平衡性原则 ⋯⋯⋯⋯⋯⋯⋯⋯⋯⋯⋯⋯⋯⋯⋯⋯⋯⋯⋯⋯⋯⋯⋯⋯ 112
  - 8.3.2 相关问题及具体表现 ⋯⋯⋯⋯⋯⋯⋯⋯⋯⋯⋯⋯⋯⋯⋯⋯⋯⋯⋯⋯ 113
  - 8.3.3 平衡需求矛盾，明确更新改造的目的性 ⋯⋯⋯⋯⋯⋯⋯⋯⋯⋯⋯⋯ 113

下篇 数字技术方法下的社区街道空间儿童友好度评测

9 相关理论及研究方法 ··· 119
9.1 空间品质测度 ··· 119
9.1.1 空间品质 ··· 119
9.1.2 街道空间品质的量化测度 ··· 119
9.2 街景图像 ··· 120
9.2.1 街景与空间感知 ··· 120
9.2.2 街景图像的数据信息 ··· 121
9.3 机器学习 ··· 122
9.3.1 机器学习概述 ··· 122
9.3.2 机器学习与城市更新 ··· 123
9.3.3 计算机视觉 ··· 124
9.4 研究对象与方法 ··· 124
9.4.1 研究对象 ··· 124
9.4.2 研究内容 ··· 125
9.4.3 研究方法 ··· 126

10 "一米视角"下社区街道空间品质评价模型构建 ··· 127
10.1 儿童视角下社区街道空间品质评价指标选取 ··· 128
10.1.1 评价指标选取原则和步骤 ··· 128
10.1.2 街道空间品质评价指标的选取与定义 ··· 130
10.2 街景图像来源及量化 ··· 132
10.2.1 街景图像来源 ··· 132
10.2.2 街景图像语义分割 ··· 133
10.2.3 街景图像色彩聚类和视觉熵计算 ··· 136
10.2.4 量化结果统计 ··· 136
10.3 街道空间主观感知数据搜集 ··· 138
10.3.1 街道空间主观感知数据搜集途径选择 ··· 138
10.3.2 基于 Elo 系统的主观偏好数据搜集平台搭建 ··· 139
10.3.3 街道空间主观感知数据统计与处理 ··· 139
10.4 街道空间品质评价及量化数据预处理与分析 ··· 140
10.4.1 数据预处理与分析 ··· 140
10.4.2 街道空间品质评价指标相关性分析 ··· 141
10.5 儿童视角下社区街道空间品质评价模型训练 ··· 145
10.5.1 回归模型选择 ··· 145
10.5.2 机器学习回归模型搭建与训练 ··· 146
10.5.3 模型解释与结果分析 ··· 149

10.6 基于特征相关性与重要性的空间品质影响因素研究 151

11 "一米视角"下社区街道空间品质测度 156
11.1 研究范围与对象 156
11.1.1 研究范围 156
11.1.2 社区概况 158
11.2 社区街道空间品质各指标特征 158
11.2.1 社区街道空间各环境要素指标特征 158
11.2.2 社区街道空间品质各指标的空间分布特征 162
11.3 社区街道空间品质总体特征 169
11.3.1 社区街道空间品质总体特征 169
11.3.2 社区街道空间品质空间分布特征 170
11.3.3 社区街道空间品质构成模式 171
11.4 社区街道空间品质现状及问题 180
11.4.1 社区街道空间品质现状 181
11.4.2 社区街道问题总结 181

12 儿童友好型社区街道的空间品质优化策略 185
12.1 社区街道空间品质优化目标及原则 186
12.1.1 社区街道空间品质优化目标 186
12.1.2 社区街道空间品质优化原则 186
12.2 指标分级优化策略 187
12.2.1 安全性维度优化策略 187
12.2.2 舒适性维度优化策略 192
12.2.3 导向性维度优化策略 196

参考文献 200

附录 209

图表目录

导论

表 2-1	社区街道环境要素类型	015
图 2-1	不同年龄段儿童心理与认知发展特征	010
图 2-2	对于 KISS 原则的梳理与总结	011

表 3-1	为适合少年儿童居住设计的街道	029
表 3-2	儿童友好的城市设计原则	029
表 3-3	国外及国内儿童友好型空间实践案例	030
图 3-1	国外儿童友好理论沿革脉络图	017
图 3-2	国外儿童友好关键词聚类	018
图 3-3	国外儿童友好关键词突现性分析	019
图 3-4	国内儿童友好关键词聚类	021
图 3-5	国内儿童友好关键词突现性分析	021
图 3-6	国外公共空间关键词聚类	023
图 3-7	国外公共空间关键词突现性分析	023
图 3-8	国内公共空间关键词聚类	025
图 3-9	国内公共空间关键词突现性分析	025

上篇

图 4-1	可供性实现过程	040
图 4-2	可供性指导下的空间动态设计体系	042
图 4-3	样本社区位置及基本信息示意图	043

表 5-1	儿童友好型社区街道的可供性分类	046
表 5-2	儿童活动行为及需求	047
表 5-3	社区街道儿童友好评价指标体系	051
表 5-4	社区街道认知可供性评价标准	052
表 5-5	社区街道功能可供性评价标准	055
表 5-6	社区街道社会可供性评价标准	059
图 5-1	社区街道儿童友好评价体系图解	045
图 5-2	认知探索类活动下的儿童行为	049
图 5-3	各类儿童游戏对环境的需求	049
图 5-4	不同年龄段儿童的社交行为	049

表 6-1	四个社区基本情况一览表	061
表 6-2	样本社区街道空间现状	063
表 6-3	不同年龄阶段儿童特征	064
表 6-4	社区街道空间实地调研时间表	065
表 6-5	问卷结果汇总	066
表 6-6	儿童看护者情况统计表	067
表 6-7	儿童偏好的社区街道统计表	068
表 6-8	受访者对各环境要素的可供性评价	072
图 6-1	不同年龄段儿童喜欢的活动类型及人数	071
图 6-2	受访者对各环境要素的重视程度	073
图 6-3	受访者对社区街道的可供性评价	074

表 7-1	爱达花园社区街道空间类别	076
表 7-2	西堤国际社区街道空间类别	077
表 7-3	锁金村社区街道空间类别	078
表 7-4	唱经楼社区街道空间类别	078
表 7-5	各类型街道轴测示意图及现状照片	080
表 7-6	社区样本街道认知可供性表现评价结果	081
表 7-7	活动频率高的街道认知可供性得分	083
表 7-8	活动频率低的街道认知可供性得分	083
表 7-9	各社区认知可供性设计的具体表现	084
表 7-10	各社区街道认知可供性潜在和消极的具体表现	086
表 7-11	社区样本街道功能可供性表现评价结果	088
表 7-12	活动频率高的街道功能可供性得分	090
表 7-13	活动频率低的街道功能可供性得分	091
表 7-14	各社区功能可供性设计的具体表现	092
表 7-15	各社区街道认知可供性潜在和消极的具体表现	094
表 7-16	社区样本街道社会可供性表现评价结果	095
表 7-17	活动频率高的街道社会可供性得分	097
表 7-18	活动频率低的街道社会可供性得分	098
表 7-19	各社区社会可供性设计的具体表现	099
图 7-1	不同社区环境要素认知可供性评价对比	082
图 7-2	不同社区环境要素功能可供性评价对比	089
图 7-3	不同社区环境要素社会可供性评价对比	097

表 8-1	不同定位倾向街道的特征	103
表 8-2	社区街道中不同年龄段群体的活动需求及对应策略	108
图 8-1	基于可供性理论的儿童友好社区街道空间优化设计程序	102

图 8-2	整体性原则下儿童友好社区街道改造思路和流程	105
图 8-3	街道中不同尺度弹性空间的利用（以锁金村社区为例）	111
图 8-4	街道空间中休憩设施的不同形式	112
图 8-5	平衡性原则指导下优化设计过程示意	114
图 8-6	街道优化方案预评估与选择流程示意	115

下篇

表 9-1	机器学习分类（按标签分）	122
图 9-1	街景图像信息拆解	121
图 9-2	机器学习流程拆解	123
图 9-3	研究对象社区区位及建成年份	125

表 10-1	街道空间品质评价指标	129
表 10-2	街景数据集选择	134
表 10-3	语义分割算法选用	135
表 10-4	样本数据量化结果统计	137
表 10-5	街道空间主观感知数据统计	140
表 10-6	街道空间品质评价指标与目标变量的 Pearson 相关性分析	143
表 10-7	街道空间品质评价指标之间的 Pearson 相关性分析	144
表 10-8	常见机器学习回归模型算法	146
表 10-9	模型性能评估指标	147
表 10-10	各机器学习回归模型算法性能评估结果	148
表 10-11	优化前随机森林模型评估结果	149
表 10-12	优化后随机森林模型评估结果	149
表 10-13	随机森林回归模型训练结果	152
表 10-14	基于儿童和成人视角的街道空间安全性与各指标 Pearson 相关性分析	153
表 10-15	二级随机森林回归模型训练结果	154
表 10-16	一级指标与街道空间总品质的相关性及重要性占比	155
图 10-1	评价模型构建及训练逻辑图	127
图 10-2	评价体系构建逻辑图	128
图 10-3	测点分布示意图	133
图 10-4	街景采样示意图	133
图 10-5	车行、成人、儿童视角下的街景差异分析	133
图 10-6	SegFormer 核心网络框架	135
图 10-7	色彩氛围度量化流程图	136
图 10-8	街景图像量化总体流程图	137
图 10-9	基于 Elo 系统的主观感知数据搜集平台	139

图 10-10	经预处理的各量化结果箱型图	141
图 10-11	相关性分析关系图	142
图 10-12	随机森林回归原理	150
图 10-13	成人视角下安全性影响指标重要性统计图	153
图 10-14	儿童视角下安全性影响指标重要性统计图	153
图 10-15	二级评价模型训练逻辑图	154

表 11-1	样本社区街道空间现状	157
表 11-2	社区街道空间环境要素指标	159
表 11-3	安全性聚类字段差异性分析	175
表 11-4	安全性聚类分析	175
表 11-5	分类依据及区间	178
表 11-6	舒适、导向性聚类分析	178
表 11-7	儿童视角下南京市研究对象社区街道问题总结	182
图 11-1	社区街道空间品质实证研究框架图	156
图 11-2	社区街道各特征指标归一化结果统计图	160
图 11-3	社区街道主导色对比图	162
图 11-4	街道绿视率量化结果空间分布图	163
图 11-5	街道天空可见度量化结果空间分布图	164
图 11-6	街道行人指数量化结果空间分布图	165
图 11-7	街道设施指数量化结果空间分布图	165
图 11-8	街道车辆干扰度量化结果空间分布图	166
图 11-9	街道步行可行度量化结果空间分布图	167
图 11-10	街道界面围合度量化结果空间分布图	167
图 11-11	街道视觉熵量化结果空间分布图	168
图 11-12	街道色彩氛围度量化结果空间分布图	169
图 11-13	儿童视角下街道空间品质评价统计图	169
图 11-14	街道空间品质评价分布图	171
图 11-15	街道空间品质安全性维度分布图	172
图 11-16	街道空间品质舒适性维度分布图	173
图 11-17	街道空间品质导向性维度分布图	173
图 11-18	聚类特征选择逻辑图	174
图 11-19	安全性聚类数对比图（肘部法则）	174
图 11-20	安全性聚类散点图	174
图 11-21	街道空间安全性聚类分布图	176
图 11-22	舒适、导向性聚类数对比图（肘部法则）	178
图 11-23	舒适、导向性聚类散点图	178
图 11-24	街道空间舒适、导向性聚类分布图	179

表 12-1	儿童视角下社区街道安全性优化——以唱经楼社区为例	190
表 12-2	儿童视角下社区街道舒适性优化——以唱经楼社区为例	194
表 12-3	儿童视角下社区街道导向性优化——以唱经楼社区为例	198
图 12-1	社区街道空间品质优化框架	185
图 12-2	深圳百花儿童友好街道儿童安全保障措施	188
图 12-3	深圳桥头学校通学路段儿童安全保障措施	189
图 12-4	狭窄街道的绿化集成	192
图 12-5	多功能复合型绿地	193
图 12-6	畸零空间的活化利用	196
图 12-7	优化色彩环境打造趣味空间	197
图 12-8	可停留的全龄友好的街道家具	197

导论

以儿童的心理需求和视线高度作为研究视角

1 研究背景与意义

1.1 研究背景

1.1.1 快速城市化背景下儿童权利缺失

20世纪90年代以后,我国进入快速城市化发展时期。2022年,我国的城镇化率已达65.22%,比上年末提高0.50个百分点①。第七次全国人口普查数据显示,我国约有2.5亿0—14岁儿童,占总人口的17.95%,较上次人口普查,我国少儿人口比重回升②。以65.22%城镇化率推算,我国城市儿童约有1.63亿,儿童是城市中的重要群体。城市化建设给居民带来经济效益和便利生活的同时,产生的不恰当或不均衡的空间环境也会对弱势群体造成伤害,尤其是对儿童的生理和心理产生消极的影响。因此,厘清建成环境与行为的关系,创造更多有利于个人发展的空间及社会环境,让城市居民在社会工作、生活环境和政治参与等方面的权利和需求得到关注和满足,是当下城市规划建设的重点之一,也是坚持贯彻和深入理解"以人民为中心"发展理念的重要体现。

儿童在建成环境中的脆弱性是一个全球的共同问题。安全性方面,儿童道路交通伤害已被视作全球性公共卫生议题。全球儿童安全网络2007年4月26日在北京发布了中国儿童步行者道路交通伤害报告,指出道路交通伤害已成为我国儿童意外伤害的第二大主要死因。官方统计显示,中国平均每年有超过35 000名15岁以下的儿童因道路交通事故受伤甚至死亡,每10起儿童道路交通伤害中,就有4起受害者是儿童步行者③。在道路机动化、住区高层化的趋势下,适宜儿童步行的开放空间越来越少,儿童友好出行环境受限。另外,机动车辆带来的街道空气污染和噪声污染也对儿童的呼吸系统及神经系统造成了较为显著的负面影响④。生理和心理健康方面,城市化建设导致许多原本适合儿童进行身体活动的空间数量和面积骤减,研究表明在自然环境中玩耍和交流对儿童的

---

① 国家统计局:2022年城镇化率为65.22%,提高0.50个百分点[EB/OL].[2024-03-04]. http://m.ce.cn/yw/gd/202302/28/t20230228_38416962.shtml.
② 新华社:我国少儿人口比重回升[EB/OL].[2023-06-23]. http://www.xinhuanet.com/2021-05/11/c_1127431377.htm.
③ 全球儿童安全网络:道路交通伤害已成为我国儿童意外伤害第二大死因[EB/OL].[2023-06-23]. https://www.gov.cn/jrzg/2007-04/26/content_597991.htm.
④ Loder R T, Abrams S. Temporal Variation in Childhood Injury from Common Recreational Activities[J]. Injury, 2011, 42(9): 945-957.

心理健康发展有着积极影响①。缺少安全的公共空间以及空间超负荷利用等问题,成为诱发儿童肥胖症、近视等疾病的重要原因。儿童在自然环境中的活动机会较少,儿童注意力缺陷、抑郁症等上升与自然环境的割裂有着很强的相关性。或许,并非所有的城市化挑战都会给儿童带来负面影响,但儿童受到的伤害往往是最大的。

重视儿童是一个社会、一个国家文明进步的标志。儿童有权利受到尊重和重视,有权在安全的环境中成长,有权与家人共同享受游戏及休闲时光。然而,在城市的快速扩张期,以儿童为代表的弱势群体的安全和健康的权利容易被忽视。随着时代的发展,人们对儿童的成长环境有了更高的要求,社会各界对儿童的健康发展也将会有更全面的认识和更广泛的关注。

1.1.2 国际儿童友好城市建设持续推进

1924年,《日内瓦儿童权利宣言》的通过,成为儿童权利第一次真正走进国际视野的标志。1959年,联合国大会通过《儿童权利宣言》,在人类历史中长期缺席的儿童作为独立的群体开始受到国际社会的广泛关注。1989年《儿童权利公约》从法律意义上承认儿童的权利,对于儿童友好的讨论与研究方兴未艾②。

1996年,在伊斯坦布尔召开的第二届人类居住会议上,联合国儿童基金会(UNICEF)和联合国人居署(UN-Habitat)首次提出"儿童友好型城市"(Child Friendly City Initiative)概念。"儿童友好型城市"旨在满足不同年龄层次儿童的活动需求,提升城市及社区的儿童友好度,保障儿童绿色健康的物质生活空间以及平等、安全、不受歧视的社会生活环境。会议制定《国际儿童友好城市方案》,提出保护儿童权利、满足儿童需求、确保儿童参与三大方向,创建儿童友好城市从此成为国际城市建设领域的焦点议题。此后,联合国儿童基金会于2004年发布《儿童友好城市的行动框架》,2018年出版《儿童友好型城市规划手册》,2019年发布《构建儿童友好型城市和社区手册》,使城市如何更好地保障儿童权利逐渐变得具体与清晰。联合国人居署继2001年《人类居住议程Ⅱ》将儿童群体纳入环境决策体系后,又于2016年《人类居住议程Ⅲ》中呼吁承认儿童的权利不容商榷,城市和人类住区需要给儿童提供能让他们接受教育、充满安全感、愉快生活,并能充分激发其潜能的成长环境。儿童友好城市理论体系不断被健全和完善,对儿童友好城市建设的指导意义也越发富有成效。

随着讨论和研究不断深入,国际儿童友好型城市建设持续推进。截至2023年,全球已经有近50个国家积极响应,3 000多个城市和社区积极参与儿童友好建设,超过400个城市获得儿童友好型城市认证,80多个国家启动了儿童友好城市行动。可见,儿童群体的空间权益正逐渐受到国际社会的关注和重视,城市、街道、社区等多个尺度的空间均包含在内。其中,街道空间是儿童友好城市建设重要的空间类型之一,高质量的街道空间可以使儿童获得丰富的体验,有利于儿童的生理、认知、社交和情感的发展。

---

① 吕和武,王德涛.日本儿童的体力活动及其启示[J].体育文化导刊,2015(12):84-87.

② 《儿童权利公约》(Convention on the Rights of the Child),第44届联合国大会第25号决议通过,1990年9月2日正式生效。第七届全国人民代表大会常务委员会第23次会议批准了《儿童权利公约》,从此《儿童权利公约》成为我国广泛认可的国际公约。

1.1.3 城市高质量发展阶段的切实需求

伴随着城市快速扩张期的结束,城市发展的目标不再以物质空间的扩张为重心,我国开始转向以人为本的新型城镇化建设道路,转向社会的精细化管理和居民生活质量的提升①。过快的城市扩张加剧了土地资源与生态环境间的矛盾,实现"人的城镇化"依然面临重大挑战②。城市发展亟须实现从"高速度"到"高质量"、从"扩张"到"提升"的转变和再适应。以重塑功能环境、传承文化脉络、改善社会民生为重心的有机城市更新成为新时代城市发展的主流。在房地产化路径难以为继的同时,30年前更新建设的"新城"已变"老旧",迫切需要进行更新改造与品质升级。2023年开始,"好房子"成为城乡建设事业的重点工作,也成为行业内外的焦点话题,各地开始探索"高品质"住宅、住区、城区的建设标准和模式。提升现有居住品质,塑造高品质的生活空间成为新时代发展重点,对社会精细化管理和居民生活质量提升投入了更多的关注③。"以人为本"理念在各个领域逐步得到了重视,转变的过程中必然会更加关注弱势群体在社会、环境和政治参与等方面的权利和需求,其中就包含创造有利于其发展的空间及社会环境。

然而,城市建成环境反映的是成年人的基本空间需求,往往优先满足成年人的日常需要。早期城市规划也缺乏对儿童行为需求的充分考虑,导致诸多建成环境与儿童及其看护者的需求不匹配,引发了不安全风险、不健康风险、不够舒适便利等一系列问题,损害了儿童、家庭和社区的幸福感。事实上,建设儿童友好城市的受益者不仅限于儿童,建设儿童友好城市就是将儿童等各类有特殊需求的人群置于优先考虑的位置,通过不同尺度的设计和政策规划,建设对包括弱势群体在内的所有人友好的城市,正如联合国儿童基金会在其发布的《构建儿童友好型城市和社区手册》中提出的"对儿童友好的城市也是对全体居民友好的城市"④。因此,建设对儿童友好的城市就是建设对包括弱势群体在内的所有人友好的城市,对推动以人为核心的新型城镇化具有积极意义,是城市高质量发展阶段的切实需求。2021年,儿童友好城市建设已正式纳入国家发展蓝图,并计划在"十四五"期间开展100个儿童友好城市建设作为示范项目。同年10月,国家发展和改革委员会等部门印发的《关于推进儿童友好城市建设的指导意见》明确了创建儿童友好城市的指导思想、基本原则和主要目标,提出从社会政策、公共服务、权利保障、成长空间、发展环境5个维度体现儿童友好理念,推进儿童友好城市建设⑤。2023年,《城市儿童友好空间建设导则(试行)》发布,以公益普惠、安全健康、因地制宜为原则,指导各层级的儿童友好空间改造与建设。这标志着我国儿童友好城市建设已成为城市高质量发展、高品质生活目标下的全新风向标。

---

① ③ 柴彦威,谭一洺,申悦,等. 空间—行为互动理论构建的基本思路[J]. 地理研究,2017,36(10):1959-1970.
② 王世福,易智康,张晓阳. 中国城市更新转型的反思与展望[J]. 城市规划学刊,2023(1):20-25.
④ 联合国儿童基金会(UNICEF)和联合国人居署(UN-Habitat)共同发起的《儿童友好城市倡议》,提出通过提升儿童权利与福祉来促进人口长期均衡和城市可持续发展。愿景是每个儿童和青年都能拥有愉快的童年和青年时光,在各自的城市和社区中,平等享有自身权利,充分发挥自身潜力。至今,越来越多的国家和地区积极响应这一倡议,并付诸实践。
⑤ 中国政府网:《关于推进儿童友好城市建设的指导意见(发改社会〔2021〕1380号)》[EB/OL]. [2023-06-23]. https://www.gov.cn/zhengce/zhengceku/2021-10/21/content_5643976.htm.

1.2 研究意义和创新点

1.2.1 研究意义

建设儿童友好城市,寄托着人民对美好生活的向往,事关广大儿童成长发展和美好未来[①]。在《关于推进儿童友好城市建设的指导意见》发布的背景下,南京作为第二批建设国家儿童友好城市名单的入选者,从政策、空间、福利等层面置身儿童友好城市建设与更新,为儿童创建更友好的公共空间。随着"人民城市人民建,人民城市为人民"的重要理念越来越深入人心,强有力的城市规划、指向鲜明的变革项目和具体的社区更新"微基建"成为落实人民城市理论的重要抓手[②]。社区街道作为与儿童关系密切的生活性场所,其空间品质对于儿童身心发展有着重要影响,社区街道的儿童友好度也成为儿童友好城市的重要评判标准。可以说,本书立足南京,结合人民城市的建设要求和社区精细化的治理目标,开展儿童友好型社区街道的空间优化研究,不仅是儿童健康发展和现实的需求,也是城市向更高质量、更加公平发展的实践和探索。

本书研究的目的是从儿童身心特点和主观感知入手,探究儿童对于社区街道的空间需求,筛查街道空间中易被成人忽视的安全隐患和环境要素;通过文献分析和需求调研建立基于儿童视角的社区街道空间品质评价体系,为社区街道空间儿童友好更新提供前期策划、中期设计和后期评估的辅助工具;根据量化结果系统性提出社区街道空间的提升方向和提升策略,为"城市改造、街道更新"中结合街道空间现状和使用价值有针对性地进行优化提出新的思考和方法可能。其中,上篇"可供性理论下的社区街道空间儿童友好度评价"基于可供性理论对儿童友好社区街道空间进行研究,旨在探索物质环境空间供给与儿童真实需求的平衡点,不断挖掘现象背后的社会与环境影响机制,通过分析儿童活动的主观体验、街道现状的可供性评价结果,对比儿童对社区范围内街道的需求和现状以及街道对需求的满足程度,发现当前一些社区街道还存在资源配置错位、弹性空间利用和文化互动引导不足等问题。下篇"数字技术方法下的社区街道空间儿童友好度评测"运用街景图像和机器学习等数字化方法构建社区街道空间品质评价模型,科学量化儿童视角下社区街道空间品质现状;为"一米高度看城市"的儿童友好城市建设赋能,为儿童参与社区街道更新设计赋权,为社区街道儿童友好更新与设计提供数据支撑和策略参考。

1.2.2 研究创新点

(1) 以人为本的空间环境供给视角

本书从环境心理学视角,运用可供性观点理解儿童与环境之间的关系。正是街道环境的可供性和儿童对街道的依附性的交互作用,实现了主与客的共振共享,即"感知—行为—交互"的互动关系。将前述三者互动关系的抽象理论上升到可评估和可操作层面;通

[①] 丛楷昕,金云峰,邹可人. 人民城市理念下后疫情时期基于儿童友好的社区户外空间更新策略研究[C]. 2020世界人居环境科学发展论坛会议论文集. 成都,2020:162-165.

[②] Gibson J J. The Ecological Approach to Visual Perception: Classic Edition[M]. New York: Psychology Press, 2014:19-22.

过观察主体、深度访谈、行为标注、问卷调查等方法探究区域内儿童街道感知与儿童认知与行为特征;综合主观与客观两个评价维度构建包括评价目标、评价对象和评价要素的社区街道空间儿童友好度的评价框架、评估方法和技术路线;以实际案例验证,获得各评价指标的量化值,发现社区街道为儿童提供的积极可供性以及儿童的需求与各环境要素可供性表现之间的差异,为挖掘街道空间在激发与使用者(儿童)互动方面的潜在价值提供依据。

运用可供性思维理解儿童与环境的关系是一个有积极意义的尝试。关注儿童与(街道)环境的双向互动关系是儿童理论的空间化,是一种空间效能协同需求的行为—空间耦合机制,街道空间对于儿童的刺激需要调整到儿童能够处理的合理水平。基于环境可供性的社区街道儿童友好评价框架具有一定的工具性,其目的在于帮助儿童感知复杂环境下的可供性,为儿童提供更好的、更适合的活动空间。当然,可供性与复杂街道环境之间的解释是多元和水平的,不应存在唯一解,只有坚持这个原则,才能更好地对实际生活的交互情况做出解释。

(2) 研究"一米高度"的街道空间

本书在街景数据采集与主观评价过程中,采取了创新方法以贴近儿童视角。不同于依赖百度街景开源数据的做法,本书研究基于实地考察,推测儿童在社区内的活动路径,并采用相机以一米高度步行视角拍摄街景图像。为准确模拟儿童的视域,设定图像长宽比为5∶4,以获取"一米高度"视角下的完整街景信息。在主观评价量化过程中,进一步聚焦儿童群体,鉴于儿童在认知表达上的局限性,采用了易于理解与参与的图像偏好选择调研方式。这种方式有效克服了儿童在语言描述上的困难,有助于获得儿童对于街道空间品质的直观感知与评价,为构建儿童视角下的社区街道空间品质评价体系提供了可靠的数据基础。这种通过人工拍摄街景的采样方式,可以拓展街景等开源数据的覆盖广度和深度,使得一些基于新技术的分析方法能够运用于中微观尺度的公共空间研究,为深入分析和解读建成环境提供数据支撑。

通过数字技术为"一米高度看城市"的儿童友好城市赋能,为社区街道儿童友好更新与设计提供数据支撑和策略参考。儿童友好的街道空间不仅是一个交通稳静和出行安全的物理空间,更是一个实现儿童群体公共生活、自由互动和社会包容的人性场所[1]。基于社区建成环境数据,通过数字技术模拟儿童视角对社区街道建成环境品质进行评价,是将多源数据分析应用于中微观尺度的一次尝试,是将数字技术用于儿童感知与建成环境研究的一次尝试,是通过数字技术辅助儿童友好街道空间落地实践的一次尝试,是评估社区街道空间建成环境现状,挖掘社区街道空间非正式游戏可能性的一次尝试。

(3) 针对性精准提出空间优化策略

研究利用聚类分类特征高效定位空间问题,针对性提出优化意见。利用机器学习评价模型从儿童视角大规模、高效评价街道空间品质现状,与地理坐标信息关联并可视化呈现,实现低分街道精准识别。运用聚类分析算法对所采集的街景测点数据进行系统分类,通过数学建模手段实现对测点特性的精准划分与问题定位,揭示潜在的空间分布规律与

---

[1] 林芷珊,林广思. 基于可供性理论的儿童友好型开放空间研究现状与展望[J]. 风景园林,2022(2):71-77.

内在关联结构，为后续针对性的街道空间品质提升措施提供科学依据与决策支持。以相关性指数、特征重要性占比和可解释性为特征选择参考，从安全、舒适、导向三个维度对测点进行聚类，通过肘部法则确定聚类数量，将复杂的街景图像信息归纳为几个代表性的类别，有效简化数据结构，通过共性问题识别提高街景数据分析效率，以便后续针对性提出优化策略。

这一套由机器学习评价、地理信息可视化、聚类分析到优化建议生成的流程，可以为专业人员提供数据支持和决策辅助，使得他们能在全面掌握街道空间品质现状的基础上，结合场地具体条件，精准聚焦问题区域。特别是在社区公共服务、空间微更新、权利保障等各个方面，充分考虑弱势群体的活动空间，协调好个体与群体的关系，不断提升人民群众社区居住体验和城市人文关怀，建成对儿童真正友好的城市、对所有人都友好的城市。

基本概念 / 2

2.1 儿童群体

2.1.1 儿童心理特征

《儿童权利公约》与《中华人民共和国未成年人保护法》将儿童定义为18岁以下的任何人,《儿科学》将儿童划分为七个成长阶段:胎儿期、新生儿期、0—1岁的婴儿时期、1—3岁的幼儿时期、3—7岁的学龄前期、7—12岁的学龄期、12—18岁的青春期。不同的成长阶段具有不同的心理特征,0—3岁的儿童不能自理,易受环境的影响和侵害;3—7岁的学龄前儿童智力发育趋于成熟,逐步形成自己的个性;7—12岁的学龄儿童处于身高体重稳步增长、肌肉力量逐渐增强、动作技能日益精细化的发展阶段,求知欲和综合学习能力加强;12—18岁的青春期儿童易出现心理变化[1]。总的来看,7岁以上的儿童开始具有独立活动能力,儿童活动需求增大,独立性增强,对活动空间的要求明显提升。

在认知发展层面,让·皮亚杰(Jean Piaget)将儿童群体的认知发展过程分为四个阶段:0—2岁的感知运动阶段、2—7岁的前运算阶段、7—12岁的具体运算阶段以及12岁以后的形式运算阶段[2],其中7—12岁的具体运算阶段是儿童形成各种空间认知能力、掌握空间三维关系的发展阶段。这一阶段的儿童拥有了利用具体对象进行逻辑思考的能力,认知开始从具体化逐渐发展为抽象化,对于空间位置关系的认知也开始变化,开始进一步理解空间的几何关系。不同的成长阶段,儿童的心理呈现各异的特征(图2-1)。

2.1.2 儿童行为特征

受到儿童身心发展阶段的影响,儿童的行为特征与活动能力相较成人有较大差异。聚焦到儿童的步行活动特征,儿童因专注力和集中力有限,所以其活动轨迹具有随机性和多变性。儿童在街道中步行时虽然会有大致的前进方向,但由于好奇心,往往会被街道环境吸引并试图探索新的事物,在行走过程中会随机发生停留、绕行等行为。同时,儿童活动行为通常表现出明显的同龄群聚特性。由于年龄相近的儿童在认知水平和兴趣偏好上较为接近,相互之间更容易建立联系,他们往往更倾向于与同龄伙伴一同玩耍,游戏内容也会因参与者年龄差异而自然划分成不同的小群体。此外,儿童普遍喜爱隐秘性较强的空间及自然环境,这样的空间能赋予他们领域感和支配感,自然环境中丰富多彩的事物都

---

[1] 王卫平. 儿科学[M]. 北京:人民卫生出版社,2018:2-3.
[2] 皮亚杰. 发生认识论原理[M]. 王宪钿,等译. 北京:商务印书馆,1981:16-23.

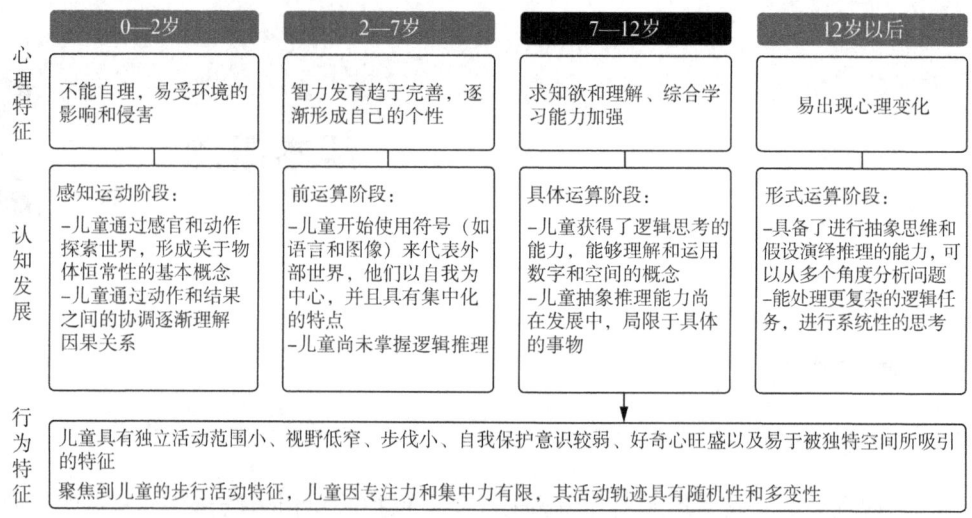

图 2-1　不同年龄段儿童心理与认知发展特征

资料来源:作者绘制

会激发儿童的好奇心和探索欲。

在视野层面,儿童身高远低于成人,如 7—12 岁男童标准身高为 124—152 cm[①],所以儿童步行时受到身高的制约,水平视域约为 90°,竖直视域约为 70°,明显小于成人水平约 150°、竖直约 120°的视域范围。因此,儿童更倾向于通过直观感知观察视线范围内可见可及的事物,很少会关注事物的整体。在交往距离层面,儿童由于体型小于成人,戒备心低于成人,交往距离也小于成年人,在交往中,儿童更倾向于互相交流、表达自我的近距离接触,没有距离感。总体来看,儿童具有独立活动范围小、视野低窄、步伐小、自我保护意识较弱、好奇心旺盛以及容易被独特空间所吸引的特征。

2.1.3　儿童友好场所特征

住建部等发布的《城市儿童友好空间建设导则(试行)》中,将建设儿童友好空间的基本原则定义为"安全健康,自然趣味",意味着儿童需要的是一个有安全保障的、有利于身心健康的、能满足儿童亲近自然天性的、能吸引儿童进行活动及交流的活动空间。2005 年,代尔夫特国际研讨会"儿童街区会议"中,提出了"儿童友好度 KISS(Kinder Street Scan)"评价标准,该标准由六个原则构成:社会与道路安全保障、适宜步行、儿童骑行友好、可满足儿童行动的自由、街道设施完备丰富、对儿童具有环境吸引力。笔者将这一原则进行总结,可知儿童友好的街道空间应是安全的、宜人的、满足儿童独立活动的、具有儿童吸引力的空间(图 2-2)。

结合上文儿童心理及行为特点,本书将儿童友好的场所特征归纳为支持儿童独立出行和活动的安全性,能让儿童接触自然、驻足游憩的舒适性以及充满趣味并能吸引儿童进行活动、交流、探索的儿童导向性。安全性可以分为交通安全、活动安全和社会心理安全

---

① 中国学生体质与健康研究组编. 2019 中国学生体质与健康调研报告[M]. 北京:高等教育出版社,2022.

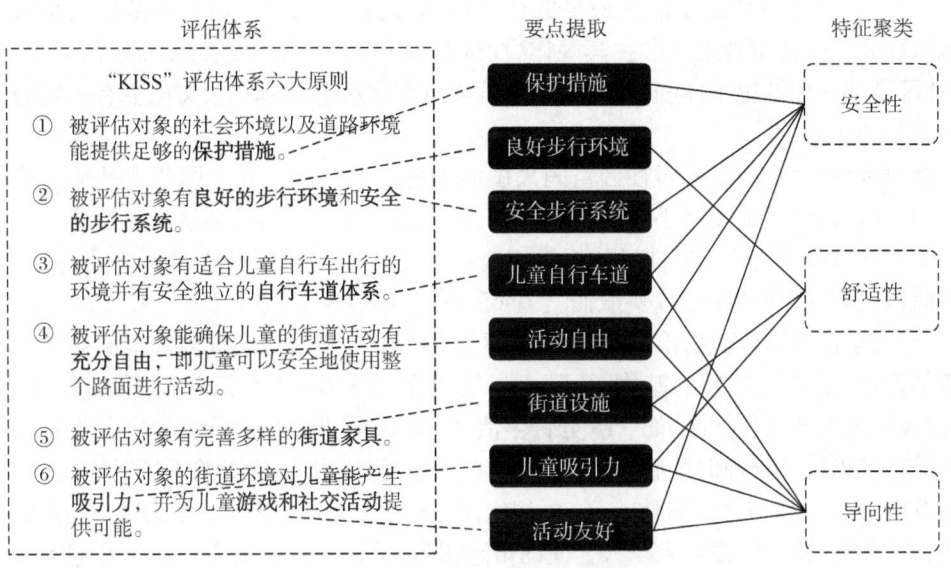

图 2-2 对于 KISS 原则的梳理与总结

资料来源：作者绘制

三个方面,是社区街道空间最重要、最基本的要求,是看护者允许儿童在街道进行独立活动的必要条件。首先,行驶的车辆是交通安全的最大威胁,拥有连续人行道和低交通量的街道有利于儿童进行户外活动。其次,活动安全的提升有利于非正式游戏的发生,能促使儿童更轻松地去观察环境,探索社会与自然。最后,安全的心理环境能增强儿童的安全感,街道眼、沿街商铺、监控设施都是增强社会心理安全的手段。舒适性与环境要素有关。适宜的物理环境、自然化的场所空间、宜人的空间尺度都能影响街道空间的步行舒适性。步行舒适性比起安全性是一种更主观化的维度,是提升儿童街道空间步行和活动体验的重要因素。儿童导向性则是尊重儿童群体需求的体现,是儿童权利的重要保障。儿童活动设施、儿童导向业态、教育标语、鲜艳色彩等带有明显儿童倾向的街道要素能在最大程度上引起儿童的共鸣,吸引儿童注意力并与其发生交互,彰显街道活力,使他们获得被尊重的满足感。

2.2 社区街道

2.2.1 社区的含义

"社区"(Community)具有地理属性和社会属性。地理学意义上的社区是具有相对固定区域的、具有一定数量人口的居民区。在社会属性上,社区是一个小型社会,社区居民具有共同的身份认同。德国社会学家斐迪南·滕尼斯(Ferdinand Tönnies)最早提出"社区是一种由一定人口组成的具有价值观念一致、关系密切、出入相友、守望相助的富有人情味的社会群体"[1]。社区概念在 20 世纪 30 年代进入我国,最初的含义仅与地域相关

---

① 滕尼斯. 社区与社会[J]. 顾海萍,译. 都市文化研究,2007(2):169-175.

联。1948年，费孝通给出了国内最早的社区概念，提到社区是以地区为基础的相对独立的地域社会。社会学者刘视湘在其著作《社区心理学》中为社区的定义加入社会要素，认为"社区是某一地域里个体和群体的集合，其成员在生活上、心理上、文化上有一定的相互关联和共同认识"①。

就地域范围而言，学界对社区空间尺度的理解并不一致。联合国儿童基金会将社区定义为规模、人口或重要性小于城市的、有人居住的地方。美国社会学家克拉伦斯·佩里（Clarence Perry）提出"一般社区的规模应提供满足一个小学服务人口所需要的住房，其实际面积由其人口密度决定，一般而言宜65公顷，半径不超过400米"②。2020年，住建部提出"完整住区"概念，指出"完整居住社区是指为群众日常生活提供基本服务和设施的生活单元，也是社区治理的基本单元，人口规模在0.5万—1.2万"。本书结合2018年《城市居住区规划设计标准》的"15分钟生活圈"范围，将儿童尺度的社区定义为儿童从家庭区域出发步行5分钟的区域，约为半径400 m的范围，覆盖儿童游乐场、幼儿园、公园、活动设施等单元。相比于居住小区、居住组团，社区的内涵更为丰富和复杂，包含更多人本化和社会化的因素，强调人与人之间的情感纽带，更符合以儿童为出发点的空间研究所面对的真实情况，可以更全面地满足儿童的社会权益、促进儿童友好型城市的建设。

2.2.2 社区街道

在汉语构成中，"街道"的含义包括以人行为主，发生丰富多样活动的"街"和以车为主，承载足够交通量，满足车辆通行的"道"③。街道是带有街区环境的空间，往往指"城市中两侧有房屋建筑的道路"，而非铁路、高速公路等单纯以交通为主的道路。可以从两方面理解城市街道，从功能属性来说，街道是提供了城市生活功能的通行性道路；从社会属性的视角来看，街道是承担着道路功能的城市场所。街道社会属性面向的主体是街道上的步行者，步行者在街道内行走并停留，通过各种各样的方式在街道上进行活动，结合当地的文脉、社会发展等要素，共同构成对城市的直观感受。

规划设计者和使用者对于街道关注的重点在于其所提供的交通和生活服务。斯蒂芬·马歇尔（Stephen Marshall）在《街道与形态》中也提到"现代街道的核心是交通与城市设计的关系"④，可见街道既是提供了城市生活功能的通行性道路，也是承担着道路功能的城市场所。交通功能是街道的基本功能，同时随着城市建设的完善和发展，街道因其开放性和公共性被纳入现代公共服务体系，通过市政设施和商业场所为城市居民提供生活服务，街道的社会属性也同样重要。维卡斯·梅赫塔（Vikas Mehta）将街道定义为"具有多种功能的开放空间，包括意料之外不可预见的功能，市民在此会不知不觉地放慢脚步，进行各种社交性的活动，愿意对自己平时不做的事情保持宽容，甚至产生兴趣"⑤，明确地

---

① 刘视湘. 社区心理学[M]. 北京：开明出版社，2013：56-60.
② 1929年美国人克拉伦斯·佩里创建了"邻里单元"（Neighbourhood Unit）理论。邻里单元理论包括6个要点：根据学校确定邻里的规模；过境交通大道布置在四周形成边界；邻里公共空间；邻里中央位置布置公共设施；交通枢纽地带集中布置邻里商业服务；不与外部衔接的内部道路系统。
③ 沈磊，孙洪刚. 效率与活力：现代城市街道结构[M]. 北京：中国建筑工业出版社，2007.
④ 马歇尔. 街道与形态[M]. 苑思楠，译. 北京：中国建筑工业出版社，2011.
⑤ 梅赫塔. 街道：社会公共空间的典范[M]. 金琼兰，译. 北京：电子工业出版社，2016：12-26.

提出了街道作为开放空间对于促进社会交往的重要意义。艾伦·雅各布斯（Alan Jacobs）认为一条伟大的街道可以有助于邻里关系的形成、促进人们的交往与互动，它将人们聚集在一起，并为人们的活动提供了环境与背景①。

城市中的街道根据其交通功能、沿街活动内容、空间特征的不同，可分为交通性街道、商业性街道和生活性街道等类型，本书研究的社区街道属于生活性街道，指在居住社区中长期具有人气的街道或街道段落。19 世纪末，西方城市化迅速发展，在现代主义和功能主义的影响下，城市中的街道被视作满足单一通行功能的基础设施，街道的步行性和生活性消失，街道上使用者的丰富活动也不复存在。20 世纪中期，以交通性街道为主的现代城市街道逐渐出现弊端，受人本主义思想的影响，恢复人性化街道空间的诉求愈发强烈。在这样的背景下，许多西方学者开始对生活性街道空间进行一系列的反思和研究。简·雅各布斯（Jane Jacobs）将街道步行空间所能提供给行人交往接触的机会与能力视作影响街道活力的重要因素，引发了学界对生活性街道的重视。随后，荷兰的德波尔（Niek De Boer）教授于 1970 年创建乌纳夫原则（Woonerf Principle），将人车共存作为核心理念，希望通过扩大社区中的步行空间范围保障街道内行人的活动，以达到提升街道生活环境质量的目的②。在牛津布鲁克斯大学进行的一次关于可持续环境满意度的调查中，艾伦·马奇（Alan March）首次较为正式地提出了"生活性街道"的理念，主张这类街道应具备熟悉性、独特性、易读性、安全性、舒适度及良好的可达性③；荷兰代尔夫特市在对"人车共存"理念的实践中亦提出"生活化街道"的构想。国内对于生活性街道的理解较为一致，认为生活性街道具有交通和生活的双重功能，是交通出行的通道，亦是居民的日常公共生活空间④。我国学者宋桐庆、朱喜钢以此为基础，在分析生活性街道空间衰落的原因后提出"共享街道"模式以期恢复富有活力的生活性街道空间⑤。由此可见，社区街道应该是容纳城市日常生活的一种场所。

2.2.3 社区街道与社区

社区街道与社区密不可分，可以说社区是通过街道串联起的由住宅和其他公共建筑组成的复合区域。伯纳德·鲁道夫斯基（Bernard Rudofsky）指出"街道的生存依靠周围的建筑，街道不会存在于什么都没有的地方，亦不可能同周围的环境分开"⑥，可见街道必定伴随着建筑物而存在。街道的空间形态与其所处的环境密不可分，两侧的建筑限定了传统城市街道空间。现代街道空间除建筑外，还可能由围墙、绿植、各类构筑物等更加多样的界面围合而成，形成丰富的街道空间形态。2016 年，《上海市街道设计导则》将街道

---

① 雅各布斯. 伟大的街道[M]. 王又佳，金秋野，译. 北京：中国建筑工业出版社，2009.
② 乌纳夫原则源于荷兰代尔夫特居民在 20 世纪 60 年代自发的一场运动，他们将邻里街道转变为居家庭院，即"Woonerf"以抵抗穿越性交通。乌纳夫原则的核心在于通过环境设计来强调慢行主导权，使街道成为人车共享的场所，同时作为公共活动空间和家的延伸。
③ March A, Rijal Y, Wilkinson S et al. Measuring Building Adaptability and Street Vitality[J]. Planning Practice & Research, 2012, 27(5): 531-552.
④ 方榕，刘碧玉. 生活性街道的形态规律及其动因研究：以南京为例[J]. 城市发展研究，2022(12): 129-136.
⑤ 宋桐庆，朱喜钢. 失落的城市街道空间[J]. 现代城市研究，2011(2): 86-91.
⑥ Rudofsky B. Streets for People: A Primer for Americans[M]. New York: Doubleday, 1982.

定义为"在城市范围内,全路或大部分地段两侧建有各式建筑物,设有人行道和各种市政公用设施的道路"[1],同样强调了界面对街道的重要性。

街道空间作为建筑实体之间的开放性空间,是社区公共空间的一部分,也是社区与城市的接口。相比于其他类型的街道,社区街道在交通组织、开放程度和服务对象三方面均具备较为明显的特点。在交通组织方面,社区街道是连接社区内部和城市道路的过渡地带,直接与社区出入口相接,是社区居民出行的必经之路。与社区的内部道路相比,社区街道允许各类机动车通行,以人行交通为主,机动车的通行量与城市道路相比明显减少,机动车的行驶速度也有所下降。在开放程度方面,社区街道对公众开放,由于其位置的特殊性,社区居民在社区街道中活动的频率更高,对社区街道更为熟悉,安全感更强。因此,社区内部居民和外部人员在社区街道空间中的感受存在一定的差异,往往表现在这两类社区街道使用主体的行为上。外部人员在社区街道中的活动大部分集中在通行、购物等必要性活动,社区居民则更容易在社区街道内发生停留、锻炼、休息、交谈等自发性的社会活动。在服务对象方面,社区街道面向的主要群体为社区居民,如沿街建筑中的党群服务中心的服务对象就限定在社区居民之中,街道旁各类商铺的主要顾客群体也多来自周边社区。可见,社区街道兼具交通、场所与社会属性,不仅是承载人流、车流及信息流的交通道路,也是居民开展人际交往、进行户外活动的重要载体,更承载着城市的历史底蕴与社区居民的认同与归属。

从儿童发展心理学角度来看,自发的游戏是保证儿童发展平衡性的四大要素之一[2]。作为与儿童关系最紧密的社区生活性街道,往往因其空间面积小、空间布局灵活、数量多、方便到达、随时吸引儿童参与体验等特点成为儿童的"第一游戏场"[3]。因此,儿童与作为生活性街道的社区街道有着更为直接有效的自发性接触[4]。然而,刘磊等指出,儿童街道游戏日渐式微,街道的场所性正在逐渐降低[5]。处于社区内部道路和城市道路之间既对城市开放,又因社区居民的归属感而被赋予了独特的场所精神的社区街道既能为儿童提供一定的安全感和归属感,还具备一定的社会化元素,是儿童从家庭走向社会的重要场所,是儿童拓展社交与发展认知的空间容器,具有大型主题公园无法替代的作用。由此可见,社区街道的环境质量对儿童的生理健康和社会化发展有着不容忽视的影响。对于城市中的儿童来说,街道是活动的重要区域,是积累社会经验的学习空间,是与同龄人的线性交往空间,是穿梭于学校、家、社区间的情感链接和生活链接。相比交通属性而言,街道的社会属性对于儿童具有更为重要的意义。

2.2.4 社区街道中的环境要素

社区建成环境对儿童的活动体验与身心健康有重要影响。一个安全有趣的社区环境

---

[1] 上海市规划和国土资源管理局,上海市交通委员会,上海市城市规划设计研究院.上海市街道设计导则[M].上海:同济大学出版社,2016:29.
[2] 周扬,关经纯,钱才云.基于行为特征与心理需求的儿童友好型社区户外活动空间研究[J].中国园林,2022(7):115-120.
[3] 沈瑶,云华杰,赵苗萱,等.儿童友好社区街道环境建构策略[J].建筑学报,2020(S2):158-163.
[4] 方榕.生活性街道的要素空间特征及规划设计方法[J].城市问题,2015(12):46-51.
[5] 刘磊,雷越昌,任泳东,等.儿童友好城市的中国实践[M].北京:中国建筑工业出版社,2022.

能促使儿童发生积极的社会互动,鼓励其进行步行、冒险、骑行等行为活动,使儿童感到被尊重与支持,有利于儿童社区归属感的形成及身心健康的提升。社区街道是儿童活动最基本的发生场所之一,具有功能复合、环境要素丰富的特点,由两个主要因素构成:社会环境与物质环境。环境行为学理论认为,行为的发生是环境和人相互作用的结果,二者之间关系越和谐,环境就越能支持人的行为需求。基于现有研究及社区街道特征,可将社区街道内的环境要素分为自然类、空间类、设施类和社会类四种类型,涵盖社区街道中支持儿童行为的环境要素(表2-1)。

表2-1 社区街道环境要素类型

名称		具体环境要素	儿童行为
自然类	自然环境	小型动物、水体、行道树、花坛等	儿童通过利用自然物如花草植被、沙石、雪花等进行摘花、打水漂、堆雪人等游戏活动
空间类	空间形态	街道形式特征、节点空间等	儿童往往选择在空间形态合理的地方如游戏场地、运动场地进行相应的活动,如打球、捉迷藏等
	街道界面	路面材质划分、地面铺装等底界面和沿街建筑等侧界面	儿童在平坦、安全的路面上发生奔跑、追逐游戏等行为,儿童观察界面装饰物、在街边商铺进行购物、饮食等
设施类	基础设施	可以提供信息的设施如交通信号灯、标识牌等	儿童根据交通信号灯的指示通过马路、张望来往车辆、辨认自己所处的位置等
	街道家具	可直接接触使用的设施如座椅、滑梯等	儿童利用设施进行休息、扔垃圾、运动、游戏等活动
社会类	社会环境	人群、商业、车辆、教育元素等社会性交互要素	儿童观察和学习社会运转,参与到与邻居、熟人的社会交往中

来源:作者绘制

自然类环境要素指的是社区街道中的自然物,包括街道两侧及周边的花草树木、水体景观、猫狗鱼虫等小动物。这些要素满足了儿童亲近自然的天性,营造了舒缓放松的环境,为儿童提供了愉悦的感官体验,也可以作为道具被儿童在游戏活动中使用。

空间类的环境要素包括空间形态、街道界面等,街道空间往往由底界面和侧界面共同组成,界面的色彩、材质、高差、功能、连续性等属性都会对社区街道内儿童的行为产生影响,树冠、遮阳棚等局部顶界面也会带来舒适的行走环境,为儿童提供逗留休息交流的空间。同时,街道的空间形态如建筑高度、街道宽高比、绿地率、建筑破碎度、节点广场等特征也影响和塑造着儿童的各类行为活动,与街道活力息息相关。

社区街道中的设施类环境要素分为基础设施和街道家具。基础设施主要包括交通信号灯、标识牌、斑马线、路障、监控、照明、无障碍等市政设施。这些要素是街道空间的必要设施,关系着街道的安全性、便捷性,保障儿童最基本的路权和独立出行能力。街道家具为儿童提供了可休息、可驻留的节点场所,有利于儿童及其看护者与周边环境产生更有意义的社会交互,包括公共座椅、饮水处、垃圾桶、风雨连廊、遮阳棚等公共设施,及游戏器材、健身器材、景观小品等活动设施。这些街道家具提升了儿童出行的趣味性、舒适性,能促进儿童想象力和创造力的发展,为缺少专属游戏场或绿地的社区提供更多公共活动的可能性。

　　社会类环境要素主要为人群密度、商业密度、教育性元素等能引发儿童产生社会性交互的环境要素。克莱尔·费里曼(Claire Freeman)指出,邻里是儿童成为更广大的公共生活一部分的地方,在儿童的生活中起着不可或缺的作用[①]。街道的社会类环境要素是邻里的重要组成部分,如街道行人的活动交往是儿童观察和学习社会运转的对象,熟人街道所营造的睦邻感是提升儿童社区归属感的重要因素,街道眼的存在也是提升街道安全性的保障。好的社会环境同物质环境一样,都是儿童渴求与珍视的。

---

① 弗里曼,特伦特. 儿童和他们的城市环境[M]. 萧明,译. 南京:东南大学出版社,2015.

国内外研究现状综述 /3

3.1 国内外儿童友好理论

3.1.1 国外儿童友好理论沿革

在人类历史记载中,儿童群体是长期"不被看见"的。现代对于儿童群体生存环境的关注和探索起源于20世纪初,其发展沿革与现代城市建设休戚相关(图3-1)。

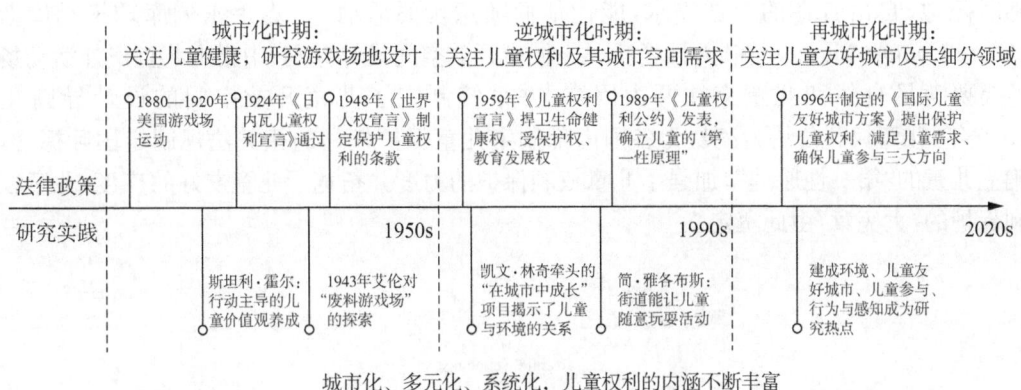

图 3-1 国外儿童友好理论沿革脉络图
来源:作者绘制

(1) 19世纪中叶—1950年:工业城市化阶段

第一次世界大战后,城市建设进程加快,越来越多的儿童陷入暴力、非正当行为、资本剥削和吸毒困境。随着保护儿童观念的不断深化,人们开始关注儿童,重视儿童。接受正常的教育成为儿童的主要任务,正如菲利浦·阿利埃斯(Philippe Ariès)在《儿童的世纪》中所说:"文明的进程已经把童年和成年分开,它是儿童进入成人社会的一个必需的过程。"① 1924年,《日内瓦儿童权利宣言》通过,将儿童视为一个弱小的、需要保护的对象,并就战后儿童生存问题、童工问题及儿童培养问题阐述了如何保障儿童权利。1948年,《世界人权宣言》更是制定了专门保护儿童权利的条款。1959年,《儿童权利宣言》破土而出,将儿童权利拓展为生命健康权、受保护权、教育发展权,细化了儿童权利的内容,深化

---

① 阿利埃斯. 儿童的世纪[M]. 沈坚,朱晓罕,译. 北京:北京大学出版社,2013.

了儿童权利理念。

在这一以建设与生存为背景的工业城市化阶段,儿童的健康与认知问题受到学者们的关注,公园、游戏场地的空间设计成为儿童友好的研究载体。20世纪20年代的欧美游戏场运动为城市儿童的社会教育做出了有益的探索。1931年,丹麦景观设计师卡尔·西奥多·索伦森(Carl Theodor Sørensen)在著作《城市和农村的开放空间》中首次提到废料游戏场,并在建筑师约翰·贝尔特尔森(John Berthelsen)的带领下,于1943年在丹麦建成了第一个冒险游戏场①。20世纪60年代开始的由凯文·林奇(Kevin Lynch)牵头的"在城市中成长"(GUIC:Growing Up in Cities)项目揭示了儿童与环境的关系,也成为儿童友好研究的里程碑②。

(2) 1950—1990年:逆城市化阶段

在20世纪的后半叶,欧洲步入逆城市化阶段。城市中"人"的主体性成为业界讨论的重点,"儿童"与"儿童权利"的内涵进一步发展,地位不断攀升。儿童不再是消极地接受保护和救助,而是要主动参与到社会生活中,儿童群体的城市空间需求也受到了学者们的关注。简·雅各布斯在《美国大城市的死与生》中指出,对儿童友好的街道可以满足儿童随时随地、自由自在的交往需求,能让他们随意玩耍活动③。克莱尔·库珀·马库斯(Clare Cooper Marcus)在《人性场所——城市开放空间设计导则》中指出儿童户外活动场所需要满足自然和儿童交往两大因素,并系统制定了儿童开放空间的设计导则④。1989年《儿童权利公约》发表,为各国内部制定儿童保护权利的相关法规制定国际标准,确立儿童的"第一性原理",加强了儿童权利保护的力度并拓宽了儿童友好的广度,儿童权利保护的"大宪章"由此奠定。

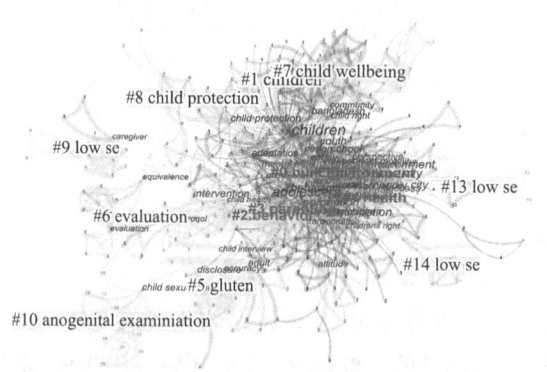

图3-2　国外儿童友好关键词聚类

来源:作者绘制

---

① 沈瑶,刘赛,赵苗萱.冒险游戏场的起源、实例与启示[J].国际城市规划,2021(1):30-39.
② Banerjee T, Lynch K. Growing up in Cities: Studies of the Spatial Environment of Adolescence in Cracow, Melbourne, Mexico City, Salta, Toluca, and Warszawa[M]. Cambridge: MIT Press, 1977.
③ 雅各布斯.美国大城市的死与生[M].金衡山,译.南京:译林出版社,2005.
④ 马库斯,弗朗西斯.人性场所:城市开放空间设计导则[M].俞孔坚,等译.北京:中国建筑工业出版社,2001.

引用突现最强的前15个关键词	年份	强度	第一次出现年份	最后一次出现年份	2004—2023
child sexual abuse	2004	2.29	2004	2011	
attitude	2004	2.23	2012	2017	
mobility	2004	2.2	2015	2016	
participation	2004	2.96	2017	2021	
youth	2004	2.83	2017	2021	
child participation	2004	2.29	2018	2020	
experience	2004	3.66	2019	2020	
design	2004	2.6	2019	2020	
physical activity	2004	3.33	2020	2023	
parent	2004	2.9	2020	2023	
play	2004	3.65	2021	2023	
space	2004	2.86	2021	2023	
childhood	2004	2.68	2021	2023	
impact	2004	2.59	2021	2023	
built environment	2004	2.54	2021	2023	

图3-3 国外儿童友好关键词突现性分析

来源:作者绘制

(3) 1990年以来:再城市化阶段

1990年后西方国家步入再城市化阶段,中心城区的复兴成为政策重点。在此背景下,联合国儿童基金会于2004年制定《儿童友好城市的行动框架》,提出保护儿童权利、满足儿童需求、确保儿童参与三大方向,为之后的儿童友好研究制定了总体性的框架。利用CiteSpace软件对2004—2023年的548篇建筑、城市、社会学领域的外网核心期刊论文进行关键词词频分析,发现建成环境、儿童友好城市、儿童参与、行为与感知成为近20年的研究热点;关键词聚类(图3-2)及其时间图谱显示,对于儿童友好建成环境的探讨长盛不衰,儿童行为与健康、家庭养育在近10年成为学者关注的焦点,儿童保护和儿童友好评估相关研究在2010—2015年的研究高峰后热度相对衰退。突现词图谱(图3-3)展示了在某段时期突然出现或频率突然增长的一类关键词,反映研究领域中的阶段性热点问题及其演变。近3年来对于建成环境和儿童行为心理的研究激增,学者们对于儿童友好的关注点回归到城市环境与儿童行为、游戏的联系上。哈利法(Khalifa)从环境心理学的角度推断一些影响儿童偏好和行为的因素,发现儿童偏好与认知、情感和社会发展有关[①]。迪维舒亚(De Visscher)从城市与儿童邻里的关系角度探讨了城市公共空间对儿童社会化的影响,认为城市公共空间也应该被视为儿童共同的教育者,对现有社会化进程和儿童公民身份具有重要影响[②]。

伴随城市从扩张期到逆城市化期到再城市化时期,儿童友好的研究范围从游乐场发展到社区再扩展到城市,儿童友好的核心从儿童保护转变为儿童权利再提升为儿童参与。多学科多元化的探索使得儿童友好的内涵不断丰富,研究框架也更加系统化,这为中国儿童友好研究与建设提供了理论参考和实践经验。

---

① Khalifa S I, Shafik Z, Shehayeb D. Young people's preferences in public spaces[J]. Archnet-ijar International Journal of Architectural Research, 2024,18(1):41-57.

② De Visscher S, Bouverne-de Bie M. Recognizing urban public space as a co-educator: Children's socialization in Ghent[J]. International Journal of Urban and Regional Research, 2008,32(3):604-616.

3.1.2 国内儿童友好理论综述

由于城市化进程的不同和社会经济水平发展的制约,国内对于儿童友好理论的研究比发达国家晚了15年左右。20世纪90年代后,英、美、德等发达国家的儿童友好空间建设经验开始传入我国,国内开始学习发达国家的儿童友好理论并研究其对于我国城市发展和政策制定的参考价值,如《居住区规划设计资料集》(1996版)曾对社区儿童游戏场地的指标、设计要点、设施标准等做了一系列说明以改善儿童活动环境[①]。这一时期,国内儿童友好理论局限于少量学者对于国外先进案例的解读与分析,尚未形成独立、成熟的研究体系。

21世纪开始,随着联合国儿童基金会与中国合作的深入,国内关于儿童友好话题的研究逐渐兴起,涉及社会学、心理学、行为学等多学科。利用CiteSpace软件对2004—2023年的446篇建筑、城市、社会学领域的国内核心期刊论文进行关键词聚类(图3-4)及其时间线分析,可以看到从2004年开始,儿童权利、儿童视角和社区更新一直是研究热点,研究者通过观察访谈、案例研究等方式对国内社区公共空间、建筑空间进行评估、研究和实践。沈瑶等基于对岩濑社区的解读和对丰泉古井社区街巷的空间观察,提出运用活动实践构建空间结构和社会结构交融共生的儿童友好社区环境[②];郭昀、石一杉等从认知可供性、功能可供性和社会可供性角度分析了建成环境为儿童用户的群体需求所提供的行为可能性,并提出了一种建成环境的评估方法[③],为儿童友好实践提供了理论指导。

经过10年左右的研究与实践,从2015年开始,研究者将视角落位到包含公共服务、城市治理、社会福利等在内的制度建设、策略指引和体系建构层面,不再局限于就儿童论儿童。因此,儿童友好城市、儿童参与等话题在2015年之后成为研究热点。沈瑶等通过分析现有的儿童友好相关实践,提出将社区空间作为公共领域的研究重点,实行"儿童参与+设计导则"的两步走策略,探索"政府引导+社会力量协同+社区居民自组织"的多元共建模式,构建集"政策、服务、空间"于一体的社区公共空间体系,全方位服务儿童及其家庭[④]。刘磊等提出儿童友好公共服务体系标准的制定思路、框架构建及管控维度,探索具有儿童发展、家庭组织等多方适应性的公共服务建设指南[⑤]。通过关键词突现性分析(图3-5)也可以明显看到,对儿童的关注逐渐从2010年之前的公共教育领域转移到城市空间、政策支持、权利保护上,儿童友好城市及其覆盖的建设体系、建设模式成为近年来国内学者的研究重点。

对比西方发达国家,我国儿童友好相关研究尚处于起步阶段。研究方法上多基于定性研究或者问卷、打分、层次分析法等传统量化手段,构建了大量可供参考的儿童友好指标体系。研究深度上多停留在理论层面,儿童参与如何从政策层面落实到实践层面,儿童

---

① 邓述平,王仲谷. 居住区规划设计资料集[M]. 北京:中国建筑工业出版社,1996.
② 沈瑶,云华杰,赵苗萱,等. 儿童友好社区街道环境建构策略[J]. 建筑学报,2020(S2):158-163.
③ Guo D, Shi Y S, Chen R Q. Environmental affordances and children's needs: Insights from child-friendly community streets in China [J]. Frontiers of Architectural Research, 2023,12(3):411-422.
④ 沈瑶,刘晓艳,刘赛. 基于儿童友好城市理论的公共空间规划策略:以长沙与岳阳的民意调查与案例研究为例[J]. 城市规划,2018(11):79-86,96.
⑤ 刘磊,任泳东. 面向儿童友好的公共服务体系构建与标准化研究[J]. 规划师,2023(7):48-55.

友好的社区更新如何普及推广，如何切实将儿童友好型设计理念与规划要求有效融入城市社区建设的政策框架及实际建设项目之中，仍然是当前儿童友好相关研究亟须解决的空白领域。

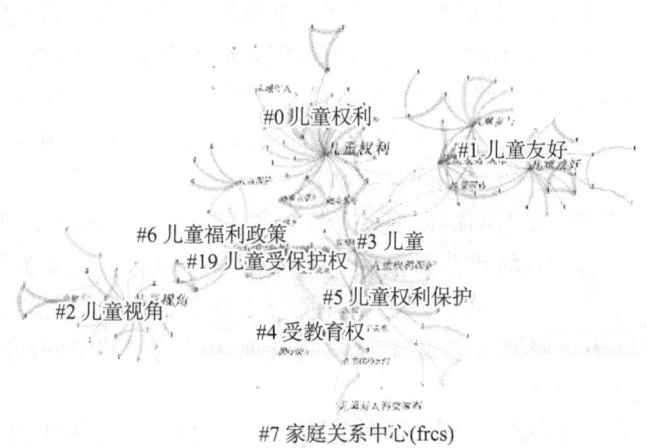

图 3-4　国内儿童友好关键词聚类

来源：作者绘制

引用突现最强的前15个关键词	年份	强度	第一次出现年份	最后一次出现年份	2004—2023
学龄儿童	2004	3.43	2004	2012	
居住自选择	2004	3.42	2004	2011	
普惠托育服务	2004	2.77	2004	2008	
服务共建	2004	2.77	2004	2008	
法治保障	2004	2.36	2004	2007	
双减政策	2004	2.24	2004	2013	
游戏权	2004	2.15	2004	2007	
未成年人	2004	2.64	2008	2014	
儿童权利保护	2004	2.04	2011	2017	
儿童福利	2004	2.92	2012	2018	
儿童友好城市	2004	3.96	2018	2023	
儿童参与	2004	2.12	2020	2023	
儿童友好	2004	8.55	2021	2023	
儿童友好型城市	2004	2.25	2021	2023	
风景园林	2004	2.1	2021	2023	

图 3-5　国内儿童友好关键词突现性分析

来源：作者绘制

3.2　城市公共空间理论

3.2.1　国外城市公共空间理论沿革

在西方国家，城市公共空间一直以来都是建筑学、心理学及社会学等学科的重点研究对象，传统意义上对城市公共空间的研究主要包括视觉审美、认知意向、行为心理和公共性四个层面①。

① 陈竹，叶珉. 西方城市公共空间理论：探索全面的公共空间理念[J]. 城市规划，2009(6)：59-65.

早期对于城市公共空间的研究往往植根于建筑美学的理念，主要依据公共空间的视觉美感、游览体验等因素来进行公共空间品质的研究和评判。卡米诺·西特（Camillo Sitte）通过对欧洲各城市中形态各异、设计手法多样的城市广场进行梳理，归纳出一套评价准则，强调了围合和封闭对于城市公共空间的重要性①。埃德蒙·N.培根（Edmund N. Bacon）在《城市设计》中通过对欧洲传统广场的深度考察，揭示出城市公共空间的美学价值本质上源于使用者在空间中移动时的审美体验。他进而提出了"同步运动系统"理念，从体量与空间的关系、感受的连续性出发，构建能够激发城市有机环境生命力的同步运动体系②。

对于城市公共空间认知意向的研究开始于凯文·林奇（Kevin Lynch）20世纪60年代提出的城市意象③。此后，城市公共空间对个体认知心理的影响成了城市设计学界的重点研究课题，学者们开始尝试将客观物质环境与心理学、社会学等学科深度融合，揭示人们在城市公共空间中对环境认知的内在规律，从而为其他公共空间的改造与规划设计提供科学依据，营造更宜人的居住环境。

还有一些学者从环境心理学和行为学角度出发，通过调研公共空间中人们的需求、情绪和心理机制来对城市公共空间进行研究和探索。扬·盖尔（Jan Gehl）基于城市公共空间中步行者的感知与行为，将户外活动分为"必要性的活动""自发性的活动"和"社会性的活动"，提出以人的感知为基础的人性化城市公共空间设计④。威廉·怀特（William Whyte）通过摄影的方式对纽约城市公共空间中市民的行为活动进行了长达10年的记录和研究，归纳出最能引导人们在公共空间发生交流与交往行为的实体特征⑤。比尔·希利尔（Bill Hillier）提出空间句法理论，认为整合度越高的街道网络越能形成更活跃的、更高效的社会交往空间⑥。

20世纪50年代，西方发达国家迈向后工业化阶段，城市空间发展变得完善和成熟。研究者们开始从哲学、社会学和政治性等多元视角研究城市公共空间，最终将研究重心聚焦于公共空间的"公共性"特质之上。史丹利·本（Stanley Benn）和杰拉尔德·高斯（Gerald Gaus）立足于社会科学，对"公共性"和"私密性"这两个社会生活概念进行了深入研究，提出从"利益""可达性"和"管理者"三方面对城市空间的公共性问题进行细致解读⑦。阿里·迈达尼普尔（Ali Madanipour）指出公共空间之所以隶属于城市中的全体市民，满足他们的需求并为他们服务，正是因为其公共性⑧。

21世纪以来，随着计算机技术及人工智能的发展，城市计算在海外城市研究领域的

---

① 西特. 城市建设艺术：遵循艺术原则进行城市建设[M]. 仲德崑，译. 南京：江苏凤凰科学技术出版社，2017.
② 培根. 城市设计[M]. 黄富厢，朱琪，译. 北京：中国建筑工业出版社，2003.
③ 林奇. 城市意象[M]. 方益萍，何晓军，译. 北京：中国建筑工业出版社，2001.
④ 盖尔. 交往与空间[M]. 何人可，译. 北京：中国建筑工业出版社，1992.
⑤ 怀特. 城市：重新发现市中心[M]. 叶齐茂，倪晓晖，译. 上海：上海译文出版社，2020.
⑥ Hillier B. Space is the Machine: A Configurational Theory of Architecture[M]. Cambridge: Cambridge University Press, 1996.
⑦ Benn S I, Gaus G F. The Public and the Private: Concepts and Action[M]. New York: St. Martin's Press, 1983.
⑧ 迈达尼普尔. 城市空间设计：社会—空间过程的调查研究[M]. 欧阳文，梁海燕，宋树旭，译. 北京：中国建筑工业出版社，2009.

应用呈现出日益广泛的趋势。通过关键词聚类(图3-6)及其时间线和突现性分析(图3-7)可以看到智慧城市、社交媒体、人工智能开始出现在城市公共空间的研究中。部分学者开始由对物质形态空间的研究转向对城市图像、影像、社交媒体等城市大数据的研究,甚至以此为基础利用各种新技术揭示城市本身的运行规律。托马斯·罗塞蒂(Tomas Rossetti)等首先利用离散选择模型量化人们对景观和环境的感知,再利用机器学习算法对公共空间图像进行语义分割,最后将分割的量化结果作为解释变量来预测智利圣地亚哥市的感知变量,发现这些感知变量与社会经济指标具有显著相关性[①];玛莎·法拉哈尼(Mahsa Farahani)等利用机器学习对德黑兰市人们的嗅觉感知进行时空建模,助力城市规划者和管理者为城市用户打造一个更愉快的嗅觉空间[②]。

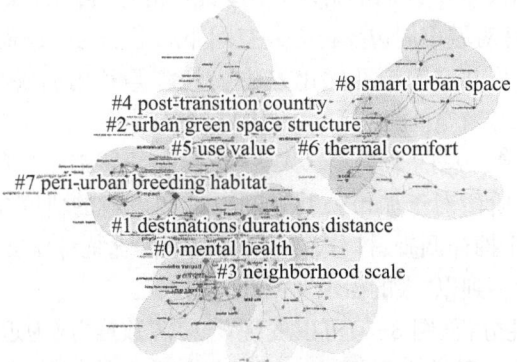

图3-6　国外公共空间关键词聚类

来源:作者绘制

引用突现最强的前15个关键词	年份	强度	第一次出现年份	最后一次出现年份	2004—2023
land use	2010	1.48	2013	2014	
social media	2010	2.17	2016	2018	
gi	2010	1.94	2017	2019	
biodiversity	2010	1.8	2017	2018	
health	2010	1.81	2018	2019	
simulation	2010	2.76	2019	2020	
neighborhood	2010	2.29	2019	2020	
smart city	2010	3.96	2010	2023	
pattem	2010	2.5	2020	2023	
irnpact	2010	2.18	2020	2021	
mortality	2010	1.94	2020	2021	
mental health	2010	1.9	2020	2021	
green space	2010	1.83	2020	2023	
covid-19	2010	2.81	2021	2023	
urban	2010	1.67	2021	2023	

图3-7　国外公共空间关键词突现性分析

来源:作者绘制

---

① Rossetti T, Lobel H, Rocco V, et al. Explaining subjective perceptions of public spaces as a function of the built environment: A massive data approach[J]. Landscape and Urban Planning, 2019(181):169-178.

② Farahani M, Razavi-Termeh S V, Sadeghi-Niaraki A, et al. People's olfactory perception potential mapping using a machine learning algorithm: A Spatio-temporal approach[J]. Sustainable Cities and Society, 2023(93):1-22.

3.2.2 国内城市公共空间理论研究

国内对于城市公共空间的研究起步较晚，但学术关注度在近几年显著上升。将关注点聚焦到规划与建筑领域，通过2006—2023年城市公共空间研究关键词聚类（图3-8）可以看到，国内研究者在城市更新的大背景下，从供需、公众参与、公共生活等视角对城市公共空间的不同对象，如街道、公园、开放空间等展开精细化研究，助力城市人本化转型。刘金从空间感知视角出发，研究国内外学者对人与城市公共空间之间的关系剖析，明确人与空间主客体之间的连接媒介，实现对城市公共空间质量的精确评估，从人本需求指导公共空间的规划设计[①]。王博在城市空间环境设计中引入环境心理学的相关理论，指出建筑师应该更加关注外部空间尺度中人们的诉求，创造真正舒适、健康、人性化的空间环境[②]。在研究方法层面，魏萍等针对城市周边乡村公共空间布局形态与村民需求不匹配的现状，提出"两模型三层级"的乡村公共空间精准优化方法[③]；汪淼等利用加权两步移动搜索法对南京市中心城区的城市绿色开敞空间进行可达性研究，发现老年人作为弱势群体在享受绿色开敞空间服务中被边缘化[④]。总的来看，"以人为本"的空间感知主导的环境改善与设计成了行业的研究热点。这一阶段对于城市公共空间设计和更新的研究多以小尺度实证研究为主，量化手段主要依托于抽样调查、打分、分类、赋权等传统统计学方法，但研究视角基本走向了从以"物质空间"为本到以"人的需求"为核心的转变。

通过关键词突现性分析（图3-9）可以发现，"多源数据"成为近5年的新兴研究热点，这与国外研究动态相仿。随着大数据的快速兴起与数据挖掘技术的发展，大数据平台的构建、"多源数据"的利用及相关探索性研究日新月异，迅速成长为新的学科发展前沿。徐宁在综合研判学科背景、研究内容及方法的基础上，以社会经济、规划地理、景观生态、物质环境及量化手段五大维度为框架，对城市公共空间的研究进行了系统性的阐述，总结了多学科视角下的公共空间研究谱系，认为数字化技术的应用已跃居研究热点之列，应基于城市语境审视公共空间，挖掘更多空间现象背后的深层机制[⑤]。叶宇[⑥]、龙瀛[⑦]等研究者基于街景图像数据，运用机器学习算法对街道空间要素进行提取，并使用神经网络算法训练评价模型，大规模获取街道场所的品质测度，为城市微更新提供精细化技术支持。王斐[⑧]、钮心毅[⑨]等使用手机信令数据测算时空轨迹，探究城市公共空间游客活动的时空特

---

① 刘金.空间感知维度下的城市公共空间情感化设计[C]//2022/2023中国城市规划年会.武汉，2023：1112-1120.
② 王博.建筑环境心理学在公共空间设计中的应用[J].建筑技术，2015(S1)：153-155.
③ 魏萍，蔺宝钢，张斌，等.基于SNA的城市周边乡村公共空间精准优化研究：以白鹿原地区车村为例[J].中国园林，2024(6)：91-96.
④ 汪淼，陈振杰，周琛.基于加权两步移动搜索法的城市绿色开敞空间可达性研究：以南京市中心城区为例[J].生态学报，2023，43(13)：1-10.
⑤ 徐宁.多学科视角下的城市公共空间研究综述[J].风景园林，2021(4)：52-57.
⑥ 叶宇，张昭希，张啸虎，等.人本尺度的街道空间品质测度：结合街景数据和新分析技术的大规模、高精度评价框架[J].国际城市规划，2019，34(1)：18-27.
⑦ 龙瀛，周垠.图片城市主义：人本尺度城市形态研究的新思路[J].规划师，2017(2)：54-60.
⑧ 王斐，赵渺希.城市滨水空间的活力测度及影响因素检验[J].中国园林，2023(3)：66-71.
⑨ 钮心毅，康宁.上海郊野公园游客活动时空特征及其影响因素：基于手机信令数据的研究[J].中国园林，2021(8)：39-43.

征、空间活力及其影响因素。仇志伟①、翟宇佳②等利用 GPS 对研究对象人群的活动轨迹进行采集，分析其场所偏好和行为特征，为科学规划与建设提供帮助；郑天晨③、蒋源④等基于网络社交数据分析研究对象人群的感知反馈与情绪状态，提出相对应的空间优化建议，为研究空间需求提供新的视角和途径。王建国指出“从数字采集到数字设计，再从数字设计到数字管理”，基于数字技术发展的数字化城市设计是席卷全球的智慧城市发展潮流的必然选择⑤。多样化的新兴技术和多元化的大数据使得人群行为预测和空间感知量化更为精准，有利于为我国城市更新空间实践提供指导与依据，满足人民群众对美好生活品质的需求。

#10 车辆配送模型
#8 寒地城市
#3 公园城市
#0 城市更新
#1 高架桥
#5 以人为本
#4 城市设计
#6 城市公园
#2 公共领域
#11 城市品质
#7 大数据

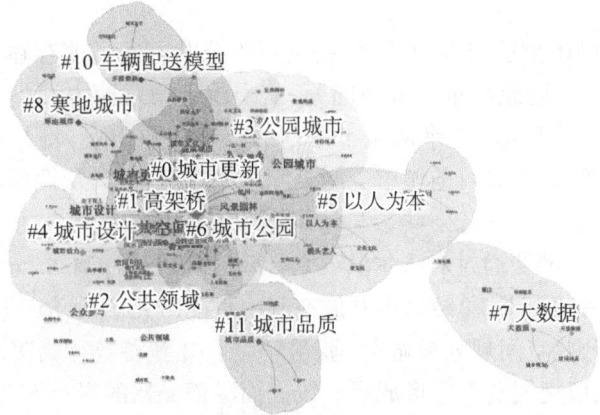

图 3-8　国内公共空间关键词聚类

来源：作者绘制

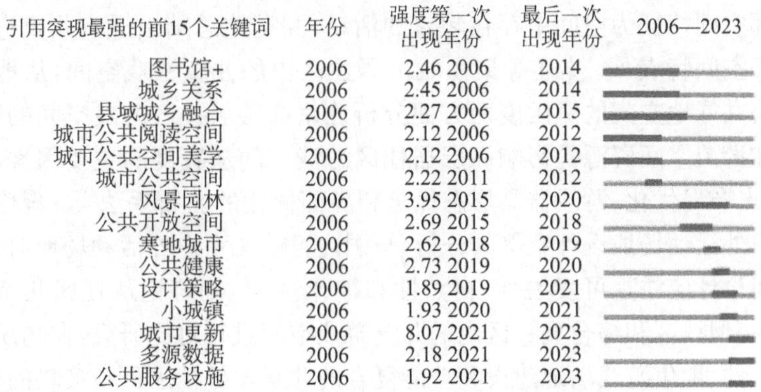

引用突现最强的前15个关键词
年份
强度
第一次出现年份
最后一次出现年份
2006—2023
图书馆+ 2006 2.46 2006 2014
城乡关系 2006 2.45 2006 2014
县域城乡融合 2006 2.27 2006 2015
城市公共阅读空间 2006 2.12 2006 2012
城市公共空间美学 2006 2.12 2006 2012
城市公共空间 2006 2.22 2011 2012
风景园林 2006 3.95 2015 2020
公共开放空间 2006 2.69 2015 2018
寒地城市 2006 2.62 2018 2019
公共健康 2006 2.73 2019 2020
设计策略 2006 1.89 2019 2021
小城镇 2006 1.93 2020 2021
城市更新 2006 8.07 2021 2023
多源数据 2006 2.18 2021 2023
公共服务设施 2006 1.92 2021 2023

图 3-9　国内公共空间关键词突现性分析

来源：作者绘制

① 仇志伟，周典，徐怡珊，等. 基于 GPS 数据分析的城市社区老年人日常生活领域调查方法研究[J]. 建筑学报，2017(S1)：59-62.

② 翟宇佳，吴承照. 基于 GPS 数据与空间统计的城市森林公园景观偏好研究[J]. 中国园林，2020(6)：45-50.

③ 郑天晨，严岩，章文，等. 基于社交媒体数据的城市公园景感评价[J]. 生态学报，2022，42(2)：561-568.

④ 蒋源，于儒海，曹爽，等. 基于网络社交数据的城市情绪地图及空间优化探索：以成都市为例[J]. 规划师. 2023(9)：56-62，77.

⑤ 王建国. 基于人机互动的数字化城市设计：城市设计第四代范型刍议[J]. 国际城市规划，2018(1)：1-6.

3.3 儿童友好城市与街道

3.3.1 儿童友好城市研究

目前国内对儿童友好城市的相关研究大多以现状调查和设计实践为切入点,结合儿童特点掌握城市空间中现存问题,回顾或总结儿童友好城市空间的设计原则,进而提出相应的策略。

(1) 城市尺度

毛华松等通过调研重庆市儿童活动,提出城市公共空间目前存在着儿童活动空间匮乏、设施相对单一、安全隐患严重三方面问题,从宏观和微观两方面提出城市公共场所中儿童活动空间的建设策略[1]。丁宇从城市规划的宏观视角出发,将儿童在城市空间使用中的弱势现状作为切入点,对目前城市空间分配机制进行分析,从调整城市政府体制以促进多方合作、鼓励儿童广泛进行公共参与和制定积极的环境政策三方面提出保障儿童利益的城市设计策略[2]。邢斐通过对哈尔滨五个行政区现状进行调研,分析城市开放空间中儿童的活动特征和活动需求,总结城市开放空间中可能对儿童活动产生影响的相关因素,提出儿童友好城市开放空间规划策略[3]。张昊宁结合儿童游戏行为需求构建出城市游戏空间网络,提出在城市规划层面应形成点—线—面纵横交错的城市游戏空间网络,并分别从居住区、城市公园、生活性道路三方面归纳儿童游戏空间的建设要求和规划布局[4]。

(2) 社区尺度

崔淑芝对大连多个居住区的外部空间环境进行调研,认为易诱发儿童交往行为发生的居住区外部空间特征为空间中存在频繁的活动,并据此总结出适宜儿童进行社会交往的居住区外部空间特点[5]。沈瑶等聚焦城市居住区中的儿童游戏空间,从地上停车空间的安全性和公共绿地空间的宽敞度两方面分析北京高层居住区游戏空间的适宜度,认为道路安全性和游戏空间资源是影响高层居住区游戏空间适宜度的主要因素,提出步行者优先、游戏据点布局优化、游戏器具形态优化和界面优化的更新手法[6]。蒋玲等通过对三个国外儿童户外活动场地设计案例的分析,与国内目前儿童户外活动场地对比,提出儿童户外活动空间设计应注重可发展性、自然性和趣味性[7]。刘晓艳从社区儿童游戏空间入手,通过对单一型社区和综合型社区内的儿童游戏空间进行对比研究,在物质层面上提出提升街道安全性、聚焦游戏场地建设和功能复合的儿童友好社区更新策略的同时,还在非物质层面上提出了包括儿童参与、培训社区规划师和商业化惠普化并行运营在内的管理

---

[1] 毛华松,詹燕. 关注城市公共场所中的儿童活动空间[J]. 中国园林,2005(9):14-17.
[2] 丁宇. 儿童空间利益与城市规划基本价值研究[J]. 城市规划学刊,2009(7):177-181.
[3] 邢斐. 城市开放空间儿童友好性设计研究[D]. 哈尔滨:哈尔滨工业大学,2011.
[4] 张昊宁. 城市儿童游戏空间规划[D]. 北京:北京林业大学,2011.
[5] 崔淑芝. 住区外部空间儿童交往行为的案例研究[D]. 大连:大连理工大学,2009.
[6] 沈瑶,木下勇,贺磊. 高层居住小区儿童游戏空间发展特征与更新方向[J]. 人文地理,2015(3):28-33.
[7] 蒋玲,潘明率. 儿童户外活动空间小尺度设计研究:从几例国外儿童户外活动场地设计实例中借鉴[J]. 华中建筑,2015(8):69-72.

运营建议①。张渡也将儿童需求作为出发点，将儿童参与、布局形式、安全性、舒适性、成长性作为评价指标，从儿童参与机制、儿童活动空间和儿童出行路径三方面对深圳市新田社区现状进行了分析与评价，对社区中存在问题的公共空间提出了有针对性的优化策略②。

3.3.2 儿童友好街道设计理念

除了城市尺度和社区尺度外，国内外学者也提出了多种儿童友好街道的设计理念，对儿童友好街道的设计实践起到了重要的指导作用。前文提及的生活化街道（Woonerf）的概念，将儿童是否能够使用全部宽度的道路作为评价街道儿童友好度的重要标准之一。1995年，英国街道安全主义倡导者芭芭拉·普雷斯顿（Barbara Preston）提出社区地带（Home Zones）概念，对社区住宅单元前共享路面所组成的线性空间进行资源整合，为儿童提供最大限度活动的可能性③。社区地带概念更为全面地覆盖了社区空间资源，在保障儿童空间利益的同时满足了儿童活动时对街道安全性、活动设施和社区归属感的需求。2016年，在伯纳德·范·里尔基金会（Bernard van Leer Foundation）的支持下，城市95计划（Urban 95）在美国正式提出，该计划强调儿童视角下的城市设计和儿童参与，支持城市决策者与设计师从95 cm（3岁儿童的平均身高）的高度观察城市环境，并对街道的可玩性提出了要求④。

国内学者也从多种角度对街道尺度的儿童友好空间开展了研究，现有研究主要聚焦于儿童体力活动、空间类型和儿童通学路径三个方面。

(1) 儿童友好街道与体力活动

在将儿童活动作为重心的研究中，王婷将儿童交往活动作为切入点，研究包括线型空间、L型空间、T型空间、十型空间和点状空间在内的不同类型街巷空间对儿童活动的影响，总结易诱发儿童交往行为发生的街道空间特征为童化性、领域性、可达性和自然性⑤。魏子珺根据现有研究梳理街道环境影响因子，采用主成分分析与回归分析、双变量相关性分析的统计学方法对儿童街道活动与街道环境的关系进行量化分析，将诱发儿童活动的社区街道环境特征归纳为环境可触碰、场地可停留、设计儿童化和活动的延展性⑥。

(2) 儿童友好街道的空间类型

在儿童友好型街道空间类型的研究方面，赵乃莉对多个国家儿童友好实践案例进行分析，认为儿童友好街区的建设需要安全的整体交通环境、合理的儿童出行路径和适宜儿童户外活动的空间序列⑦。程超通过对长沙市商业步行街的实地调研和分析，发现儿童

---

① 刘晓艳. 基于儿童友好城市理论的社区公共空间更新策略研究[D]. 长沙：湖南大学，2018.
② 张渡也. 儿童友好型社区公共空间设计研究[D]. 深圳：深圳大学，2019.
③ Gill T. Home Zones in the UK: History, Policy and Impact on Children and Youth[J]. Children, Youth and Environments, 2006, 16(1): 90-103.
④ 卞一之, 朱文一. 95 cm高的城市：伯纳德·范·里尔基金会及其城市95计划解读[J]. 城市设计, 2019(6): 38-47.
⑤ 王婷. 易诱发儿童交往行为发生的老城街巷空间研究[D]. 武汉：华中科技大学，2006.
⑥ 魏子珺. 诱发儿童街道活动的组团式社区街道环境研究[D]. 哈尔滨：哈尔滨工业大学，2019.
⑦ 赵乃莉. 国外"儿童友好型"街区环境设计及启示[D]. 北京：北京林业大学，2010.

在以复合空间为主的街道中开展活动的场所往往分布在景观小品及其环境围合的"凹"型空间中①。武昭凡利用频度统计法和分析归纳法确定儿童友好街道的空间评价指标，并通过构建比较矩阵确定各指标权重，进而对西安曲江新区城市街道进行评估，并从规划布局、景观设计、管理运营等方面对城市街道空间提出优化策略②。

（3）儿童友好街道与通学路径

在针对儿童通学路径的研究上，沈瑶等通过对儿童放学路径上活动的观察，就停留点和道路类型两类街道空间与儿童活动的关系进行分析，提出了包括避免破坏老商铺、提高城市公共开放空间质量、加强交通规制管理在内的城市中心区放学路径规划改造建议③。杨樊等利用GPS技术解析儿童行动路径与社区空间结构安全性之间的关联，将社区分为"街道型""封闭型"和"居委社区"三类，通过不同类型社区儿童行动轨迹的比较，认为"街道型"社区的空间路网更有利于居民出行，有助于提高儿童的通学安全④。孙霞等利用GPS技术在合肥市发展程度不同的三个城区内追踪小学生放学路径，探讨学校周边空间和放学路径的关系，得出小学生更倾向于选择附近存在绿地、居住区和公园等功能的街道的结论⑤。魏琼等运用SPSS（Statistical Package for the Social Sciences，社会科学统计软件包）分析方法对小学生放学后产生停留行为的游憩空间的分区要素特征数值进行聚类分析，研究游憩空间与小学生行为轨迹的相关性，发现滨水区最利于促进小学生停留行为⑥。彭川子等运用层次分析法（AHP）构建道路安全评价指标体系，在此基础上评价深圳南山区学校周边道路的安全性，提出提高学校周边道路安全性的改造策略⑦。

3.3.3 儿童友好街道评价标准

2005年，欧伯雷瑟·芬柯（Oblosser Finke）以德国多特蒙德大学的研究为基础，提出了包括街道空间在内的城市开放空间的少年儿童友好程度的配套标准（表3-1）⑧，其关注点集中在街道的连通性及安全性。前文提及的KISS评价标准，希望可以尽可能客观地评价道路适合步行与骑行的程度，提出社会与道路安全保障、适宜步行、儿童骑行友好、可满足儿童行动自由、对儿童具有环境吸引力、游戏设施完备丰富六项儿童友好城市设计原则（表3-2）⑨，建立了更加全面的街道儿童友好度评价体系。2015年，美国学者詹姆斯·塞利斯（James Sallis）对儿童体力活动与微观尺度环境具体指标的关联度进行定量研究，

---

① 程超.为儿童着想的城市开放空间研究[D].长沙:湖南大学,2011.
② 武昭凡.儿童友好视角下西安曲江新区城市街道空间评估与优化策略研究[D].西安:西安建筑科技大学,2021.
③ 沈瑶,张丁雪花,李思,等.城市更新视角下儿童放学路径空间研究:以长沙中心城区案例为基础[J].建筑学报,2015(9):94-99.
④ 杨樊,高翔,李早.儿童放学后行动路径与社区空间结构的关联性研究[J].城市设计,2017(4):62-69.
⑤ 孙霞,李早,李瑾,等.基于GPS技术的小学生放学路径调查与学区服务半径研究[J].南方建筑,2016(2):80-85.
⑥ 魏琼,李早,胡文君.小学生放学后停留行为与游憩空间的关联性研究[J].中国园林,2017,33(1):100-105.
⑦ 彭川子,张贻生,徐惠农.基于儿童友好的学校周边道路安全评价及改善[C]//2017年中国城市交通规划年会.上海,2017:2200-2208.
⑧ 欧伯雷瑟-芬柯,吴玮琼.活动场地:城市——设计少年儿童友好型城市开放空间[J].中国园林,2008(9):49-55.
⑨ 弗里曼,特伦特.儿童和他们的城市环境:变化的世界[M].萧明,译.南京:东南大学出版社,2015.

并建立微观步行环境量表(MAPS)[①]。

表 3-1 为适合少年儿童居住设计的街道

标准	可能的措施
连通的安全通道	(1) 密集清晰的人行横道线
	(2) 人行道结合明确易懂的交通信号及标志牌布置
	(3) 人行地下通道或人行天桥
	(4) 大型路口的主动信号系统
最大限速	(1) 住宅区的机动车限速
	(2) 可供玩耍的街道
	(3) 交通措施如设置瓶颈、速度界限、交通岛等
隔离道	用防护栏、树木等把人行道与主要道路隔开
无车区	划定车辆不许直接到户的住宅区

来源：欧伯雷瑟·芬柯,吴玮琼.活动场地：城市——设计少年儿童友好型城市开放空间[J].中国园林,2008(9)：49-55.

表 3-2 儿童友好的城市设计原则

代尔夫特宣言(儿童街道,2005)	
保护(Protection)	交通安全和社会安全
可步行性(Walkability)	安全的道路交叉口和步行空间
可自行车性(Bicycling)	自行车穿越街道和自行车设施
可穿越性(Criss-Crossability)	使用街道全部宽度
愉悦性(Enjoyability)	吸引力、多样性
可玩耍性(Playability)	对不同活动的适应性

来源：弗里曼,特伦特.儿童和他们的城市环境：变化的世界[M].萧明,译.南京：东南大学出版社,2015.

3.4 国内外实践案例

3.4.1 国外实践案例

欧美发达地区在儿童友好空间建设方面的相关实践在世界范围内发展较早,在城市、社区、公共空间和街道多个尺度中都有诸多值得学习和借鉴的实践案例。荷兰在代尔夫特市以南的霍夫多普社区进行的改造项目通过限制机动车速度,调整区域内道路层级,对人行道内限速带、绿带、标线等市政设施进行改造提高街道的安全性[②],保证了儿童在社区空间中的行动自由,从而提高了儿童户外活动的频率和活动质量。英国利兹市圣约翰教堂快闪公园项目以儿童游戏活动为重心,设置临时性游戏场地以提高社区中包括街道

---

① Sallis J F, Cain K L, Conway T L, et al. Is Your Neighborhood Designed to Support Physical Activity? A Brief Streetscape Audit Tool[J]. Preventing Chronic Disease, 2015(9):1-11.
② 全龄友好型城市[EB/OL].[2023-02-08]. https://www.cdrb.com.cn/.

在内的公共空间利用率,体现了对非正式游戏空间的重视,同时项目通过设置职业游戏工作者、建设公益组织参与机制和鼓励家庭及社会的全方位参与等方式为保障儿童活动开展提供了有效的社会支持①。美国费城的城市思维景观项目基于卡布提出的可玩型城市理念,进行了一系列规模较小、可达性高的街头儿童玩耍空间设计,具体做法包括利用街边剩余空间设置吸引儿童的装饰和鼓励儿童自发探索的小型装置②。再如,美国博尔德市政区改造,在项目的规划初期、场地设计阶段、规划后期方案评选阶段和项目结束后的全流程中,均充分保证儿童参与,采用结构化的 Photo Voice,制作 Nicho Box 模型等多种趣味化参与方式提高儿童在改造项目中的参与度,最终在总体规划和详细规划中落实儿童意见,保证有效的儿童参与③(表3-3)。

表3-3 国外及国内儿童友好型空间实践案例

	基本信息	理论及政策	实践效果
国外实践案例	荷兰:代尔夫特霍夫多普社区改造,2005	代尔夫特宣言	
	英国:利兹圣约翰教堂快闪公园,2016	非正式游戏空间理论	
	美国:费城城市思维景观,2015	卡布可玩型城市理念	
	美国:博尔德市政区改造,2012	多阶段儿童参与	

---

① 董慰,闫慧中,董禹. 在游戏中成长:英国的儿童游戏环境营造经验[J]. 上海城市规划,2020(3):14-19.
② 卡一之,朱文一. 营造城市空间的可玩性——从美国卡布平台到可玩型城市认证[J]. 城市建筑,2019(4):52-61.
③ 何丰,朱隆斌. 城市公共空间设计中的儿童参与[J]. 住宅科技,2019(12):20-24.

续表

	基本信息	理论及政策	实践效果
国内实践案例	长沙:岳麓区第一小学,2015	《长沙2050远景发展战略规划》	
	深圳:福田白沙岭片区,2018	《福海街道全面建设儿童友好型街道实施方案(2018—2020年)》	
	昆山:稚趣街角通学街道,2021	"昆小薇"微更新行动计划	

来源:作者绘制

通过分析国外现有儿童友好空间实践案例,可以发现国外儿童友好空间设计和改造实践的关注点主要聚焦在两方面。一方面是包括街道在内的城市公共空间物质环境质量提升,如通过限制机动车等措施提高街道的安全性。另一方面则是关注设计建设过程及后续运营中的儿童参与,在规划前期选用符合儿童认知的方式调研并收集儿童意见,充分了解城市空间中儿童的需求,重视建设后的运营,确保儿童友好空间的高效利用和可持续发展。

3.4.2 国内实践案例

国家"十三五"规划纲要等文件对保障儿童权利提出了明确要求,各地政府也逐渐开始对儿童友好城市空间展开探讨和实践。目前,我国儿童友好建设实践集中于三大领域,即儿童友好开放空间、儿童友好街道建设和儿童友好社区建设。现阶段各城市多以社区为抓手进行儿童友好城市建设的实践探索,与儿童友好街道建设相关的实践尚在起步阶段。

我国对儿童友好街道的实践最早出现在台湾。高雄市政府自2003年实施"高雄市社区通学道"计划提高儿童通学街道的安全性,具体措施包括学校围墙拆除美化、人行交通安全管制、家长接送区域再设计、通学路景观整体配合设计等[①]。大陆地区近年来出现了

---

① 高雄市政府工务局养护工程处. 阳光、城市、通学趣:高雄市社区通学道系列工程[M]. 高雄:高雄市政府工务局养护工程处,2004.

一些与儿童友好街道空间建设相关的实践。例如，2015年长沙市政府在《长沙2050远景发展战略规划》中提出：在校园周边设置安全、独立、连续的步行通学路径，具体措施包括设置"爱心斑马线"与交通安全岛、优化停车位布局、优化转弯半径等。2018年，深圳市宝安区福海街道制定的《福海街道全面建设儿童友好型街道实施方案（2018—2020年）》，在"儿童友好城市"建设中正式提出"儿童友好街道"的概念，标志着我国儿童友好型街道建设进入了新的阶段。深圳福田白沙岭片区在此方案的指导下，通过开放街边绿地、增设游戏设施、围墙改造、风雨连廊等措施对全长750米的百花二路进行改造，并于2021年被深圳市妇联授予"儿童友好街道"称号①。2021年，昆山市政府"昆小薇"微更新行动计划的示范项目"稚趣街角"将儿童作为街道的主要使用群体，通过打造拉杆箱之路、活化林下空间、优化停车场地等一系列措施对儿童上下学的通学街道进行优化提升（表3-3）。

3.5 研究现状总结

从前文研究现状分析可以看到，国内关于儿童友好理论和城市公共空间理论的研究较西方发达国家起步较晚。然而，随着国家对高质量城市发展、人本化城市更新的重视，学界对这两者的关注度呈现明显的上升趋势，近几年亦有中国学者活跃在儿童友好和城市公共空间的国际前沿领域。无论是社会维度的体系建设还是空间维度的规划设计，相关研究都向着精细化、系统化发展。现阶段国内成果所显现出的主要特征、存在问题和发展潜力包括以下几个方面。

（1）儿童视角下的理论研究和建设实践关联不足

一个对儿童友好的城市计划本质上应是一个注重实践而非停留于理论层面的过程，代尔夫特②、利兹③、慕尼黑④等城市的儿童友好研究不仅涵盖了教育、环境、健康、儿童参与等诸多领域，而且积极地将研究成果落诸实践。2023年8月住房和城乡建设部、国家发展改革委、国务院妇女儿童工作委员会办公室发布《城市儿童友好空间建设导则（试行）》实施手册，对儿童友好的具体建设和改造做出了指引，如何将导则落实，如何形成评估、筹资、建设、运营一体化的健康完整的实践模式还有待进一步探讨。同时，我国对于儿童友好的相关研究大多参考国外理论和实践经验，由于管理和文化等国情方面的差异，如何将国外成功经验落实到我国也需要深入研究。正如"步行巴士"⑤未能大规模推广，欧美、日本的"冒险游戏场"暂时无法在国内试行⑥，儿童友好理论研究如何更好地为本土实践赋能应是未来共同关注的研究方向。

"一米高度看城市"是国内儿童友好城市建设最流行的标语，与成人相比儿童由于其

---

① 深圳市城市交通规划设计研究中心.深圳首个儿童友好型示范街区开街，深城交设计师揭秘"从一米高度看去的风景"[EB/OL].[2020.09.07]. http://www.sutpc.com/news/project/616.html.

② 梁爽静，袁迪.荷兰代尔夫特市街区：儿童友好型街区的建设实践与启示[J].北京规划建设，2021(1)：64-69.

③ 朱霜杰.非正式游戏空间：城市公共空间再利用[J].上海教育，2023(20)：31-33.

④ 林瑛，周栋.儿童友好型城市开放空间规划与设计：国外儿童友好型城市开放空间的启示[J].现代城市研究，2014(11)：36-41.

⑤ Heelan K A, Abbey B M, Donnelly J E, et al. Evaluation of a Walking School Bus for Promoting Physical Activity in Youth[J]. Journal of Physical Activity & Health, 2009, 6(5): 560-567.

⑥ 沈瑶，刘赛，赵苗萱.冒险游戏场的起源、实例与启示[J].国际城市规划，2021(1)：30-39.

特殊的身心特征、行为特征,对城市有不同的感知体验与空间需求①,在城市建设中儿童的"声音"往往是不被听到的。受到儿童认知能力和表达能力的制约,对于儿童主观感知和心理需求的一手信息的获得存在一定难度。现有研究多通过行为观察、专家意见、监护人问卷访谈等方法间接获得和推测儿童视角下的城市空间特征,这种方式不仅使得儿童主观感受难以被高效采集与量化,而且可能无法完整获得"儿童视角"的所见所感。尽管已有部分学者将心智地图、图像注记、VR全景视频等与调查问卷灵活结合,以此探究儿童对城市空间的主观认知,提高了主观感知信息采集的准确性和完整性,但仍无法解决高效获得大量儿童主观评价的难题。克莱尔·弗里曼指出,儿童看待这个世界的方式很少为成人所知,儿童喜欢的往往是那些成人最意想不到的地方②。因此,理解儿童心理需求,"看到"儿童视角下的城市是实现儿童参与的第一步,是保障儿童其他权利的前提。本研究尝试基于儿童环境心理学,通过技术和方法的创新,使得儿童的"特殊语言"被听见,使得儿童视角中对于城市空间的主观感知能被高效获得。

(2) 研究中缺少对于儿童友好通行和非正式游戏空间的关注

国内对于儿童友好空间设计的研究和实践主要集中于游乐场、公园、广场、公共建筑、住区活动场地等"点"式空间,对于"线"的关注主要集中在通学路径这样的"片段式"路段,空间建设缺乏系统性、整体性,没有构成畅通的儿童友好型开放空间网络体系,儿童的活动呈现室内化、孤岛化、器械化的趋势。城市儿童游戏的室内化趋势进一步削弱了作为独生子女的儿童群体的社交机会,非正式游戏的式微也体现了对儿童游戏权利和爱玩天性的忽视。游戏是儿童成长中不可缺少的一部分,国际上将儿童户外游戏空间的研究分为正式游戏空间,如公园、游乐场等,以及其他可供儿童自由探索、进行非结构化游戏和社交活动的非正式游戏空间,如沿街商铺、快闪公园等。由于儿童的活动具有很强的随机性、偶发性和很高的自由度,非正式游戏空间能灵活利用城市空间,使游戏行为自然渗入城市的每个角落。沙德卡姆(Shadkam)指出公园在创建儿童友好型社区方面的重要性被广泛接受,但连接公园和住宅区的道路质量却没有受到太多关注,其建议更加关注道路沿途的非正式游戏机会,并进行系统的设计评估③;鲍比·李(Bobby Lee)和格兰特·孟席斯(Grant Menzies)认为自行车是交往的媒介,自行车友好的城市为儿童创造了一个更大的"游戏场"供其探索④。

整体来看,国内对于街道空间在儿童友好方面的优化研究集中在提升道路的安全性方面。本研究尝试对社区街道非结构性游戏空间展开研究,分析物理环境对儿童出行能力和探索性户外活动的影响,促进建成环境供给与儿童需求的匹配度。

(3) 数字技术在中微观尺度的社区层面缺少技术创新

联合国儿童基金会在2018年发表的《儿童友好型城市规划手册:为孩子营造美好城市》中倡导在世界城市化进程中为儿童而创新,提出了实现城市技术创新的四种途径,即

---

① 张雪诺,廖佳妹,刘子昂. 一米高度立体感知街道:儿童友好型街道设计探索[J]. 上海城市规划,2022(6):119-125.
② 弗里曼,特伦特. 儿童和他们的城市环境:变化的世界[M]. 萧明,译. 南京:东南大学出版社,2015.
③ Shadkam A, Moos M. Keeping young families in the centre: A pathways approach to child-friendly urban design [J]. Journal of Urban Design,2021,26(6):699-724.
④ Magagulas. 儿童友好型城市:从游乐场到街道[J]. 张谊,译. 北京规划建设,2018(3):125-128.

扩大现有技术规模、改进现有技术、发明新技术、向社区居民提供工具以创造他们自己的技术，介绍了诸如智慧城市、智慧社区、智慧楼宇、智慧基建、GIS（地理信息系统）等新技术的应用方向。尽管在城市公共空间的相关研究中，大数据和数字技术的应用已得到一定关注，但受到数据来源的制约，鲜有学者将其利用到儿童友好的研究中。目前儿童友好的研究方法仍以问卷访谈、行为观察、SD（Semantic Differential，语义差别）法等传统调研方法和量化方法为主，即使有学者结合GPS、POI（兴趣点）、社交媒体数据分析等方法，也多集中在儿童心理、规划布局等层面，对于建成空间的探讨屈指可数。如何利用数字技术为儿童友好研究提供新思路，如何利用科学的量化方法把握行为活动与空间资源的联系，仍需进一步探索、充实和完善。

大数据时代的到来及新技术的发展为宏观层面的城市公共空间研究提供了新的方向。基础地理信息、街景图像、精细化三维建筑、文本信息等数据形式的介入拓展了城市空间量化研究的广度和可行性。丰富的数据来源、种类、数据形式构成了新数据空间研究的广阔格局。计算机技术和人工智能算法的发展也为大批量处理、分析数据提供可能，更是在一定程度上提升了研究效率，扩大了研究规模。但受限于数据来源的精细度与完整度，新技术的应用往往在不同层面存在一系列缺陷，如街景地图更新缓慢，是瞬时的图像，无法体现时间变化，数据时效性差；街景采样车受到自身条件限制，使得街景图片角度与行人视角有较大差异；POI兴趣点精度较低，无法及时更新；三维建筑信息采集成本高；社交媒体数据的可靠性差等。这些精度、时效、完整性方面的缺陷导致多源数据分析暂时只适合用于城市级和区域级城市空间研究中，在中微观尺度层面存在一定应用局限。从趋势来看，利用可获得性日益提高的多源数据进行城市空间研究已成为国内外新兴的研究方向。本书尝试将大数据分析应用到中微观尺度的空间研究中，包括利用微信小程序开发了城市体检、观测、调查、学习等社区规划工具，辅助规划师对社区现状进行判断与评估，对社区的全景图像、停车状况、路面稳静化现状、空气质量、声环境进行高精度采集和量化等，为居住社区的非正式儿童游戏空间大的设计和更新提供科学、直观的参考依据。

上篇
可供性理论下的社区街道空间儿童友好度评价

相关理论及研究方法 /4

4.1 可供性理论

4.1.1 可供性理论内涵及发展

1979年,可供性(Affordance)①概念由心理学家詹姆斯·J.吉布森(James J. Gibson)在著作《作为认知系统的感觉》中首次提出,将动词"可供"名词化,并将其定义为"环境的可供性是提供给动物的有益或有害的环境的属性,它意味着动物和环境之间的协调性"②。吉布森认为环境具有支持动物开展某些特定行为的属性,二者间存在"直接可察觉的行为关系"。20世纪80年代,认知学家唐纳德·A.诺曼(Donald A. Norman)以可供性理论中人与环境的交互关系为基础,提出"交互设计"概念③,可供性理论也因此被广泛应用于工业设计、计算机交互设计和环境设计领域。在过去的半个世纪,众多学者在吉布森可供性概念的基础上,从多角度对人类对环境的感知与反馈进行了研究,目前已经形成了一套较为完整的包括环境特征、使用者能力和社会文化等多个维度在内的环境—行为理论框架。

在传统哲学主客体二分语境下,可供性被界定为客体属性。代表人物,如传统吉布森派的心理学家迈克尔·特维(Micheal Turvey),将可供性解释为环境的属性或倾向性,表明某些情形中的一种属性④,例如地面平整、坚硬的属性可支持使用者的行走、奔跑等行为。这种被认为是环境属性的可供性不为使用者感知所影响,可供性的显示与否与具体的现实情境有关。可供性多指知觉的可供性,即可以被使用主体察觉到的环境知觉信息,当知觉信息未被察觉时,可供性是被隐藏的。可供性包含了环境和使用者两个本体,特维将环境作为可供性理论的唯一本体,将可供性简化为环境与动物相关的客观物理属性。可以较为有效地判断环境提供给使用者的具体元素,但只能解释可供性内涵的一部分内容。因此,特维引入"功效性",用其来解释可供性作为环境属性如何与使用者产生联系,在特维看来,功效性和可供性不可分离,相互补充。这一概念的引入明确了使用者能力可

---

① Affordance在国内文献中的译法很多,如可供性、提供量、功能承受性、动允性、承担性或承担特质,可获得性,给予性,行为可供性,预设用途,可利用性,以及提示性等20多种译法,本书使用"可供性"译法。
② Gibson J J. The Ecological Approach to Visual Perception: Classic Edition[M]. New York: Psychology Press, 2014.
③ Norman D A. Affordance, Conventions and Design[J]. Interactions, 1999, 6(3): 38-43.
④ Turvey M T. Affordances and Prospective Control: An Outline of the ontology[J]. Ecological Psychology, 1992, 4(3): 173-187.

对环境可供性产生影响,同时这种将动力学与知觉研究结合的方式为后续可供性的实证研究提供了新的方法和研究视角。

将可供性单纯作为环境属性的观点在一定程度上与吉布森对"可供性"的描述存在偏差。在吉布森对可供性的定义中,可供性因使用主体的不同而变化,是环境与使用者的一种关系属性,而非环境对使用者单方面施加的影响。打破传统"主客二分"认识论的局限后,许多学者产生了与特维不同的观点:明尼苏达大学可供性知觉与行动实验室的托马斯·斯托夫壬根(Thomas Stoffregen)教授是动物—环境系统整体论的典型代表,他认为使用者与环境的整体关系决定了使用者有什么样的行为①。正如威廉·沃伦(William Warren)等人的实验所展示的那样,当动物穿越一个缝隙时,缝隙为其穿越障碍物的行为提供的可供性既与缝隙的宽度有关,也与动物穿越缝隙的能力有关:某种尺度的缝隙,可能对于猫、狗等体型较小的动物来说存在着穿越的可供性,但无法为一个成年人的穿越行为提供可供性②。上述观点和实验将可供性视作环境与使用主体为达成某种行为所需要的对应关系,阐明了使用者能力在可供性理论研究中的重要性。

20世纪末期,可供性的研究扩展到文化和社会维度。心理学家艾伦·科斯塔尔(Alan Costall)提出,可供性的知觉除了环境和使用者本身的属性,还与社会背景的支撑有关。例如,因纽特人可以区分雪的品种,可判断不同品种的雪为行走、拉雪橇、制作冰屋等不同活动提供的可供性程度,但其他地区的人面对同样的环境就无法感知到如此丰富的可供性。人在与环境进行交互的过程中,除了共通的对环境可供性的基本知觉外,不同社会文化对使用者的训练会导致使用者的能力或认知出现差异,从而塑造出更实际和更为多样化的可供性③。扬·盖尔(Jan Gehl)的"空间交往行为"理论也认为在人与空间的交往行为中,发生频次很高的自发性活动和社会性活动两类非必要性活动除了受物理环境影响,还与复杂的社会文化息息相关④。这些社会文化因素支撑了人类行为中非必要但发生频次很高的行为,印证了社会文化对可供性的影响。

4.1.2 可供性的表现层次

不同环境提供的可供性不尽相同,不同使用者对环境可供性的需求和感知也有所不同。某些可供性很容易被察觉并被使用,而某些可供性则可能被忽略。因此,在实证研究中往往将可供性视为一个具有层级结构的属性概念。据此心理学家哈里·赫夫特(Harry Heft)将可供性划分为"潜在的可供性"和"实现的可供性"两类⑤。潜在的可供性即被人忽略的可供性,这种未被使用者感受到的可供性在环境中客观存在,但不会对使用者的具体行为产生影响。

---

① Stoffregen T A. Affordances as Properties of the Animal-environment System[J]. Ecological Psychology, 2003,15(2):115-134.

② Warren H, Whang S. Visual guidance of walking through apertures:Body-scaled information for affordances[J]. Journal of Experimental Psychology:Human Perception and Performance, 1987,13(3):371-383.

③ Costall A. Socializing affordances[J]. Theory & Psychology, 1995 (4): 467-481.

④ 盖尔. 交往与空间[M]. 何人可,译. 北京:中国建筑工业出版社,2002.

⑤ Heft H. Affordances and the body:an intentional analysis of Gibson's ecological approach to visual perception[J]. Journal for the Theory of Social Behaviour, 1989,19(1): 1-30.

在"实现的可供性"中,可根据环境对使用主体产生影响的不同,将可供性分为积极可供性和消极可供性。吉布森在提出可供性理论时引用了勒温(Lewin)的引拒值,将积极的和消极的可供性定义为环境机会和环境危险。乔纳森·梅尔(Jonathan Maier)和乔治·法德尔(Georges Fadel)认为在工程设计领域,可以根据使用者的行为可能判断可供性的表现层次。若存在使用者发生对自身或环境有利的正面交互行为的可能,意味着环境产生了积极可供性;若存在使用者发生危险、不和谐等对自身或环境有害的负面交互行为的可能,则意味着环境产生了消极可供性[1]。

综上所述,根据可供性的实现程度和使用者行为相关利益,可将环境的可供性表现划分为积极可供性、消极可供性和潜在可供性三个层次。一般来说,设计的目标在于尽可能鼓励积极可供性的实现,弱化或规避消极可供性的实现,同时关注环境中的潜在可供性,合理优化现有环境,提高积极潜在可供性的实现可能性。

4.1.3 不同程度的可供性实现

受使用者能力、行为动机和社会文化等因素的限制,现实环境中往往存在着大量未被察觉的潜在可供性,将环境具备的可供性全部列出是难以实现的。因此在一般情况下,空间设计中讨论的可供性大多属于"实现的可供性"和一小部分实现可能性较高的"潜在可供性"。对可供性的实现程度进行讨论,有助于理解可供性的作用机制,为后续评价体系构建和实证分析提供参考。

通过人境交互实证分析,芬兰规划师马尔凯塔·屈泰(Marketta Kyttä)将"实现的可供性"分为三类——被感知的可供性、被使用的可供性和被塑造的可供性,并以此为基础解释"实现的可供性"与"潜在的可供性"之间的联系[2]。使用者通过视觉、触觉、嗅觉等感官察觉到周围环境提供的信息属于被感知的可供性。由于感知到的信息是可供性能否被使用者察觉到的决定性要素,使用者并不会察觉到环境中隐藏的可供性所提供的信息。因此,被感知的可供性是区分实现的可供性与潜在的可供性的关键。若使用者察觉到了环境中的信息要素后,根据这些信息要素对环境要素进行了自主使用,则可认为环境具备被使用的可供性。在使用者活动的过程中,为满足行为需求,可能会出现重新观察环境、在能力范围内改造环境的情况,此时被塑造的可供性显现出来,使其他使用者感知到新的环境信息,潜在可供性转化为实现可供性。以儿童与自然物的互动为例,儿童可以看到植物的果实、嗅到花的香气,此时植物与儿童间产生了被感知的可供性,儿童发生爬树、摘取花果等与植物的互动,体现了自然物被使用的可供性。进一步利用掉落的树叶和树枝进行各类游戏则是儿童发挥主观能动性利用现有环境的行为,使环境的潜在可供性被周围其他儿童注意到,体现了环境被塑造的可供性。可以发现,在屈泰的分类体系下,被感知的、被使用的、被塑造的和潜在的可供性形成了完整的循环(图4-1)。

---

[1] Maier J R, Fadel G M. Affordance-based design methods for innovative design, redesign and reverse engineering [J]. Research in Engineering Design, 2009, 20(1):13-27.

[2] Kyttä M. Affordances of children's environments in the context of cities, small towns, suburbs and rural villages in Finland and Belarus[J]. Journal of Environmental Psychology, 2002, 22(1):109-123.

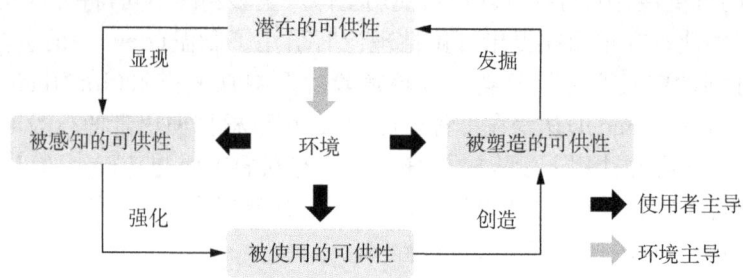

图 4-1 可供性实现过程
来源：作者根据参考文献绘制
Kyttä M. Affordances of children's environments in the context of cities, small towns, suburbs and rural villages in Finland and Belarus[J]. Journal of Environmental Psychology, 2002,22(1):109-123.

这三类实现的可供性中，被塑造的可供性出现时环境与使用者的互动程度最高，可以给使用者带来深度的感官刺激，对使用者和环境的要求也最高，使用者应具备足够的活动积极性和创造性，环境也需存在被塑造的可能，是环境在满足使用者基本行为需求基础上的更高要求。在既有空间的优化中，应重点关注被塑造可供性的环境——行为系统如何运作，发现环境中对使用者具有积极作用的潜在可供性。在设计时有意识地引导使用者主动塑造现有环境以满足自己的合理需求，激发使用者的主观能动性。

4.1.4　可供性与活动

由于可供性定义的模糊性、动态性和复杂性，在与实践结合时需要综合考虑人与环境之间互动的动态过程，难以运用精准的定量分析方法进行研究。因此，可供性理论在传统心理学的研究领域中一直存在着较大的争议，基于可供性理论的研究往往需要一个易于被观察和分析的媒介。吉布森最初对可供性本身的定义不包含使用者主体的行为活动，但同时清楚地表明，可供性承载了行为，是行为发生的可能性[1]，活动性和动作可以用来揭示可供性。使用者的活动可以与各种类型的可供性联系起来，并利用活动理论完善对可供性的分析。目前生态知觉心理学领域对活动本身的分析关注度较低，需要进一步的理论和实证研究。因此，本书以儿童活动作为判断可供性实现的媒介，通过对儿童活动进行演绎性思考，运用可供性理论解释环境如何对儿童活动产生影响，进而对可供性的作用方式、表现层次、实现程度进行定性判断。

值得注意的是，较复杂的活动可能包含多个行为阶段。这种情况下可供性的感知和使用是有顺序的，某些情况下必须要在前一个可供性被感知到之后，后面的可供性才能被使用者察觉并使用。例如，儿童在利用滑梯设施游戏时，首先，根据以往的经验意识到从滑梯顶部向下滑落可以令自己感到愉快，而滑梯可以为自己提供向下滑动的可供性，从而去寻找能够爬上去的通道，此时滑梯的梯子向上攀爬的可供性被察觉并被使用；其次，在

---

[1] Gibson J J. The Ecological Approach to Visual Perception: Classic Edition[M]. New York: Psychology Press, 2014.

儿童利用梯子爬到顶部之后，滑梯平台提供的支撑儿童站立的可供性才会被使用；最后，最先被儿童察觉的滑梯提供安全滑下的可供性被使用。在上述各行为阶段中，滑梯为儿童提供的可供性在作用方式、表现层次和实现程度上有所不同。在分析社区街道中的儿童活动以确定可供性的特征时，应将可供性作为有顺序的嵌套单元。

前文例子中的滑梯作为常见的儿童游戏设施，其可供性的发生顺序在儿童长期的使用中已经形成了较为固定的模式。然而，大部分环境中的物质要素提供的可供性引发的活动存在着多种可能，在分析时需要结合儿童的特点判断环境中各类可供性的实现机会。如墙体可以被大多数人感知到被倚靠和遮挡视线的可供性，但当手中持有粉笔的儿童经过一段墙体时，他们更有可能感知到墙面所提供的供人涂鸦的可供性。若儿童注意到墙的另一端有一棵可供采摘的果树，他们则更有可能感知和使用墙体供人攀爬的可供性，从而产生翻越行为。对环境中各种可供性嵌套关系的合理分析，可以有意识地塑造环境中的物质要素，引导儿童进行适宜的活动。

4.2 可供性理论与设计

4.2.1 可供性理论在空间设计中的应用

诺曼认为可供性是"理解产品操作信息提供的线索"[①]。与吉布森理论不同的是，诺曼所研究的交互设计领域往往具有明确目的，即希望使用主体正确感知到设计者为其提供的信息并使用产品，此时没有被使用主体察觉到的可供性不对设计目的的实现发挥作用。通常来说，空间在设计之初即会预设明确的使用功能。因此，在空间设计领域的研究也尤其注重分析和设计可供性的实现化，认为使用主体对可供性的理解较客观可供性的存在更为重要。

目前，以可供性理论为基础的空间设计研究模式主要分为环境使用者范式和环境功能范式两大类。前者注重区分环境的使用群体，主要研究环境使用主体在行为方面的共性，包括研究使用主体的活动与环境间的关系、环境可供性与使用主体活动特征的关联性等；后者以研究环境的使用功能为主，将环境可供性现状作为了解空间不足之处的手段，进而提出解决策略。在可供性的测度方面，现行的主要方法为观察使用主体行为、进行体验访谈，结合主体的身体能力、心理特点、社会文化背景等个体因素对实现的可供性进行分析。根据测度内容的不同，研究往往采取混合的测度方法。普遍来说，物质层面的环境要素与使用者行为活动的关系已存在成熟的研究结论，物质层面可供性的测度往往在前人研究的基础上回归到对环境本身特征的定性或定量分析。非物质层面的可供性测度涉及社会文化、认知发展、进化理论、情感依恋等广泛而复杂的领域，通常由使用者行为间接判断。

利用现有环境可供性的研究模式和测度方法，出现了为各类使用群体、空间类型和设计目标制定的相应的可供性测度体系，将可供性在空间设计中系统性整合，帮助管理者和设计者做出恰当的决策。例如赫夫特建立的物理维度上的可供性量表以及在此基础上增

---

① Norman D A. Affordance, Conventions and Design[J]. Interactions, 1999, 6(3): 38-43.

加社会文化维度、注重特殊群体需求、强调冒险游戏可能性的各类可供性量表[①];屈泰用于分析城市尺度环境中可供性实现情况的布勒比模型(Bullerby Model)[②]。

基于可供性理论的空间动态设计体系通过了解需求构建设计目标,对空间进行可供性评估,可以检验预设目标的实现程度,判断设计策略是否合理。反过来,对空间的评估有助于了解使用者需求,最后补充并完善空间设计的目标,形成了适应不同人群需求的空间动态设计体系(图4-2),促进可供性理论与空间设计实践的联系。

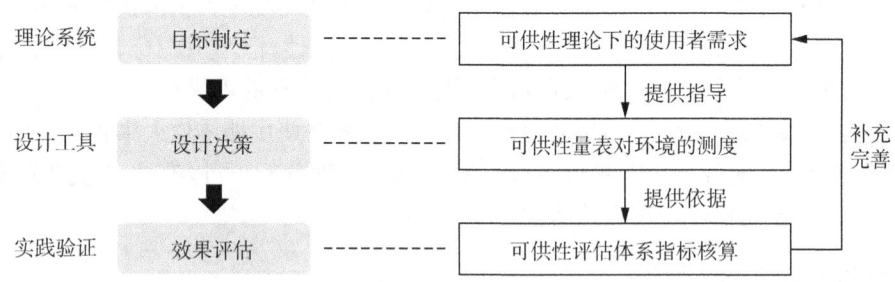

图 4-2 可供性指导下的空间动态设计体系

来源:作者绘制

4.2.2 可供性理论应用于儿童友好空间设计的可行性

近年来,随着儿童友好城市的建设和人本理论的发展,设计师在进行儿童空间设计时除了关注物质空间营造,也开始关注儿童的行为需求。重视个体与环境交互关系的可供性理论在儿童友好空间设计方面有着广阔的前景。扬·盖尔的著作《交往与空间》中将街道中的步行活动作为研究重点,认为街道设计应当满足人的行为需求,并强调不同的人对街道空间的感受需求也不相同[③],这与可供性理论的内涵具有一致性。前文所述可供性与空间设计结合的研究成果已展示了在产品的交互设计和一般性的空间设计中引入可供性理论的可行性。

可供性理论在与重点考虑儿童群体需求的儿童友好空间设计结合时也具备一定的优势。首先,可供性理论更关注个体如何适应环境而非构建环境,与话语权较弱的儿童感知环境的方式有相似之处。其次,可供性理论从功能的角度描述和评价环境特点,与儿童从功能角度认识和利用环境,将环境视为不同的活动机会相契合,可以使学界得以从"体验者角度"了解儿童对环境感知的过程。将可供性理论与儿童友好空间的设计与评价相结合,有利于理解环境与儿童之间的交互关系,能够更加客观地对城市中的儿童空间现状进行评价,以此为基础进行决策的设计和优化,策略更贴近儿童的真实需求,有助于促进儿童各类活动。

---

① Heft H. Affordances of Children's Environments: A Functional Approach to Environmental Description[J]. Children's Environments Quarterly, 1988,5(3): 29-37.

② Kyttä M. The Extent of Children's Independent Mobility and the Number of Actualized Affordances as Criteria for Child-Friendly Environments[J]. Journal of Environmental Psychology, 2004, 24(2): 179-198.

③ 盖尔. 交往与空间[M]. 何人可,译. 北京:中国建筑工业出版社,2002.

4.3 研究对象与方法

4.3.1 研究对象

社区街道是儿童日常生活中发生各类活动的主要公共空间，儿童在社区街道上的活动包括通行类的必要性活动和游戏、休息等非必要性活动。由于儿童最主要的出行方式是步行，本书在研究中将社区街道空间定义为街道中的步行空间，即包括交通空间和休闲活动空间在内的以步行为主要出行方式的空间。然而，社区街道的步行空间并不局限在专门的步行道上，部分街道的模式为人车混行且未设置专门的步行道。此时机动车交通会在交通安全方面对社区街道上的儿童活动产生比较显著的影响。因此，机动车交通对儿童在社区街道中活动的影响被纳入研究考虑范围，研究对象为允许机动车通行且对城市开放的社区街道空间。

此部分研究以南京市为城市案例，南京市在老城区和新城区均存在较典型且发展较完善的社区、居住区和商住开发区，有利于后期调研的开展。研究选取了位于南京老城区的唱经楼社区和锁金村社区、位于新城区的爱达花园社区和西堤国际社区作为实证调研的研究样本（图4-3）。四个社区样本规模相似，儿童人口占比相近，且街区内部或周边有成规模的小学和幼儿园，可以进行横向对比研究。四个社区样本因城市区位、周边环境和建设时间的不同，在街道特点和基础设施水平等方面均体现出不同的特性。

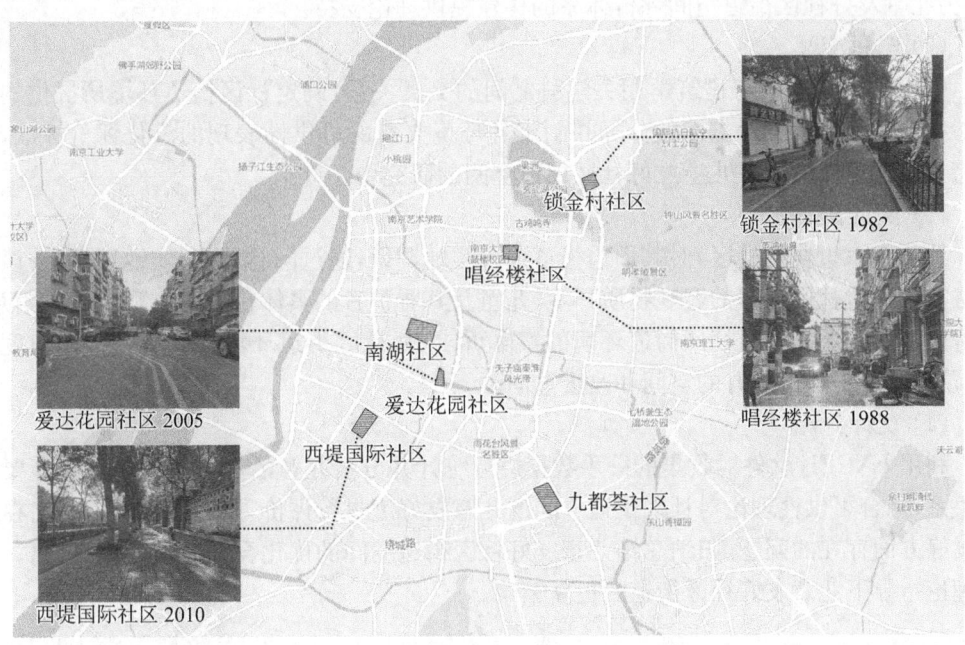

图4-3 样本社区位置及基本信息示意图

来源：作者绘制

4.3.2 研究内容

（1）根据国内外相关研究成果，总结社区街道环境要素类别，结合可供性理论层级要素，归纳儿童友好型社区街道中的环境要素及其对儿童活动的可供性表现程度并进行量化，构建基于可供性理论的儿童友好社区街道评价体系。

（2）在实地调研的基础上根据上述儿童友好社区街道现状评价体系对样本街道的物质环境要素进行初步的量化评价，并对不同社区街道中各环境要素的可供性表现状态进行具体分析。

（3）结合问卷调研和行为地图确定不同年龄段、不同社区的儿童活动时空分布特征及受访者对社区街道环境要素现状的满意度和重视程度。结合儿童活动的时空分布特征分析各物质环境要素的儿童友好可供性表现，从可供性角度分析社区街道的物质环境与儿童活动行为的关联性。

（4）以上述研究为基础，分析样本街道在儿童友好方面存在的问题，进而在可供性理论指导下提出儿童友好型社区街道空间改造设计的原则和策略。

4.3.3 研究方法

（1）文献研究

查阅期刊、书籍、报告等研究相关文献资料，搜索儿童友好社区街道及可供性理论相关的著作和论文，并对现有文献资料进行梳理总结，充分理解社区街道和可供性理论的内涵，为儿童友好社区街道空间评价体系的构建提供理论支持。

（2）学科交叉

分析可供性理论与建筑学相关学科之间的交叉关系，确定社区街道环境所提供的可供性在儿童友好度评价方面的分类并制定各环境要素的可供性表现的量化评价标准，尝试将可供性理论应用在儿童友好社区街道空间的研究中。

（3）实证调研

选取南京市典型社区，对其周边街道进行实地调研，通过问卷调查、实地观察、访谈等方法收集现状社区街道的客观物质环境、儿童及其看护者的具体行为和主观态度等信息，了解儿童及其看护者对社区街道环境的实际诉求，从社区街道环境提供可供性的角度出发，预判社区街道可提升的空间和改进方向。

（4）统计分析

利用 EXCEL 软件对收集的一手数据进行统计并分析儿童活动与社区街道环境要素的关系，结合可供性理论对社区街道空间的儿童友好度进行评价，发现社区街道目前在儿童友好方面存在的问题，归纳总结儿童友好社区街道空间的优化设计原则，进而提出可供性理论指导下儿童友好社区街道的更新策略。

5 可供性视角下儿童友好型社区街道评价体系构建

可供性与人的活动息息相关。环境通过向其使用者提供不同类型、不同表现层次的可供性,对使用者的活动产生影响,使用者发生活动也意味着环境中的可供性被感知和显现。因此,将儿童活动、环境要素和可供性之间的关系总结如下:由多个维度构成的环境要素是承载可供性关系的直接载体,儿童活动是可供性关系的外在表现。通过儿童活动可以判断可供性类别并检验环境要素的可供性显现程度,本书以此为基础建立了包括指标体系构建和评价标准确定两部分的社区街道儿童友好评价体系(图5-1)。

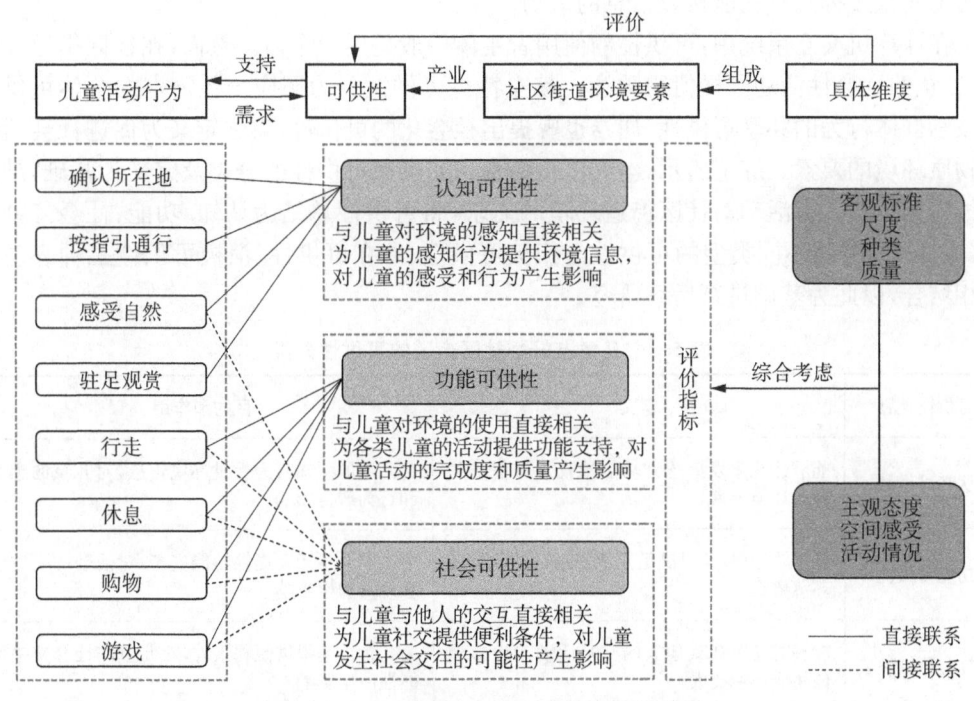

图5-1 社区街道儿童友好评价体系图解
来源:作者绘制

5.1 儿童友好型社区街道可供性分类

前文分别从可供性的表现层次和实现程度出发描述了两种目前发展较为成熟的可供性分类方式。这种以可供性本体性质为基础的分类方式在现实环境中存在无数种可能性,在分类标准上多依靠研究者的主观思维演绎,在实证研究中存在难以全面落实和量化分析的问题。使用者活动作为可供性实践中的重要环节,可以将作为动物—环境系统的可供性整合起来。同时,由于儿童在社区街道上的活动类型有限,通过调研和观察可以较为全面地了解儿童活动的具体过程和需求,在以弥补其他分类方式不足的同时包含了多种可供性的本体性质。考虑到以上现实因素,本书选择从社区街道中儿童的活动需求角度出发对可供性进行分类。

弗吉尼亚理工大学的雷克斯·哈特森(Rex Hartson)教授在计算机科学交互领域将可供性分为物理、功能、感知和认知可供性四类[①],涵盖了计算机系统对使用者提供帮助和支持的各个方面。哈特森认为功能可供性的目的在于为实现用户操作目的满足实际使用,物理可供性的目的是帮助和支持主体的身体行动,儿童在社区街道进行活动时,对周边环境的需求往往同时包含满足实际使用和支持身体行动两方面,如儿童在荡秋千这一活动中,利用秋千设施进行游戏本身就包含了身体行动。因此,在社区街道对儿童的可供性进行分类时,可将二者合并讨论。同样,由于儿童群体的知识和经验不足,哈特森定义中作为帮助使用者思考和学习事物的认知可供性在绝大多数儿童活动中都有可能发生,难以作为单独的类型存在。本书结合感官可供性,将社区街道对儿童的认知可供性定义为帮助儿童发挥感官功能接收信息的事物。

在计算机交互系统中,可供性的使用者主体一般是用户个体。然而,在社区街道环境中,儿童的社会性活动同样值得关注。赫夫特将可供性分为回应个体需求的个体可供性和鼓励群体行为的共享可供性,屈泰也曾提出社会化的可供性,将之定义为促进社会活动的物质环境的要素。综上所示,本书以哈特森和屈泰对可供性的分类及定义为基础,结合具体实例分析儿童活动对社区街道环境的需求,将可供性总结为认知、功能、社会三种类型(表5-1),并将不同类型的可供性与积极可供性、潜在可供性、消极可供性三种表现层次相结合,以此为基础进行后续研究。

表 5-1 儿童友好型社区街道的可供性分类

可供性类别	定义	目的和作用
认知可供性	能够让儿童发挥感官功能接收外界信息的物质环境要素	为儿童的感知行为提供环境信息,对儿童的感受和行为产生影响
功能可供性	基于功能要求,可满足儿童使用目的的物质环境要素	为各类儿童活动提供功能支持,对活动的完成度和质量产生影响
社会可供性	能够对儿童和其他人的交互活动产生影响的物质环境要素	为儿童社交提供便利条件,对儿童的社会交往可能性产生影响

来源:作者绘制

---

① Hartson H R. Cognitive, physical, sensory, and functional affordances in interaction design [J]. Behaviour & Information Technology, 2003, 22(5):315-338.

5.2 儿童友好型社区街道评价指标选取

本书运用层次分析法构建儿童友好社区街道评价指标体系,将认知、功能和社会三类可供性作为儿童友好社区街道评价的一级指标,通过分析儿童活动选取与对应可供性相关的环境要素作为二级指标。

5.2.1 社区街道中儿童活动的需求

通过拍照记录、随机访谈的方式记录儿童活动行为,总体来看,社区街道内的儿童活动呈现生活化、动态化、多样化的特点。本书将儿童活动归纳为认知探索类、散步休憩类和休闲游戏类,并尝试归纳各类活动中儿童的具体行为以及相应的环境需求(表5-2)。

表5-2 儿童活动行为及需求

活动行为		活动场景示意	实景照片	儿童需求分析
认知探索类	确认所在地			具体行为:观察周边环境 活动范围:以通行路径为主的线性空间 行为需求:特殊空间形态或记忆节点
	按指引通行			具体行为:观察信号灯、在斑马线上行走 活动范围:机动车道 行为需求:斑马线、信号灯等交通标识
	感受自然			具体行为:观察植物、捡树枝、触碰花叶 活动范围:景观绿地及自然物周边 行为需求:无害、可互动的点状或组团自然景观
	驻足观赏			具体行为:停留并观看感兴趣的各类设施 活动范围:相对固定的特殊节点 行为需求:色彩鲜艳、有吸引力的装饰物

续表

活动行为		活动场景示意	实景照片	儿童需求分析
行走休憩类	行走、奔跑			具体行为：行走、慢跑 活动范围：线性空间 行为需求：平整安全的道路
	休息			具体行为：闲坐、聊天 活动范围：学校出入口和游戏设施周边 行为需求：舒适合理的座椅
休闲游戏类	购物			具体行为：挑选物品、购买 活动范围：固定商铺内和流动商铺附近 行为需求：商业经营性质的场所
	游戏			具体行为：追逐打闹、滑滑梯、球类运动 活动范围：相对固定的活动场地 行为需求：安全宽敞的活动场地、相关设施

资料来源：作者绘制和拍摄

认知探索类活动主要包括确认所在地、按指引通行、感受自然和驻足观赏，需要社区街道提供合适的信息。确认所在地和按指引通行需要易识别的环境信息，部分儿童在访谈中表示，自己会根据街道的某些特征确认自己的所在地以避免迷路。（图5-2）感受自然和驻足观赏需要自然和人工环境提供令人愉悦、有吸引力的信息，可以观察到儿童普遍在植物种类丰富多样、色彩鲜艳的空间中发生上述活动。散步休憩类和休闲游戏类活动的需求集中在街道物质环境质量方面。（图5-3）前者包括行走、奔跑和休息，需要安全合理的道路和设施。后者主要包括购物和游戏，购物活动主要与街边商铺相关，游戏活动种类较多。根据活动的复杂程度和对环境的要求，可分为无需场地及设施的游戏，如追逐打闹；需要场地但无需设施的游戏，如捉迷藏；以及需要街道提供适宜场地和设施的游戏，如打乒乓球等。

儿童在进行上述各类活动时常常伴随社会交往行为。（图5-4）值得注意的是，不同年龄儿童在交往方式上存在较大的差异：3岁及以下的低龄儿童由于行动能力弱，在社区街道进行活动时的互动对象仅限于看护者；4—6岁儿童自主意识增强，社交范围扩大，开

按指引通行　　　　　接触自然物　　　　　驻足观赏

图 5-2　认知探索类活动下的儿童行为

来源：作者绘制和拍摄

无需场地及设施　　　需要场地但无需设施　　　需要场地及设施

图 5-3　各类儿童游戏对环境的需求

来源：作者绘制和拍摄

始在各类游戏活动中与同龄人互动；7 岁及以上的学龄儿童出现与成年人进行社会交往的现象，如购物时与店员进行交流，或在行走及休息时与熟识的邻居打招呼。由此可见，儿童的社交行为往往与休憩、购物、游戏等行为同时发生，对街道环境的需求也与相关行为类似。另外，从心理上来说，熟悉的环境可以让儿童获得有利于社会交往的自信。访谈结果也显示，在安全的环境中看护者允许儿童进行社会交往的可能性更大。因此，鼓励儿童社会交往的街道除了提供支持社交行为的物质要素外，还需要营造街道空间的归属感和安全感。

低龄儿童　　　　　　4—6 岁儿童　　　　　　学龄儿童

图 5-4　不同年龄段儿童的社交行为

来源：作者绘制和拍摄

5.2.2 影响可供性的物质环境要素

通过分析儿童活动需求，归纳出与社区街道可供性相关的物质环境要素如下。

（1）认知可供性

直接受认知可供性影响的儿童活动包括确认所在地、按指引通行、感受自然和驻足观赏。特殊的街道形态和特殊的功能分布有利于帮助儿童确认所在地，侧界面的通透度关系到街道中儿童的可视范围，直接影响儿童能够接收到的来自周边环境的信息量。因此，街道形态可识别度、首层功能可识别度和通透度均会影响儿童确认所在地；儿童能否按指引通行主要受标识完善度影响；儿童通过闻嗅花香、触摸植物、采摘果实等与自然的互动行为来感受自然，自然接触度直接影响上述行为；街道侧界面和底界面的各种装饰可提供被观赏的实体。

（2）功能可供性

功能可供性主要对行走、休息、购物、游戏几类活动产生影响。行走时需要安全的环境，街道的道路形式、道路尺度、道路曲折度、道路界面障碍和设施障碍均会对儿童行走安全性产生影响。休息活动需要休息设施作为物质载体，休憩设施的位置也会影响休息的质量。购物活动需要街道侧界面存在商业功能，此时街道的功能丰富度影响着儿童及其看护者购物行为的功能可供性。游戏活动中，道路曲折度在趣味性方面为游戏提供功能可供性，需要场地无需设施的游戏活动需要街道空间提供合适的活动场地，需要场地和设施的游戏活动还需要社区街道提供对应的活动设施，与休憩设施一样，活动设施位置同样会影响游戏活动的质量。

（3）社会可供性

一般来说儿童的社会交往活动会与其他行为相伴发生，可能会出现某种物质环境要素同时提供社会可供性和认知或功能可供性的情况。由于同一项环境要素在提供不同类型可供性时的作用机制和评价标准存在差异，这里将在相应的可供性类别下分别分析此类环境要素。

儿童开展社交活动需要街道提供安全且有归属感的社交场所，街道的空间感和街道眼分别在交通安全和社会监督两方面影响街道的安全，领域感可以影响儿童的归属感，以上三项指标均与社会可供性相关。与此同时在调研中发现，儿童与同龄人的交往活动多与休憩和游戏活动同时发生，可将活动交往和休憩交往作为社会可供性下的环境要素指标之一。儿童与陌生成年人的交往一般伴随着购物活动，街道的商业性通过支持儿童的购物行为提高了儿童进行社交活动的可能性，进而为儿童提供不同程度的社会可供性。

根据上述社区街道空间对儿童活动作用机制的分析，总结出与儿童认知、功能和社会可供性相关的环境要素共 22 项，将它们作为评价体系的二级指标，最终得到社区街道儿童友好评价的指标体系，如表 5-3 所示。

表 5-3 社区街道儿童友好评价指标体系

一级指标	二级指标	评价要素		说明
认知可供性	形态可识别度	长度占比	○	同类型街道长度与所有社区街道的总长度之比
		空间印象	▲	是否具有令儿童印象深刻的特殊空间形态
	功能可识别度	功能类型	○	沿街建筑首层所承担的功能类型
		功能数量	○	首层建筑中小商铺及社区公共服务场所数量
	界面通透度	面积占比	○	洞口面积与街道两侧首层侧界面面积之比
	界面装饰度	界面清洁度	○	街道界面的整洁程度
		界面吸引力	○	装饰的色彩形态吸引儿童兴趣的能力
	标识完善度	完善度	○	街道中交通标识系统的完善程度
	自然接触度	植物种类	○	街道边植物的种类
		植物规模	○	街道边植物的规模
		互动行为	▲	摘花、爬树等儿童与自然物的互动行为
功能可供性	道路形式	人车分流	○	街道人车分流路段长度与该类型街道总长度之比
		机动车车速	○	街道上的机动车的最大速度
		机动车流量	○	街道上机动车最大车流量
	道路尺度	步行道宽度	○	街道中专用人行道的宽度
		车道宽度	○	街道中车行道的宽度
	道路表面	无障碍设计	○	街道高差处是否考虑无障碍设计
		地面平整度	○	街道底界面是否平整无破损
	道路障碍	占地面积	○	影响儿童通行障碍物的占地面积
	道路曲折度	司机视域	○	司机视域是否存在死角
		游戏行为	▲	儿童是否进行追逐等与街道的曲折度相关的游戏
	休憩设施	设施质量	○	休憩设施是否适合儿童使用
		休憩行为	▲	儿童是否存在自发创造休憩设施的行为
	活动设施	设施质量	○	活动设施是否适合儿童使用
		使用方式	▲	儿童使用活动设施的方式是否安全合理
	活动场地	活动人群	○	活动人群覆盖的儿童年龄段
		活动行为	▲	儿童是否出现必要通行外的活动
	场地位置	可达性	○	儿童到达场地的便捷程度
		使用频率	▲	场地及其中的设施一天内被儿童使用的频率
	功能丰富度	功能数量	○	街边绿地、活动场地、公共服务和商业场所的数量

续表

一级指标	二级指标	评价要素		说明
社会可供性	空间感	空间宽度	○	街道两侧步行空间最大宽度
		场地连通性	○	街道与周边活动场地的连通性
	街道眼	长度占比	○	街道两侧界面视线可达洞口长度与总长度之比
	领域感	服务对象	○	活动场所服务对象为全体居民还是以儿童为主体
		私密性	○	活动场所的私密程度
	商业性	商铺分布	○	街道两侧商业功能建筑的分布情况
	休憩交往	社交行为	▲	儿童在休憩过程中是否产生社交行为
	活动交往	社交行为	▲	儿童在活动过程中是否产生社交行为

客观标准 ○   主观标准 ▲
来源：作者绘制

5.3 儿童友好型社区街道可供性表现量化

研究运用层差法对儿童友好型社区街道进行量化评价：将二级指标的可供性表现结果分为若干层次，基于实地调研判断街道所处层次，该层次所对应的分数即为评价得分。各项指标得分相加即为社区街道儿童友好评价综合得分。最后，将综合得分进行规格化即可得到可用于判断各环境要素可供性表现的分数。

在建立评价体系时，评价标准应包含客观和主观两类。客观标准能够判断街道环境质量并分析环境对活动的影响，但是在某些情况下难以准确判断儿童对环境的感知程度和行为可能。通过分析访谈内容和观察儿童的活动情况获得的主观评价要素赋值可以直观反映儿童在微观环境层面的感知与体验情况，是可供性评价的重要补充。

5.3.1 认知可供性的量化评价标准

认知可供性共有 6 项二级指标，具体量化评价标准如表 5-4 所示。6 项指标均需通过客观标准进行可供性评价，包括形态可识别度、功能可识别度、界面通透度、界面装饰度、标识完善度和自然接触度，其中形态可识别度和自然接触度包含主观评价要素。

表 5-4 社区街道认知可供性评价标准

二级指标	信息获取方式	表现结果	分数
形态可识别度 （x 为长度占比）	测量 快照记录	空间形态特殊或 $x<20\%$	2
		$20\%<x\leqslant40\%$	1
		$40\%<x\leqslant60\%$	0
		$60\%<x\leqslant80\%$	−1
		$x>80\%$	−2

续表

二级指标	信息获取方式	表现结果	分数
功能可识别度	POI 分析 快照记录	有丰富的商业活动或社区公共服务	3
		有一定量的商业活动或社区公共服务	2
		有少量社区商业活动或社区公共服务	1
		仅有住宅功能	0
界面通透度（x 为面积占比）	测量 快照记录	$0.7 < x$ 或较舒适的植物围合	2
		$0.5 < x \leqslant 0.7$ 或普通植物围合	1
		$0.3 < x \leqslant 0.5$	0
		$0.1 < x \leqslant 0.3$	−1
		$x \leqslant 0.1$	−2
标识完善度	快照记录	合理且完善	2
		必要的交通标识系统	1
		不够完善	0
		缺少必要的交通标识系统	−1
		有潜在误导可能	−2
自然接触度	快照记录	规模较大的植物	3
		规模一般的植物	2
		零散型植物	1
		无可接触植物	0
		儿童存在破坏自然物的行为	−1
		存在容易伤害儿童的自然物	−2
		存在对儿童产生毒害的自然物	−3
界面装饰度	快照记录	符合儿童趣味的涂鸦或铺装	2
		一般的涂鸦或铺装	1
		无装饰	0
		存在脏污破损	−1
		存在严重破损	−2

来源：作者绘制

(1) 客观量化评价标准

形态可识别度影响儿童获取所在地信息的难易程度，同类型街道长度占比越低，意味着社区中形态相似的街道越少，儿童越容易辨认，此时形态可识别度提供了程度更强的积极可供性。比如，相同类型的街道长度占比过大，则会让儿童产生迷茫、无聊的情绪，形态可识别度产生消极可供性。本书将形态可识别度可供性评分设定在 2 与 −2 之间，同类型街道长度占比每增加 20%，街道形态可识别度可供性分数下降 1 分。

沿街建筑存在多种功能，其中商业和公共服务的开放程度较住宅更高，儿童对拥有这两种功能的街道的印象也更加深刻，具有此类功能的沿街建筑数量越多，功能可识别度为儿童提供的积极可供性越强。沿街建筑有丰富的商业活动和社区公共服务时，功能可识别度对应最高分3分,得分随商业和公共服务功能建筑数量的减少而递减,当街道两侧仅有住宅功能时此项指标对应最低分0分。

界面通透度关系到街道内部与周边环境的联系,可根据侧界面洞口面积占比判断可供性表现。通透度在0.1及以下时儿童几乎无法接收信息,可供性得分为−2分;通透度在0.7以上的围合可视作提供了完整的外界信息,可供性得分为2分,其余情况以0.2为梯度划分层次赋分。由植物围合的街道中儿童可通过植物间的缝隙接收外界环境信息,较舒适的植物围合提供程度较强的积极可供性,普通植物围合提供程度较弱的积极可供性,赋值2分和1分。

街道上标识完善度越高,警示指引的能力越强,提供的积极可供性程度越强。这里将街道在标识完善度方面分为合理且完善、必要的和不够完善三类,可供性得分为2、1和0分。交通标识的缺失可能导致儿童忽视道路上的机动车,产生程度较弱的消极可供性,可供性得分为−1分;有潜在误导可能的交通标识系统,如学校附近机动车解除限速的指示牌,会大幅降低儿童通行的安全性,产生程度较强的消极可供性,此时标识完善度得分为−2分。

规模较大的植物与儿童的互动性更强,此时自然可接触度提供的积极可供性程度也更高。将街道中植物的规模划分为存在乔木、灌木等规模较大的植物、只存在灌木的规模一般的植物和只有盆栽的零散型植物三个层次,赋值由3分至1分递减。若街道中不存在可接触的植物,意味着未提供有效可供性,得分为0分。植物种类选取不当会产生消极可供性,从对儿童危害的严重程度来看,存在毒害的植物产生的消极可供性程度较可能割伤、刺伤儿童的自然物更强,因此这两种情况下分别赋分−3和−2分。

存在铺装、涂鸦等装饰的街道界面对儿童有一定的吸引力,儿童在附近停留并发生活动的可能性更大。符合儿童趣味的涂鸦或铺装、一般的涂鸦或铺装以及无装饰的界面对儿童的吸引力依次减弱,得分从2分至0分递减。界面存在脏污破损会降低儿童的感官愉悦程度,严重破损的界面还会引发危险,根据消极可供性程度对上述两种情况赋值−1分和−2分。

(2) 主观量化评价标准

街道的形态可识别度除了与同类型街道的长度占比有关,还受特殊形态空间影响。若街道存在让儿童印象深刻的特殊形态空间,即使该街道的同类型街道长度占比较高,儿童也能够轻易确认自己的位置,此时形态可识别度为儿童提供了积极可供性。单一的街道客观属性无法判断街道中是否存在能给儿童留下深刻印象的特殊形态空间,需借助使用者的主观态度对街道形态可识别度的可供性表现做出更为准确的评价。比如,当儿童对街道的描述中出现"非常窄"一类表达空间形态特殊性的话语时,表明该街道可识别度较高,能够为儿童确认所在地提供程度较强的积极可供性,在评价中对应2分。

实地调研发现,社区街道中许多儿童与自然物之间除了嗅闻气味、观赏花草、捡拾树枝等正面互动行为,还出现摘花、爬树等行为,对社区景观造成了损害,长远来看不利于儿童道德观念的认知与塑造,属于消极可供性。相较于通过植物种类和规模推测活动发生的可能性,观察社区中儿童是否出现上述行为能够更直接地反映可供性对儿童的作用结果,若出现此类行为,则自然接触度指标项得分为−1分。

5.3.2 功能可供性的量化评价标准

功能可供性共有10项二级指标,具体量化评价标准如表5-5所示。10项指标均需通过客观标准进行可供性评价,其中5项指标除了对应客观标准外,还应结合主观标准对指标进行综合全面的评价,分别为道路曲折度、休憩设施、活动设施、活动场地和场地位置。

表5-5 社区街道功能可供性评价标准

二级指标	信息获取方式	表现结果	分数
道路形式 (x为机动车车速)	测量 快照记录	全域人车分流	2
		人车分流比例≥60%	1
		人车混行,$x<30$ km/h	0
		人车混行,$x≥30$ km/h,车流量小	−1
		人车混行,$x≥30$ km/h,车流量大	−2
道路尺度 (x为步行道宽度, y为车道宽度)	测量	$x>1.5$ m	2
		1.0 m$<x≤1.5$ m	1
		0.0 m$<x≤1.0$ m	0
		$x=0.0$ m, $y>3.5$ m	−1
		$x=0.0$ m, $y≤3.5$ m	−2
道路表面	快照记录	路面平整,考虑无障碍设计	2
		路面平整,未考虑无障碍设计	1
		路面不平整,考虑无障碍设计	0
		路面不平整,未考虑无障碍设计	−1
		路面不平整,且存在一定危险	−2
道路障碍	快照记录	无障碍	0
		非机动车占道或小型设施障碍	−1
		临时店铺摊位占地	−2
		机动车占道停车	−3
道路曲折度	快照记录	有利于增加趣味性的曲折度	1
		有一定的曲折度	0
		过于曲折	−1
		过于平直	−1
休憩设施	快照记录	有舒适合理的休憩设施	3
		有休憩设施	2
		存在自发创造休憩设施的现象	1
		无休憩设施	0

续表

二级指标	信息获取方式	表现结果	分数
活动设施	访谈 快照记录	专门考虑儿童的活动设施	2
		存在自发创造活动器械的现象	1
		无活动设施	0
		存在活动设施但有损坏设施的现象	−1
		存在引发危险行为的活动设施	−2
活动场地	访谈 快照记录	专门考虑儿童的活动场地	3
		一般性活动场地	2
		存在儿童在街道内自发进行活动的现象	1
		无活动场地	0
场地位置	访谈 快照记录	便于到达,位置选择合理	2
		便于到达,位置选择仍有优化空间	1
		未设置活动场地和设施	0
		不便于到达,使用者较少	−1
		不便于到达,到达过程存在危险	−2
功能丰富度	POI分析 快照记录	丰富的绿地、活动场地或商业场所	3
		较丰富的绿地、活动场地或商业场所	2
		单一绿地或公共服务功能	1
		无公共服务功能	0

来源:作者绘制

(1) 客观量化评价标准

儿童出行的主要交通方式为步行。相较于人车混行,人车分流的道路形式更有利于提高儿童通行的安全性,保障儿童的路权。因此,评价中全域人车分流的道路对应最高分2分,人车分流道路长度占比60%及以上的非全域人车分流道路对应1分。有研究表明机动车的碰撞结果与其车速直接相关,建立机动车行驶速度与正面碰撞行人死亡率之间的曲线,分析得出当机动车行驶速度达到30 km/h及以上时死亡率明显上升,机动车车速过快会同样也会增加儿童步行时的危险性。因此,人车混行的街道评分时考虑机动车车速的影响,当车速普遍小于30 km/h时,人车混行的道路形式未向儿童提供有效的可供性,评分为0分;车速普遍大于等于30 km/h时,人车混行的道路形式对儿童产生了消极可供性,此时对机动车车流密度较小和较大的街道分别赋值−1分和−2分。

道路尺度的可供性评分在2分与−2分之间,安全的慢行网络对儿童独立出行具有重要意义,设置了充裕步行空间的街道评分更高。步行道宽度大于1.5 m对应最高分2分,步行道宽度在1.0 m和1.5 m之间对应1分;设有步行道但小于等于1.0 m对应0分。车行街道越狭窄,可使用的慢行空间越少。因此,在未设置专门步行道的情况下,车行道宽度大于3.5 m的道路较小于等于3.5 m的道路产生消极可供性的程度较弱,这两种情况下道路尺度的可供性得分为－1分和－2分。

从无障碍设施的设置和路面平整度两方面评价道路表面的可供性表现。平整的路面意味着道路界面为儿童提供了基本的积极可供性,不平整的路面对儿童活动安全性造成了负面影响,可根据底界面破损程度判断消极可供性程度。无障碍设计是对街道的更高要求,设置无障碍设计的街道对包括儿童在内的弱势群体更加友好,道路界面提供的积极可供性程度更强。因此,道路表面可供性得分在路面平整,考虑无障碍设计、路面平整,未考虑无障碍设计、路面不平整,考虑无障碍设计、路面不平整,未考虑无障碍设计和路面不平整且存在危险五种情况下由2分至－2分递减。

社区街道两侧的设施侵占部分步行空间,影响了儿童在街道上活动的安全性,各类设施产生消极可供性的程度与设施的占地面积有关。因此,将街道中设施障碍分为无障碍、非机动车及其他小型设施障碍、临时店铺摊位和停泊的机动车四类,产生消极可供性的程度随其占地面积的减小而减弱,赋值由0分至－3分递减。

过于曲折的街道中机动车可能存在视线死角,过于平直的街道则会导致机动车行驶速度加快,不利于交通安宁化。上述情况均不利于儿童行走安全,产生消极可供性,可通过观察判断道路曲折度是否合理,过于曲折和过于平直的社区街道在道路曲折度可供性上得分均为－1分。

休憩设施为儿童及看护者的休息行为直接提供被使用的功能可供性,可根据休憩设施的质量判断积极可供性的程度。首先通过现场观察判断街道边是否存在专门的休憩设施,若街道边无休憩设施,需进一步观察儿童行为;若存在专门的休憩设施,则对设施的质量进行初步判断。舒适合理的休憩设施提供了程度较强的积极可供性,质量一般的休憩设施也为儿童的休憩行为提供了一定的积极可供性,分别赋值3分和2分。

活动设施与儿童游戏相关,与休憩设施一样,活动设施的可供性量化评价同样需结合设施质量和儿童行为判断。这里将活动设施分为适合儿童的活动设施、存在不良行为引导或危险的活动设施、无活动设施和潜在的活动设施四类。其中,适合儿童的活动设施如滑梯、秋千、固定运动器材等可供性赋值为最高分2分,其余情况需根据儿童活动进行情况判断并赋值。

街道边的活动场地直接为儿童的各种玩耍活动提供了必要的空间。相较于无明显特征的活动场地,儿童更倾向于在宽敞的、专门的儿童活动场地活动。因此,具备上述特征的活动场地积极可供性表现程度更强,二者在可供性量化评价中分别得分2分和3分。完全未设置活动场地的街道在活动场地指标项中未提供有效可供性,赋值0分。

从客观层面判断场地位置的可供性表现主要基于设施的可达性。可达性高的场地被使用的频率更高,为儿童提供积极可供性。场地位置是否合理也是评价要素之一,例如相较于无遮挡物的场地,自然树荫下的活动场地更吸引儿童,儿童活动的舒适度也更高。因此,便于到达、位置选择合理和便于到达、位置选择仍有优化空间两种情况在场地位置指标项上分别得分2分和1分,未设置场地或设施的街道在该指标项中不得分。其余可供性表现情况需结合儿童活动和主观感受进一步判断。

街道两侧功能场所数量越多,越有利于儿童活动的多样化,积极可供性表现程度越强。功能丰富度的可供性受公共场所数量和功能类型影响,儿童活动的高频空间主要是店铺和可达性较好的空地。在绿地和提供公共服务功能的空间中活动频率较低，可认为拥有前两类功能类型建筑较多的街道积极可供性程度更高。将街道两侧建筑功能情况分为丰富、较丰富、一般和无公共服务功能四类，得分随街道两侧具有公共服务功能场所数量的减少从3分至0分依次递减。

（2）主观量化评价标准

社区街道的道路曲折度会影响街道的空间趣味。略曲折的街道可以增加儿童慢行趣味性，在初步判断道路曲折度情况后观察儿童的行为并进行访谈，进一步判断道路曲折度的可供性表现。若出现利用道路曲折特性的儿童游戏，则可认为道路曲折度鼓励儿童进行活动，为儿童提供积极可供性，赋值1分；若观察和访谈中的儿童未表现出与道路曲折度相关的活动，则可认为该社区街道在道路曲折度方面未提供有效可供性，赋值0分。

儿童除了在专门的休憩设施休息外，还可能做出根据自身需求发现并利用环境中潜在可供性的行为，如坐在树池边或路缘石等可为坐、躺等行为提供支撑功能的物体上。这表示该环境存在有利于实现儿童休憩需求的潜在可供性，被实现化的可能性也较大。因此，即使街道旁没有专门设置休憩设施，却能够观察到儿童有自主利用街道物质进行休息的行为时，休憩设施指标项得分为1分。

调研中发现，活动设施的潜在可供性在实现的过程中既可能鼓励儿童有益的行为，也包含着各类危险，需要根据具体情况进行评价。观察社区中的儿童行为能够直接反映可供性对儿童的作用结果。当街道中没有设置专门的活动设施，却在观察或访谈中出现儿童利用街道物质环境要素自发玩耍的行为，可认为是环境提供潜在的功能可供性，赋值1分；若发现儿童在使用活动设施时存在损坏设施的行为，如在设施上随意涂画，对设施的后续使用造成负面影响，不利于儿童正确道德观念的塑造，则赋值−1分；若发现儿童出现如攀爬承载力不足的栏杆、在危房内玩耍等使用设施的不当行为，儿童活动的安全性大幅降低，活动设施在这种情况下会产生程度较强的消极可供性，活动设施指标项得分−2分。

同样地，有些街道虽然并未设置活动场地，但是儿童会在行道树树池周围进行追逐游戏。若在调研观察中发现出现此类行为或访谈中儿童经常将某处未设置活动场地的街道作为游戏活动的偏好地点时，活动场地指标项得分为1分，若未出现上述情况，则对应0分。对场地位置可供性的评价还需要观察场地中使用者的使用频率和使用方式。当场地与主要步行道存在高差、沟渠等不利情况时会导致该场地不便于儿童到达，这种情况会直接反映在儿童使用场地和设施的频率上。若观察到儿童使用场地和设施的频率较低，则场地位置指标项得分为−1分；若在观察和访谈中还发现儿童在前往某场地活动的过程中表示出对安全性的顾虑，如提及去某处游戏时必须穿越无信号灯的机动车道路，则表明该街道中为儿童提供的场地位置选择不合理且存在潜在危险，产生程度较强的消极可供性，赋值−2分。

5.3.3 社会可供性的量化评价标准

社会可供性共有6项二级指标，具体量化评价标准如表5-6所示。其中4项参考客观评价标准,包括空间感、街道眼①、领域感和商业性,休憩交往和活动交往 2 项二级指标主要依照主观标准进行评价。

表 5-6　社区街道社会可供性评价标准

二级指标	信息获取方式	表现结果	分数
空间感 （x 为步行最大宽度）	测量 快照记录	$x>2$ m,与活动场地连通	2
		$x>2$ m,未与活动场地连通	1
		1 m$<x\leqslant 2$ m	0
		$x\leqslant 1$ m	−1
		无独立步行空间	−2
街道眼 （x 为视线可达洞口的长度占比）	测量	$x>0.8$	2
		$0.6<x\leqslant 0.8$	1
		$0.4<x\leqslant 0.6$	0
		$0.2<x\leqslant 0.4$	−1
		视线不可达	−2
领域感	快照记录	专门面向儿童的活动空间	3
		分区明显的活动空间	2
		分区不明显的活动空间	1
		无活动空间	0
商业性	POI 分析 快照记录	两侧连续商铺	3
		单侧连续商铺	2
		偶有商铺	1
		完全没有商铺	0
休憩交往	快照记录	有休憩设施,有社会交往的可能	2
		无休憩设施,有社会交往的可能	1
		无休憩设施,无社会交往的可能	0
活动交往	访谈 快照记录	设施具备鼓励儿童与他人互动的特质	2
		儿童借助活动设施进行社交活动	1
		无可以支持儿童交往活动的设施	0

来源:作者绘制

（1）客观量化评价标准

在步行空间宽度足够时,儿童在街道中进行社交活动不会影响机动车和其他步行者的正常通行,更容易发生社会交往,此时空间感的积极可供性程度更强。反之,若步行空间宽度过窄,儿童社交活动就会存在一定的交通安全隐患,儿童进行社交活动的机会减

---

① 街道眼（street eye）一词,出自简・雅各布斯所著《美国大城市的死与生》一书。雅各布斯认为,传统街坊有一种自我防卫的机制,邻居（包括孩子）之间可以通过相互的经常照面来区分熟人和陌生人从而获得安全感,而潜在的"要做坏事的人"则会感到来自邻居的目光监督。据此,雅各布斯提出"街道眼"的概念,主张保持小尺度的街区和街道上的各种小店铺,用以增加街道生活中人们相互见面的机会,从而增强街道的安全感。

少,可认为步行空间宽度越窄,消极可供性程度越强。由于社交行为不一定需要连续的线性空间,可以根据整条街道中步行空间的最大宽度评价社区街道空间感的社交可供性表现。同时,在步行空间与活动场地连通的情况下,可供儿童进行社交活动的空间更充足、也更容易到达,较单纯的线性街道的社会可供性程度更强。空间感的可供性评分在2分与−2分之间,从步行空间最大宽度大于2 m且与活动场地连通到无独立步行空间,可供性分数随步行空间最大宽度的减少而递减。

视线可达的洞口长度占比越大,街道附近居民进行社会监督的可能性就越大,社会安全保障的作用越好,街道眼提供的积极可供性越强。反之,若街道眼界面占比低或周边建筑的视线无法到达街道,街道上的儿童更容易受到犯罪行为和不良行为的威胁,对儿童社交产生消极可供性。街道眼可供性表现的量化评价中,视线可达洞口长度占比大于0.8时对应最高分2分,视线完全不可达时对应最低分−2分,其余情况以0.2为梯度划分层次进行赋分。

在领域感明显的区域中,发生社交行为的可能性更大。以儿童为服务主体对象的活动空间可以明显增强儿童在该区域的领域感,通用型活动空间中儿童对领域感的感知较弱,使用行道树将步行道与机动车道分隔的街道中儿童对领域感的感知程度则更低。上述各类型空间中儿童进行社会交往的可能性依次降低,可供性得分从3分至1分依次递减。若街道仅承担交通功能,不存在可供活动的空间,可认为其未提供社交方面的有效可供性,得分为0分。

商铺相较入口单一的封闭式居民楼开放性更强,可以观察到儿童与熟识的店铺工作人员进行交流或与同龄人结伴购物。与此同时,社区内的商铺多面向社区居民,外来人员的消极影响较低,有利于儿童发生社会交往行为。那么,功能布局上商铺数量多的街道提供的积极可供性程度将更强。本书研究将街道的商业性分为两侧连续商铺、单侧连续商铺、偶有商铺和完全没有商铺四种情况,得分从3分到0分依次递减。

(2)主观量化评价标准

休憩设施和活动设施的可供性表现均可通过观察儿童的社交活动情况进行评价。合适的活动设施能够吸引儿童,提高儿童在街道上的停留度,有助于儿童开展良性社交活动。例如,数名儿童及其看护者同时使用休憩座椅时,儿童很有可能在看护人的引导下进行问候、闲聊、分享玩具等社会交往活动。观察到的社会交往活动越频繁,意味着休憩和活动设施提供的积极社会可供性程度越强,可供性评分越高。当观察到儿童因受到现有设施的鼓励而出现社会交往活动时,活动设施的积极可供性程度最强,休憩交往和活动交往对应最高分2分;儿童在未设置相应设施的街道环境中出现自发的社交活动意味着现有设施提供的积极可供性程度一般,但当前环境存在支持儿童交往的潜在可供性,此时休憩交往和活动交往的可供性赋值1分;若设置的设施不足以支持数量较多的儿童进行社会交往,儿童就会选择其他场地进行活动,儿童社交对象的范围变小,此时活动交往得分为0分。

儿童活动特征调研及倾向性分析

6.1 调研范围与调研过程

6.1.1 调研范围

本书的研究对象为允许机动车通行且对城市开放的社区街道空间。除了社区本身，社区周边或内部面向城市开放的道路状况在重点考虑范围内。基于前文对社区、街道含义和可供性理论的分析和梳理，将样本社区的选取原则总结为以下两点。

（1）社区所在地块用地性质以住宅为主，且步行可到达幼儿园或小学，尽量避免选择距离学校过远的社区。

（2）社区及社区周边对城市开放的街道基本设施应相对完整，能够客观真实地反映大部分儿童在社区街道空间活动的可供性表现，避免选择过于破败或发展尚未完善的社区。

根据上述需求，本书选取南京市内"社区发展完善、儿童活动丰富、社区内部或周边存在对城市开放的典型街道空间"的四个社区，包括爱达花园社区、西堤国际社区、锁金村社区和唱经楼社区，并从社区街道层面探究儿童街道活动特征，选择原因有两点。

（1）所选的四个社区在城市区位、建设年份、开放程度、容积率、街边用地功能等方面具有明显的差异性（表6-1）。选取的社区区位涵盖南京新城区和老城区，周边环境类型多样，包含城市主干道、城市公园和商业区。建设年份方面，所选社区中有2000年之后建设、街道内的基础设施相对完善的社区，也有建成时间较早、街道两侧功能丰富、儿童活动较为活跃的社区。从开放程度上来说，所选社区包含完全禁止外来人员进入的封闭式小区、行人可随意进入但不对机动车开放的半开放式小区和完全不设限制的开放式小区。选择上述这些具备不同特性的样本社区中的街道空间进行调查分析，可以提高研究的全面性和科学性，同时便于分析不同特征的社区街道空间对儿童的可供性表现是否会产生明显的影响。

表6-1 四个社区基本情况一览表

社区	城市区位	建设年份	开放程度	容积率	街边用地功能
爱达花园社区	河西近秦淮河	2005年	开放式小区	1.45	以住宅为主，存在生活性街道 功能较单一
西堤国际社区	河西奥体中心	2010年	封闭式小区	2.23	街道功能多为通过性道路 功能单一

续表

社区	城市区位	建设年份	开放程度	容积率	街边用地功能
锁金村社区	老城区玄武湖东	1982年	半开放式小区	1.40	内部存在生活性街道，功能较丰富
唱经楼社区	老城区近珠江路	1988年	开放式小区	5.12	沿街建筑包括商场、餐饮、零售，功能丰富

来源：作者绘制

（2）选取的四个社区样本规模相似，儿童人口占比相近，且社区内部或周边均有成规模的小学和幼儿园，保证社区街道上儿童流量的稳定，社区内住户和附近居民使用街道的频率较高，有利于后期调研的开展。实地调研结果也能够相对真实地反映街道内环境要素对儿童的可供性表现程度，提高后续评价的客观性。

6.1.2 社区概况

爱达花园社区位于南京建邺区，建成于2005年。建筑以多层住宅为主，内部教育设施有爱达幼儿园和南京市南湖第一小学。社区东、西、北三面环河，与秦淮河支流相邻，北侧有跨河步行桥与城市道路相接，南侧有主要出入口向应天大街开放。环岛式格局使得社区内部街道使用率较高，滨水的东西南三侧街道也成为社区居民休闲和活动的主要场所，设有休息座椅、健身器材、滑梯等公共设施。为满足幼儿园接送需求，社区街道对城市开放，因此在社区南侧衍生了餐饮、零售、娱乐等业态的小型社区商业。综合考虑街道的使用频率和使用现状，本书以爱达花园内人车通行的主要街道作为研究对象。

西堤国际社区地处河西新城的奥体中心核心居住板块，建成于2010年。基础设施建设完善。建筑以小高层和高层住宅为主，周边教育设施包括市建邺区实验幼儿园和南师附中新城小学。西堤国际社区为封闭式社区，社区内部街道对城市不开放，因而选取社区外侧道路作为研究对象，包含黄山路、奥体大街、梦都大街、庐山路、恒山路、新安江街和牡丹江街七条城市街道，这些街道功能单一，大部分侧界面为社区围栏。恒山路北侧设有餐饮、零售、休闲、娱乐等多种业态的国际西堤坊；社区北、南、西三面有水系环绕，滨水设有城市健身步道；新城小学位于社区南侧，建邺区幼儿园位于社区中部，因而新安江街和恒山路成为社区主要通学街道。

锁金村社区地处玄武区，建成于1982年，是南京典型的传统居住社区。建筑以多层住宅为主，存有少量的高层住宅，教育设施有南京市锁金一小附属幼儿园、锁金二小和南京第十三中学。社区面向行人和非机动车开放，但城市车辆无法进入社区内部。本次研究选取社区外侧四条城市街道为研究对象，包括锁金北路、锁金东路、锁金南路和锁金中路，街道两侧功能丰富，设有业态多样的沿街底商。锁金二小位于社区东北侧，出入口对锁金东路开放；第十三中学位于社区西南，出入口处于锁金南路路段，另有社区服务中心和城市活动广场与锁金南路相接。

唱经楼社区位于老城中心，建成于1988年，功能业态复杂，混合并存着办公、经济、文化、商业、居住等各类功能，是快速城市化过程中南京新旧融合地段的典型代表。住宅形式为多、高层混合，由唱经楼小区、居安里小区、鱼市街小区、丹凤新寓等多个居住组团组成，内部的教育设施有南京市同仁小学和小哈佛双语幼儿园。唱经楼社区的内部街道均面向城市开放,筛除不便通车的尽头小巷后,选取薛家巷、珠江路、中山路、丹凤街、吉兆营、卫巷和进香河路七条主要街道为研究对象。唱经楼社区周边街道功能业态丰富,沿街底商不仅面向社区居民,也面向大量的城市公众;卫巷和丹凤街交界处设有城市公共广场,面向城市完全开放;同仁小学的出入口位于同仁街,小哈佛幼儿园出入口与卫巷相接,各街道均为儿童通学和活动的场所。

6.1.3 调研对象

本书的调研对象为样本社区内或经常在样本社区街道中活动的儿童及其看护者。鉴于儿童认知水平与表达水平的局限,问题设置以选择题为主,客观题与主观题相结合,语言尽可能生活化,并在调研过程中解答儿童的疑问。儿童看护者是儿童在社区街道中进行各类活动的重要参与者,对于低龄儿童来说看护者也是活动的主要决策者,需考虑看护者对社区街道中各环境要素的关注点和要求。调研也向儿童看护者发放问卷,问卷内容同样以选择题为主,结合一对一访谈补充并矫正儿童无法准确回答的问题。笔者依据各年龄段儿童的心理及行为特征(表6-3),将受调儿童的年龄段划分如下:0—3岁的儿童可以进行比较简单的活动,自主活动能力较弱,户外活动需看护者全程陪同;4—6岁儿童的行为能力逐步形成,开始形成直觉思维,有一定的自主活动能力,但仍处于学龄前阶段,大部分户外活动仍需在看护者视线范围之内进行;7—12岁的儿童处于行为能力的发展和提高阶段,能够自主进行需要思考的活动,运动能力有所提升,可脱离看护者独立完成部分活动;13岁及以上儿童的生理和心理发展均较为成熟,接近成年人,可独立进行大部分活动,绝大部分时间无需看护者陪同。在数据整理时将分别针对不同年龄段儿童活动的时空特征进行定量统计和分析。

表6-2 样本社区街道空间现状

样本社区	平面地图	现状照片
爱达花园社区		
西堤国际社区		

续表

样本社区	平面地图	现状照片
锁金村社区		
唱经楼社区		

来源：作者绘制和拍摄

表 6-3　不同年龄阶段儿童特征

年龄段	心理特征	行为表现特征	陪伴需求
0—3 岁	可分辨陌生人，对周围事物有一定辨别能力	具备基本的跑跳运动技能，可使用简单的游戏器械	几乎无法离开看护者
4—6 岁	心理思维过程具有明显具象性和不确定性	可进行各样的动作和协作游戏，喜欢群体活动	在看护者视线范围内进行活动
7—12 岁	逻辑思维能力初步形成，但仍无法理解抽象事物	肢体发育进一步完善，具有较为强大的运动能力	可脱离看护者进行户外活动
13 岁及以上	思维能力趋于成熟，开始表现出对情感的需求	肢体发育近似成年人，可独立进行大部分活动	大部分时间无需看护者陪同

来源：琳达·凯恩·鲁思. 简捷图示儿童建筑环境设计手册[M]. 程瑾,译. 北京：中国建筑工业出版社,2003. 王江萍,姚时章. 城市居住外环境设计[M]. 重庆：重庆大学出版社,2000.

6.1.4　调研过程

实地调研是实证研究中重要的组成部分,包括确定研究范围、确定样本街道、实地观察街道客观环境及儿童活动现状和问卷的发放与深入访谈,深入了解儿童及其看护者对社区街道空间现状的需求和满意度,为后续与街道儿童友好评价体系结合以确定社区街道空间目前存在的问题做准备。调研过程包括选择调研方法、确定调研时间和问卷设计三部分。

（1）调研方法

研究初期的调研方法主要为观察法和行为注记法,通过行为观察、拍照、笔记等形式,掌握街道真实的空间环境现状,并在地图上记录儿童在街道内的活动类型和地点。中期采取结构式调查问卷与非结构式访谈法,向样本街道中活动的儿童及其看护者发放问卷,结合随机深度访谈了解儿童及其看护者对社区街道空间环境的感受和评价,对问卷调查结果进行补充和完善。后期则在初步分析调研结果的基础上,针对关键位置或特定需要进行补充调研,包括重要节点照片补拍、对沿街商家进行随机访谈等。

(2) 调研时间

通过前期对样本社区街道的实地考察,发现工作日期间儿童在社区街道进行活动的频率较低,活动地点比较集中,活动类型多为在通学时段出现的通行活动;休息日期间儿童在社区街道进行活动的频率较高,活动地点比较自由分散,活动类型更为多样。因此,在每个社区选择天气良好的一个休息日和一个工作日进行调研。考虑到夏季和冬季的室外温度存在差异,调研时间分别选取处于夏季的6月、7月和处于冬季的12月。观察和调研时段均选取儿童街道活动易发的10:00—12:00和16:00—18:00两个时间段。具体调研时间如表6-4所示。

表6-4 社区街道空间实地调研时间表

社区	日期	时段	天气	调研内容
爱达花园社区	2021.06.25 2021.06.26 2021.12.19	10:00—12:00 16:00—18:00	阴 晴 晴	实地拍摄社区街道现状 观察儿童活动特点及可供性表现 发放拟定调研问卷,访谈交流 发放调研问卷
西堤国际社区	2021.07.02 2021.07.03 2021.12.19	10:00—12:00 16:00—18:00	晴 阴 晴	实地拍摄社区街道现状 观察儿童活动特点及可供性表现 发放调研问卷
锁金村社区	2021.07.08 2021.07.10 2021.12.18	10:00—12:00 16:00—18:00	晴 晴 晴	实地拍摄社区街道现状 观察儿童活动特点及可供性表现 发放调研问卷
唱经楼社区	2021.07.09 2021.07.11 2021.12.18	10:00—12:00 16:00—18:00	晴 晴 晴	实地拍摄社区街道现状 观察儿童活动特点及可供性表现 发放调研问卷

来源:作者绘制

(3) 问卷设计

本书的问卷主要面向儿童及其看护者两类活动主体,形式以选择题为主。问卷内容包含客观题与主观题,客观题对受访者实际情况进行了解,包括年龄性别、家庭情况、是否为社区居民等;主观题主要询问受访者对社区街道的偏好,并对社区街道内各环境要素的可供性表现进行评价。由于可供性理论专业性较强,为便于受访者理解,问卷中的选项内容多为与环境要素相关的具体场景描述,如选项中的"路边停车"对应"设施障碍产生消极可供性",尽可能贴近受访者的日常生活。在确定正式问卷之前,研究团队已进行了初步的研究并与社区中的儿童及其看护者进行了数次简要的交谈,具体方式为提出开放式问题,引导受访者描述自己最重视的街道特征和对社区街道空间现状的不满之处,并以此为依据确定问卷中的问题及具体选项内容。

正式问卷中的问题设置分为三个部分,分别为基础信息、在社区街道中的通行感受和玩耍感受。第一部分主要收集受访者的基础信息,后两部分旨在获得受访者对社区街道环境要素的可供性表现的评价及期望，进而分析出儿童对社区街道环境要素的实际需求。问卷后附有社区地图，受访者被要求在地图中用记号笔标明自己日常最常去、最喜欢的地方，以展示儿童活动时对社区街道的偏好。问卷具体内容见附录 A，调研前后历时共 35 天，最终发放问卷 125 份，收回有效问卷 123 份，问卷结果如表 6-5 所示。

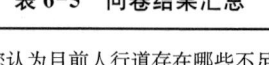

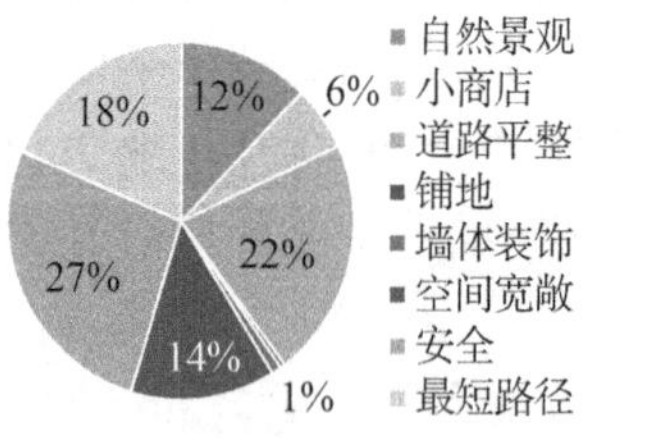

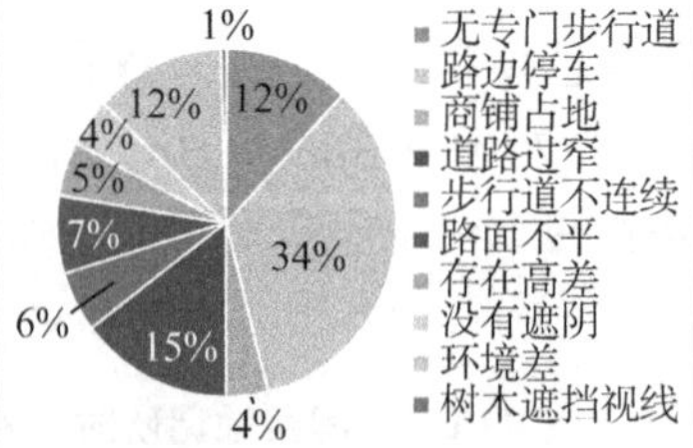

表 6-5　问卷结果汇总

1. 您认为道路令人满意的原因包括

2. 您认为目前人行道存在哪些不足

3. 您在孩子行走时担心的因素

4. 您和孩子平时喜欢在哪里活动

5. 您孩子在社区街道上活动的频率

6. 您孩子玩耍时更愿意和谁一起

7. 您孩子喜欢下列哪些活动

8. 您和孩子选择某处进行活动的原因

9. 哪些因素曾使您体验不佳

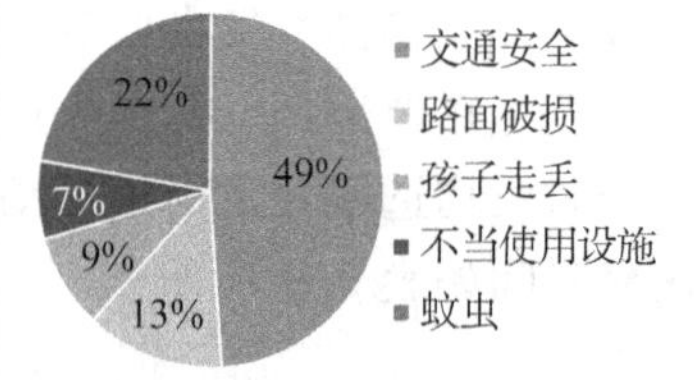

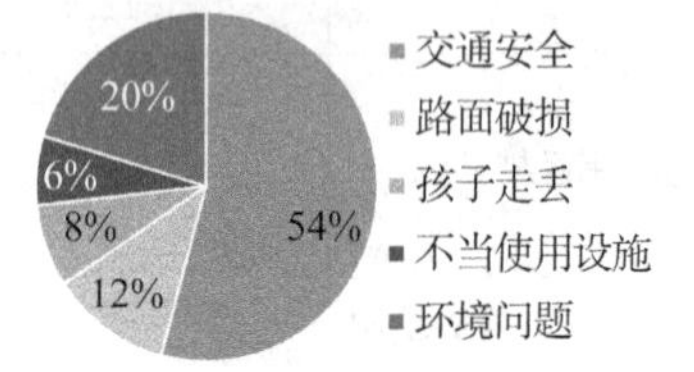

注：饼图内容为受访者对相关提问回答的百分比
来源：作者绘制

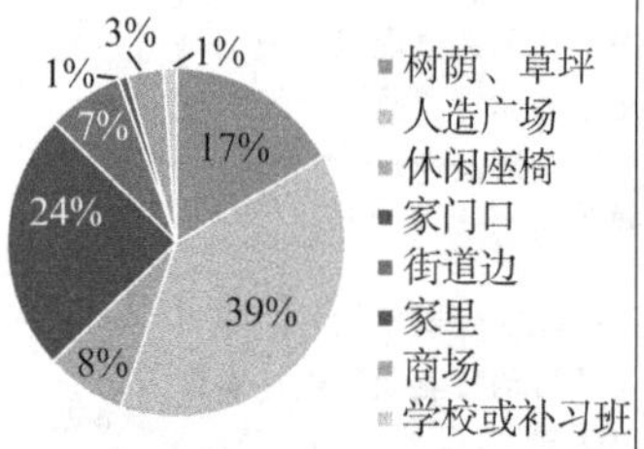

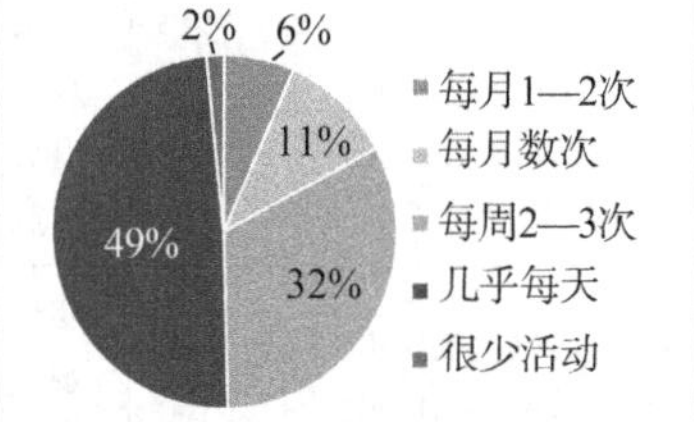

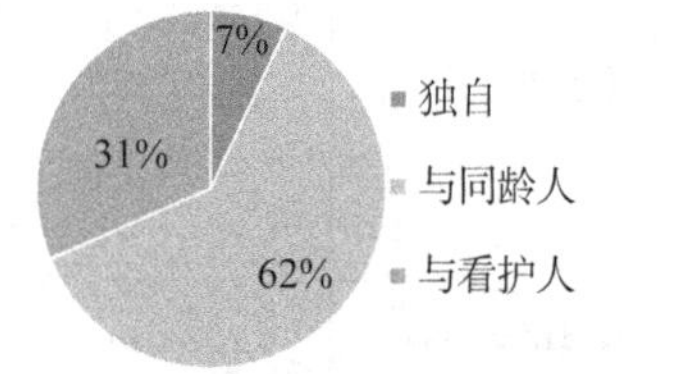

6.2　社区街道中的儿童活动分析

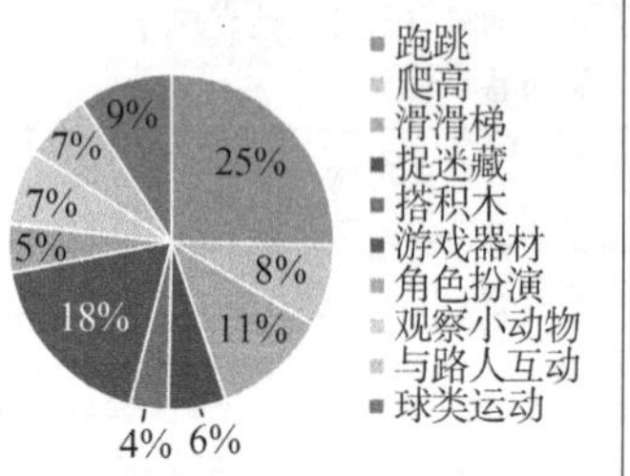

6.2.1　儿童活动的年龄特征

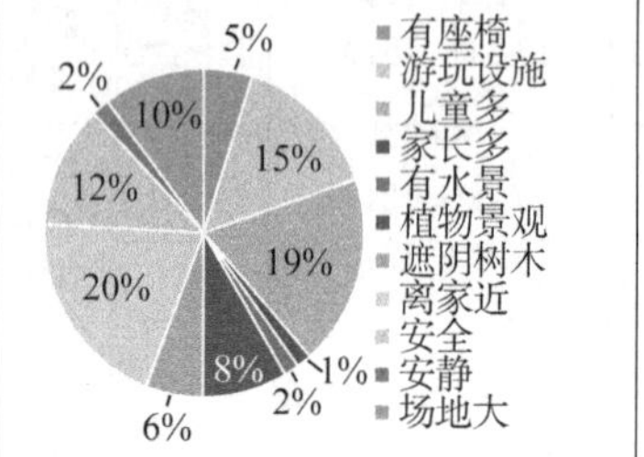

通过对社区街道内儿童活动的观察、访谈及发放问卷，收集样本社区儿童活动相关信息，包括儿童的年龄、性别、家庭情况、是否有看护者、活动时间、活动场所、活动类型等方面。

从儿童的年龄构成来看，0—3 岁的婴幼儿在调查样本中占比 17%，该年龄段的儿童由于缺乏独立活动能力和活动的自主意识，在社区街道上的活动主要受其看护者影响。

4—6岁的儿童在调查样本中所占比例最高,达到35%,这个年龄段的儿童具备了基本的活动能力,可在外部环境场地中开展各种体能活动,其感知和语言能力也急速发展,对身边的事物有强烈的好奇心,同时,由于该年龄段儿童的空闲时间较学龄儿童更多,在社区街道上的活动频率最高。7—12岁儿童占比30%,该年龄段的儿童有着较为稳定的玩伴,交往范围逐渐突破家庭局限,倾向于与同龄人进行交往。13岁及以上的儿童占比18%,其身心发育逐渐趋近于成人,活动范围变大,该年龄段儿童不再将社区街道作为主要的活动场所。

从儿童的性别比例来看,123个调研样本中,男孩占比57%,女孩占比43%。四个社区中受访儿童男女比例均大于1,爱达花园社区的男女比例为2:1,西堤国际社区的男女比例为1.14:1,锁金村社区的男女比例为1.07:1,唱经楼社区的男女比例为1.27:1。对于6岁以下的儿童来说,因性别而产生的活动差异不明显;6岁以上儿童对性别的辨别能力较强,具备了比较鲜明的"性别界限"。因性别产生的活动分异明显,同一性别的儿童更倾向于聚集在一起活动。

从儿童活动的独立性情况来看,在所有的调研样本中有34.1%的儿童在无看护者的情况下进行独立活动。研究团队观察到6岁以下的儿童几乎都伴随一名近距离看护者,6—12岁的儿童出现了更多独立活动的情况,绝大部分12岁以上的受访儿童倾向于脱离看护者活动。在看护者类型方面,28.5%的看护者为儿童的祖辈,看护对象以低龄儿童为主,在进行看护时偏向于与其他看护者聚集在一起并鼓励儿童进行交往;35.7%的看护者为儿童的父母,多在周末及节假日期间看护儿童。其中,母亲的比例为26.8%,远高于父亲8.9%的比例,可观察到父母在陪伴儿童活动的过程中更倾向于进行亲子活动以增进感情,如一起打球、在行走过程中聊天等(表6-6)。

表6-6 儿童看护者情况统计表

看护者与儿童的关系	人次	占比
父亲	11	8.9%
母亲	33	26.8%
祖父	5	4.1%
祖母	30	24.4%
其他	2	1.6%
无看护者	42	34.1%

来源:作者绘制

6.2.2 儿童活动的时空特征

儿童活动的时空特征包括活动频率、活动时间、活动场所类型和活动空间分布等四个方面。在活动频率方面,6.5%的受访儿童表示每个月在社区街道内活动1—2次;10.57%的受访者表示每个月会有数次在社区街道内进行活动;32.52%的受访者表示每周会在社区街道内活动2—3次,活动时间一般为周末;48.78%的受访者表示几乎每天都会在社区街道内活动;几乎不怎么出门的受访者仅有1.63%,多为婴幼儿的看护者代为回答。可以发现,儿童在社区街道内的活动频率普遍较高,近一半的受访儿童几乎每天都会在社区街道上进行活动。在活动时间的选择上,工作日儿童活动的频率普遍低于休息日。在工作日,儿童往往在傍晚放学后的时段进行活动,16:00—18:00时间段观察到的儿童数量更多;在休息日,儿童在活动时间的选择上没有明显的偏好,不同时段观察到的样本数量差异不大。

在活动场所类型的偏好上,较多受访儿童及其看护者表示会选择在人造广场(39.13%)和家门口(24.35%)进行活动;部分受访者表示会在草坪、树荫下(16.96%)等自然环境中活动;少部分受访者选择在休闲座椅(7.83%)或无明显特征的街道边(7.39%)活动。另外,有3.48%受访者表示倾向于在室内活动,靠近社区街道的人造广场更容易吸引儿童聚集并发生活动。同时可以发现,比起社区范围内特定的设施和环境,儿童更倾向于选择靠近住宅的空间。在活动空间分布方面,总体来说儿童的活动空间分布较为零散,活动空间的面积和活动人数受街道空间状况的影响存在较大差异。本书将儿童在街道中的活动分为通行活动和玩耍活动,并统计四个社区中儿童经常使用的社区街道空间(表6-7)。

表6-7 儿童偏好的社区街道统计表

案例	儿童偏好通行路径	儿童偏好活动地点
爱达花园社区		
西堤国际社区		

续表

案例	儿童偏好通行路径	儿童偏好活动地点
锁金村社区		
唱经楼社区		

来源：作者绘制和拍摄

　　爱达花园社区中儿童常用的通行路径比较集中，大多数受访者表示日常通行中更倾向于选择社区外围靠近水域的街道，与其他街道相比这条街道的自然环境条件更为舒适，通行体验也更好。儿童偏好的两个主要活动空间为社区西侧的长廊和东侧的儿童游戏场地，其余活动地点分布在受访者的住宅附近，园区中央的小块绿地偶尔被提及。西堤国际社区中超过半数的受访者并未展示对特定街道的明显偏好，表示日常通行中更倾向于根据目的地选择最短路径，其中被提及较多的道路为新安江街路段和黄山路北侧路段。儿童偏好的活动空间为社区东侧的好邻居生活广场室内空间、西堤国际坊室内空间和西北侧的滨水步道，其余活动地点零散分布在受访者住宅附近，暂未在其他街道上发现儿童活动行为。锁金村社区中儿童在选择路径时同样以方便快捷为主要依据，通学时更倾向于选择社区内部道路，其中被提及较多的道路为锁金南路和锁金北路。儿童偏好的两个主要活动空间为锁金南路的两个小广场和锁金北路的人行道，其余活动地点分布在受访者的住宅附近，社区内部的小块绿地偶尔被提及，除此之外街道边有趣的店铺也会吸引儿童在其中停留活动。唱经楼社区中绝大多数受访者表示自己通常在丹凤街通行，吉兆营和卫巷作为出入社区的通道被部分受访者提及，同仁街作为通往同仁小学的必经之路偶被提及。儿童偏好的两个主要活动空间为丹凤街与卫巷路口处的街角城市广场和南京市同仁小学前,其余活动地点分散分布在受访者的住宅附近。

6.2.3 儿童活动的类型偏好

社区街道中的儿童活动类型丰富多样,基于社区街道的空间特点、活动对象、自然环境的不同以多种形式表现,本书将样本街道中的儿童活动分为以下 7 种类型。

(1) 过马路。调研的样本街道既包括较宽阔的以交通功能为主的街道,也包括功能更加复合的生活性街道。以交通功能为主的街道路幅较宽,机动车道、非机动车道和人行道的分隔清晰明确,道路交叉处有明确的斑马线引导儿童在道路两侧移动。生活性街道路幅较窄,车行道和人行道间没有明显界限,道路路权的灵活性高,过马路的现象在儿童活动中普遍存在但难以被明确定义。

(2) 不借助器械的游戏活动。儿童在社区街道中会自发出现一些不借助器械的游戏活动,包括在街道内奔跑和爬高,容易引发儿童奔跑的情况包括同龄人间的嬉戏打闹、看护人的呼唤等。儿童的爬高行为可能出现在栏杆扶手、座椅、花坛、废弃构筑物等环境中,儿童通过爬高活动获得较多的趣味,但存在较大的安全隐患,往往会被看护人阻止。

(3) 利用街边自然环境的活动。调研中发现,许多儿童存在捡拾树枝并摆放,抽打低矮灌木,观察蚂蚁、鸟、野猫等小动物的行为。儿童会自发对周边的自然环境加以利用,合适的自然环境对于儿童的身心健康有正面影响,但有毒有害的植物可能会成为儿童活动中的不安全因素。

(4) 使用固定公共设施。社区街道边存在滑梯、秋千、健身器材等固定公共设施,儿童经常使用它们进行游戏。除了按照设施的说明使用外,研究团队在调研中还发现许多儿童会按照自己的游戏需求去利用这些公共设施,这种行为可以在一定程度上激发儿童的创造性,但也包含着潜在的危险。

(5) 使用可携带器械的游戏。许多儿童在街道活动时会自行携带自行车、球类运动器材、小汽车模型、积木玩具等器械。大部分儿童会在街边较固定的区域如人造广场、廊架下、运动场中使用器械进行游戏,一些儿童会互相分享玩具并一起玩耍,但也存在由于争抢玩具或场地而发生冲突的现象。

(6) 群体游戏。在街道两侧活动的儿童会出现聚集现象,并根据其自身年龄和场地特点进行多样的群体游戏,如捉迷藏、角色扮演等。由于在线性街道停留进行游戏容易发生危险,儿童往往会选择在街边的面状空间进行群体游戏。

(7) 社会交往。儿童会在购物、通行、玩耍等各种日常活动中与商店店主、同龄人、过路行人、看护者等不同人群进行社会交往。

在收回的有效问卷中,包含不同年龄段的儿童。调研问卷结果显示(表 6-5),在活动类型上,儿童的选择较为多样化,问卷中各选项均不同程度地被提及,其中无器械运动和可携带器械类活动的受欢迎程度最高。同时,不同年龄段儿童在活动类型的偏好上也表现出一定的差异性。其中 0—3 岁儿童年龄过小,可自主选择并安全进行的活动较少,对活动类型的偏好也较为分散,无器械运动如跑跳、爬高这一类较简单的活动最受欢迎,占比为 29%;4—6 岁儿童对活动类型的选择较为多样化,最喜欢无器械运动和使用可携带器械类活动,占比分别为 33%和 31%,对社会交往活动的兴趣不高,占比仅为 3%;7—

12岁儿童对活动类型的偏好较为分散,同样喜欢无器械运动和使用可携带器械的活动,占比为31%和36%;13—17岁儿童对爬高、滑梯、捉迷藏、搭积木等活动几乎没有兴趣,更喜欢利用可携带器械活动中的球类运动以及与同龄人闲聊、逛街等社会交往活动,占比分别为40%和28%(图6-1)。

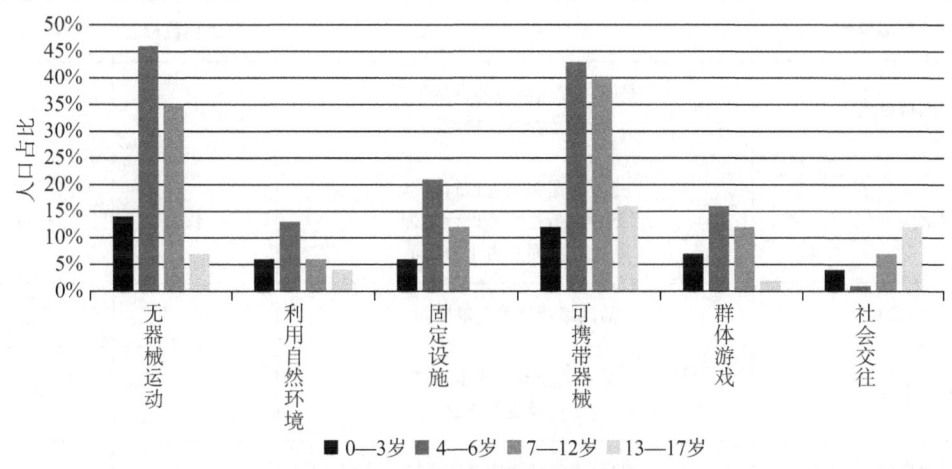

图6-1 不同年龄段儿童喜欢的活动类型及人数
来源:作者绘制

6.3 受访者对社区街道内各环境要素的态度

关于受访者对社区街道内各环境要素态度的调研分为问卷调研和交流访谈两部分。在问卷部分,设置"您选择某条道路通行的原因""您和孩子选择该地进行活动的原因""您认为目前人行道路存在的不足""您在孩子玩耍时认为体验不佳的原因"四项问题,设置的选择项与各环境要素存在着对应关系,根据各选项被选择的情况从可供性数量和质量两方面分析受访者对社区街道内各环境要素的态度,包括受访者对各环境要素的重视程度和受访者对各环境要素可供性的评价。在访谈部分,通过引导儿童描述自己在社区街道中通行和玩耍活动时的感受,直观了解儿童对社区街道中各环境要素现状的使用情况和期待。

6.3.1 受访者对各环境要素的重视程度

在可供性数量方面,通过统计问卷中各选项被选择的频度可分析受访者对各环境要素的重视程度。四个社区回收共计123份有效问卷的统计结果(表6-8)显示,在可供性数量方面,活动设施(161)、设施障碍(138)、设施位置(131)、道路形式(90)和领域感(73)五项环境要素在问卷选项中被选择的次数大于60次,说明儿童及其看护者对上述环境要素的重视程度较高。其中活动设施是儿童进行游戏和各类活动的重要载体,设施位置是影响儿童对设施使用体验的重要因素,道路形式和设施障碍是儿童在街道上活动的基本保障,能够与大部分儿童行为产生交互,领域感则可以影响到儿童在进行各类活动时的愉悦程度。这些要素对社区中儿童活动的可供性的贡献更大,它们的使用方式和视觉形象能够刺激儿童及其看护者对其的使用和感知。而首层功能(13)、活动场地(34)、自然接触度(35)、休憩设施(37)和界面装饰(42)等环境要素在问卷选项中被选择的次数均小于50次，受重视程度相对较低（图6-2）。

表6-8 受访者对各环境要素的可供性评价

环境要素	主要内容	可供性数量	可供性质量
1. 自然接触度	是否注意到街边的自然景观 街边是否有植物遮阴	35	19
2. 界面装饰	是否对道路铺地进行装饰 是否对街边墙体进行装饰 街边各界面是否干净整洁	42	−36
3. 活动场地	活动场地是否足够宽敞	34	34
4. 道路形式	是否划分专门的步行道 步行道是否连续	90	28
5. 道路尺度	步行空间的宽度是否合适	50	4
6. 设施障碍	路面是否平整 道路见是否存在不利的高差 是否存在路边停车影响通行 是否存在商铺占地现象	138	−42
7. 首层功能	街边是否有吸引人的商店	13	13
8. 休憩设施	是否存在休憩座椅	37	−5
9. 活动设施	是否存在合适的游玩设施 游玩设施是否过于老旧单一，夜间照明是否充足 是否存在设施不当使用	161	−63
10. 设施位置	设施附近是否有遮阴 设施是否便于到达	131	39
11. 领域感	同龄人是否经常在此聚集 活动空间是否安静	73	73
12. 街道眼	街道眼是否让活动更安全	47	33

来源：作者绘制

从可供性分类的数量上来看，四个社区的街道空间中，功能可供性的发生率均占比超过50%，说明功能可供性是影响社区街道空间儿童友好可供性表现的主要属性，应将功能设计作为儿童友好型社区街道空间设计关注的主要问题。此外，社区街道空间建设之初往往对认知、社会可供性的关注不足，应加强社区街道空间中认知、社会可供性方面的设计，以提升儿童友好型社区街道空间的活力。

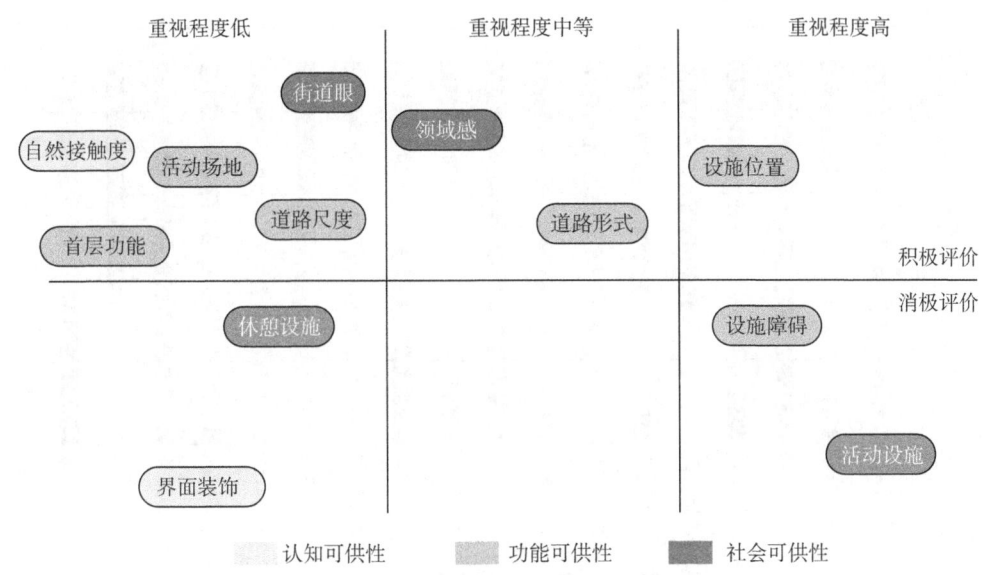

图 6-2 受访者对各环境要素的重视程度
来源：作者绘制

6.3.2 受访者对各环境要素的可供性评价

在可供性质量方面,通过问题中的选项表述,可确定受访者对该环境要素可供性表现评价是否正面,例如在设施障碍类环境要素的相关问题中,"道路平整"选项属于正面评价,"道路内部存在高差"则属于负面评价。若对该环境要素呈正面评价的选项被选择一次,计 1 分,若对该环境要素呈负面评价的选项被选择一次,计－1 分,据此对问卷中呈现出的各环境要素进行计分,得到受访者对各环境要素可供性表现质量的主观评价。

四个社区回收的共计 123 份有效问卷的统计结果(表 6-8)显示,活动设施(－63)、设施障碍(－42)、界面装饰(－36)和休憩设施(－5)的总体评价得分为负,意味着上述环境要素得到了较多的负面评价,有较大的改善空间。而领域感(73)、设施位置(39)、活动场地(34)、街道眼(33)和道路形式(28)总体评价得分均大于 20,证明这些环境要素获得了儿童及其看护者较多的正面评价,可供性表现较好(图 6-2)。

将使用者对环境要素的重视程度与评价结合,可将问卷中出现的影响儿童活动可供性的环境要素分为以下四类。

(1) 重要且评价高的环境要素,如道路形式、设施位置和领域感,这些要素往往为儿童在街道上的活动提供了积极可供性,有利于儿童友好型社区街道的环境营造,在后续设计中需重视这些环境要素,提高其对儿童活动的积极可供性程度。

(2) 重要且评价低的环境要素,如设施障碍和活动设施,这些要素往往对儿童在街道上的活动产生消极可供性,不利于儿童友好型社区街道的环境营造,在后续设计中需降低其消极影响,尽可能将其改造为向儿童提供积极可供性的环境要素。

(3) 不重要且评价高的环境要素,如活动场地、街道眼、自然接触度等,这些为儿童在街道上的活动提供的积极可供性有限,有一定的改造潜力,在无明显消极环境要素存在的

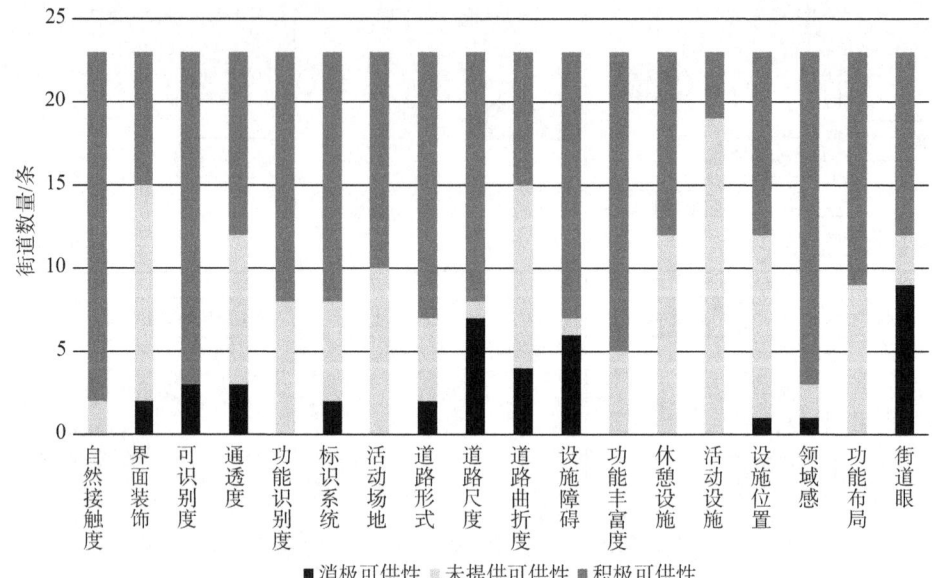

图 6-3 受访者对社区街道的可供性评价

资料来源:作者绘制

情况下可考虑提高其积极可供性,多角度塑造儿童友好社区街道空间。

(4) 不重要且评价低的环境要素,如装饰和休憩设施,这些要素对儿童在街道上的活动产生程度较弱的消极可供性,在条件允许的情况下应消除其对社区街道空间的消极影响,尽可能通过优化改造使之能够向儿童提供积极可供性的环境要素。

6.3.3 儿童在社区街道中的活动感受

在向社区街道内活动的儿童及其看护者发放问卷的同时,对住区内的儿童进行交流与访谈。在每个社区中随机选取 2 名正在街道中活动的学龄儿童,引导儿童描述自己在社区街道中通行和玩耍活动的情况和感受,以了解儿童在进行这些活动时是否感到安全、便捷、丰富、有趣。

(1) 儿童进行通行活动时的感受。受访者在通行活动时最关心街道的安全性,在各街道的可供性表现差别不大时,会选择到达目的地的最短路径。儿童对于周边环境变化十分敏感,大部分儿童在访谈中表示自己会更愿意选择街道周边有绿化景观、植物更多的道路,且大部分儿童在通行的过程中会注意到景观一年四季中的变化。同时,由于身体尺度与成年人存在差异,儿童对街道中细节的关注度更高,在访谈中发现许多儿童对草地中汀步的距离、铺地的形状和图案等成年人难以注意到的细节有着较强的感受,因此应重视细节提升,充分发挥社区街道的积极和潜在可供性,尽可能消除其对儿童活动的消极可供性。

(2) 儿童进行玩耍活动时的感受。大部分儿童在玩耍活动时重点关注街道中是否有较多的同龄人和有趣的设施,提供活动设施的空间往往也会吸引较多的儿童聚集。许多受访者表示,如果社区街道空间中活动设施的吸引力足够大,自己可以忽略设施障碍和设施位置产生的消极可供性，仍然选择在略有缺陷的社区街道空间中玩耍。因此，若想鼓励儿童进行户外活动，活动设施有必要得到足够的重视，对于缺乏活动设施的社区街道空间，应考虑在合适的位置提供适合儿童的活动设施，对于目前设置了活动设施的街道，应注意对社区周围产生消极可供性环境要素的改造，尽可能消除环境要素给儿童活动带来的消极影响。

儿童友好型社区街道空间可供性评价 /7

　　研究团队在本篇 6.2.2 节中结合问卷结果及现场观察,总结了样本社区中受儿童欢迎的社区街道空间(详见表 6-7)。本章首先从街道宽度、街道界面、街道周边设施与环境三个维度将同一社区内的街道空间进行分类(表 7-1、7-2、7-3、7-4),接下来运用层次分析法分别对各类型社区街道在环境要素可供性的表现方面进行量化评价(评价过程详见附录 B)。继而将受欢迎的社区街道与其他街道环境要素的可供性评价结果比较,总结相应的环境要素特征,并研究社区街道各环境要素在认知可供性、功能可供性和社会可供性方面如何作用于儿童活动。由于儿童活动频率可直接反映社区街道的儿童友好度,本章以此为依据对各社区中儿童活动频率最高及最低街道可供性评分和各项指标得分进行对比分析,一方面可以对研究提出的可供性评价体系进行验证,另一方面可以分析街道中环境要素被感知和实现的具体路径。

表 7-1　爱达花园社区街道空间类别

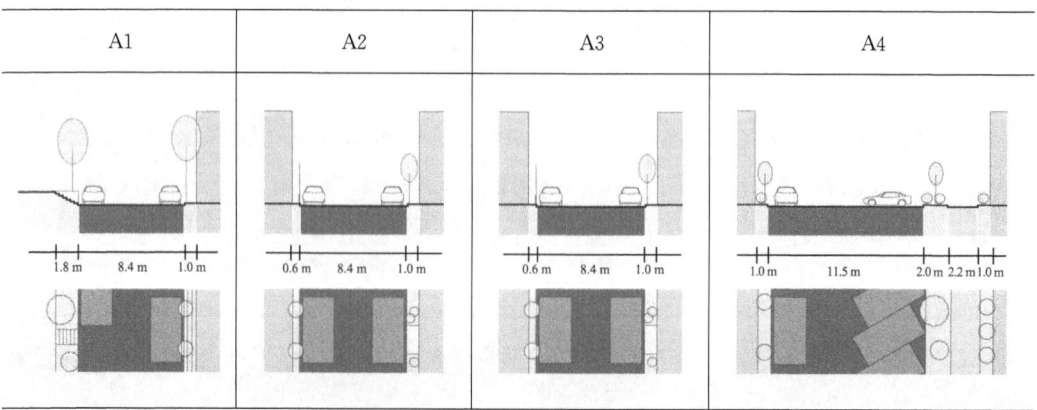

7 儿童友好型社区街道空间可供性评价

续表

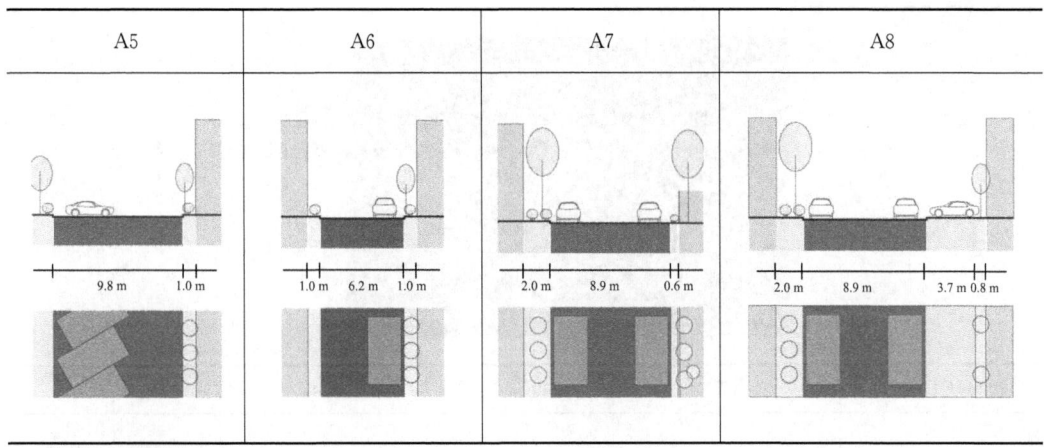

来源：作者绘制

表7-2 西堤国际社区街道空间类别

来源：作者绘制

表 7-3　锁金村社区街道空间类别

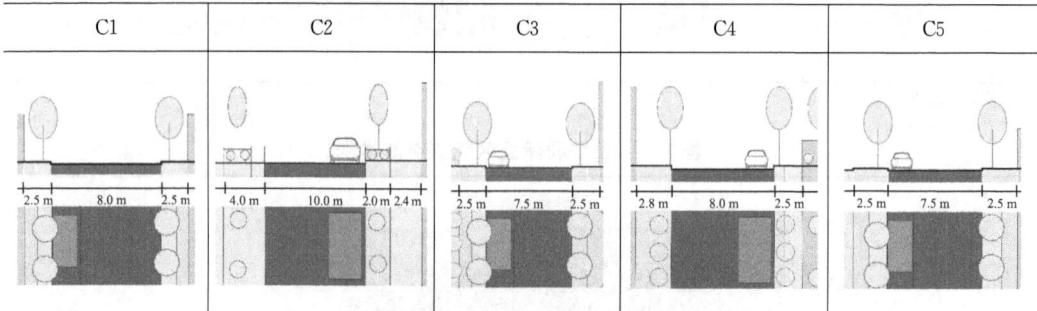

来源：作者绘制

表 7-4　唱经楼社区街道空间类别

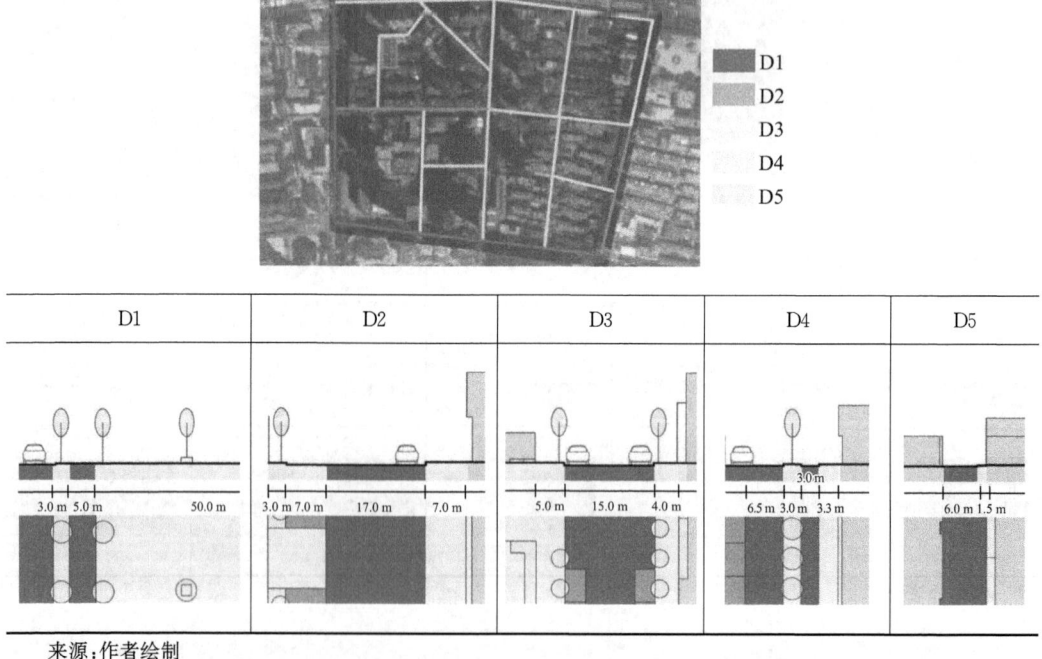

来源：作者绘制

7.1 认知可供性评价

7.1.1 社区街道认知可供性评价结果

观察社区街道的客观环境和儿童与环境要素互动的行为表征,将各街道的环境要素情况对照本篇5.3.1中的认知可供性标准(表5-4)进行量化评价,得出四个样本社区共23个社区街道的认知可供性表现量化评价,如表7-6所示。爱达花园社区中八类社区街道可供性综合得分在0—7分之间,各环境要素得分为正分、零分和负分的数量分别为22、19、7;西堤国际社区中五类社区街道可供性综合得分在3—12分之间,各环境要素得分为正分、零分和负分的数量分别为24、5、1;锁金村社区中五类社区街道可供性综合得分在8—10之间,各环境要素得分为正分、零分和负分的数量分别为24、5、1;唱经楼社区中五类社区街道可供性综合得分在5—10分之间,各环境要素得分为正分、零分和负分的数量分别为21、8、1。总体来说,各样本社区街道在认知可供性方面的表现呈现出"比较友好"的现状。

(1) 同一社区内的评价结果分析

在认知可供性表现方面,爱达花园社区中得分最低的是A4街道,得分最高的是A5街道。各项环境要素可供性表现按评分大小排序,自然接触度>界面通透度=功能可识别度>形态可识别度>界面装饰度=标识完善度。自然接触度可供性表现与街道所处环境有着密切的关系,外围街道因靠近水体,使用植物进行遮挡,自然接触度的可供性表现更好。

西堤国际社区中B3街道得分最低,B4街道得分最高,各街道认知可供性表现程度差异较大。各项环境要素可供性表现按评分大小排序,自然接触度>标识完善度>形态可识别度>界面通透度=功能可识别度>界面装饰度。西堤国际社区位于新区,在设计上较为统一单调,在界面装饰度、界面通透度和功能可识别度方面的认知可供性表现程度较弱。

锁金村社区中五种类型街道得分相近,环境的认知可供性表现程度较为均质。各项环境要素可供性表现按评分大小排序,功能可识别度>自然接触度>形态可识别度>界面装饰度>标识完善度>界面通透度。其中,功能可识别度得到了较高的评分,这与锁金村社区建设年份较早、社区商业发展较为成熟有关。由于调研期间部分路段处于施工阶段,界面通透度的可供性表现稍弱。

唱经楼社区中得分最低的是D5街道,得分最高的是D3街道。各项环境要素可供性表现按评分大小排序,功能可识别度>形态可识别度>自然接触度>标识完善度>界面装饰度>界面通透度。唱经楼社区包含多种交通等级的道路,道路普遍承担着复合功能,不同类型街道间差异较为明显。因此,功能可识别度及形态可识别度的认知可供性表现较好,而界面装饰度和界面通透度两项表现出程度较弱的认知可供性。

表 7-5 各类型街道轴测示意图及现状照片

A1	A2	A3	A4	A5	A6
A7	A8	B1	B2	B3	B4
B5	C1	C2	C3	C4	C5

7 儿童友好型社区街道空间可供性评价

续表

	D1	D2	D3	D4	D5

来源：作者绘制和拍摄

表 7-6 社区样本街道认知可供性表现评价结果

环境要素	爱达花园社区								西堤国际社区					锁金村社区					唱经楼社区				
	A1	A2	A3	A4	A5	A6	A7	A8	B1	B2	B3	B4	B5	C1	C2	C3	C4	C5	D1	D2	D3	D4	D5
形态可识别度	1	2	3	-2	2	-2	2	-2	1	2	2	2	1	2	1	2	2	2	1	2	2	2	2
功能可识别度	0	2	3	0	0	0	-1	-1	0	2	0	3	0	3	3	3	3	1	2	2	3	2	1
界面通透度	-1	1	0	0	2	0	1	2	0	2	-2	0	1	-2	1	0	0	0	0	0	1	0	-1
标识完善度	1	0	0	0	0	0	-2	0	2	2	0	3	2	2	1	1	3	3	0	1	2	1	1
自然接触度	3	1	2	2	2	1	0	0	2	2	2	2	2	1	3	2	2	2	2	2	2	2	0
界面装饰度	1	-1	-1	0	1	2	5	2	0	0	1	0	1	2	2	2	0	2	2	0	0	0	2
总分	5	5	7	0	7	1	5	1	8	10	3	12	7	8	10	10	8	10	7	7	10	7	5
规格化总分	64	64	64	44	72	48	64	52	76	84	56	92	72	76	84	84	76	84	72	72	84	72	64

来源：作者绘制

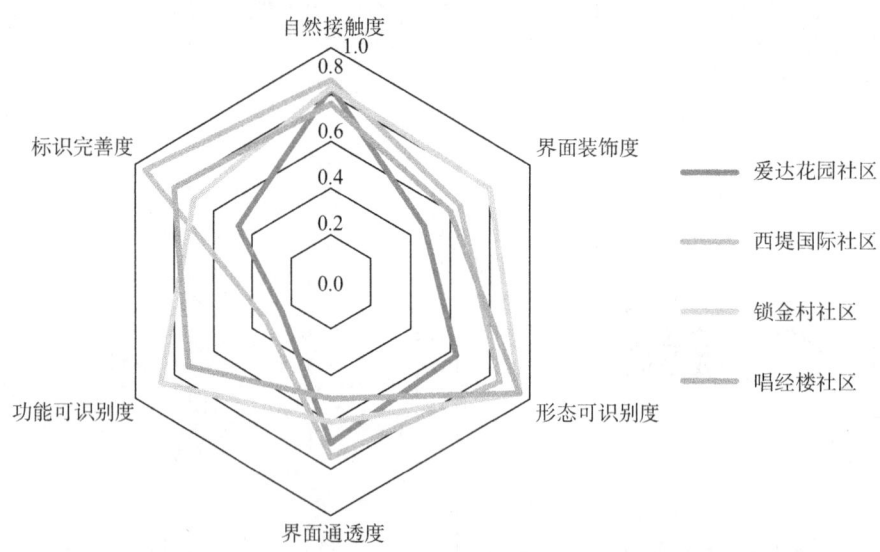

图 7-1　不同社区环境要素认知可供性评价对比
来源：作者绘制

（2）不同社区间的评价结果分析

将四个社区认知可供性的总体表现进行横向对比，可以发现锁金村社区和唱经楼社区中大部分类型的街道在认知可供性方面表现较好，超过80%街道的认知可供性总得分达到7分及以上，爱达花园社区的认知可供性表现总体较差，只有12.5%的街道类型总得分达到7分及以上。同时，在所有社区街道中70%产生消极可供性的环境要素位于爱达花园社区。

认知可供性表现的均好性方面，锁金村社区各类型街道的可供性评分方差较小，社区内部街道整体表现较为均质；西堤国际社区中可供性评分方差则较大，意味着西堤国际社区中不同类型街道给儿童提供的认知可供性差异较大，在优化改造过程中有必要对不同街道进行针对性分析。分析各环境要素认知可供性在不同社区中表现的差异，可以发现各社区的特征与环境要素的表现密切相关。（图7-1）四个样本社区中街道的自然环境状况普遍良好，因而在自然接触度指标项上的认知可供性表现类似。爱达花园社区在界面装饰度、形态可识别度、功能可识别度和标识完善度几项中的可供性评分均低于其他社区，暂未发现认知可供性方面表现明显优于其他社区的环境要素。西堤国际社区街道中可观察到具备明显的优势和劣势的环境要素，标识完善度的可供性评价强于其他社区，但功能可识别度提供的认知可供性得分在平均值以下。锁金村和唱经楼的社区街道开放程度较高，且均具备成熟丰富的社区商业，二者环境要素的可供性表现也有类似之处，形态可识别度、功能可识别度和标识完善度的可供性表现较好，但界面通透度指标项的可供评价得分偏低。

7.1.2 社区街道认知可供性表现分析

(1) 认知可供性评价体系的可行性

不同活动频率社区街道的认知可供性得分对比如表7-7和表7-8所示。爱达花园社区中,儿童活动频率最高的A1街道得分5分,儿童活动频率最低的A6街道得分1分;西堤国际社区中,儿童活动频率最高的B1街道得分8分,儿童活动频率最低的B3街道得分3分;锁金村社区中,儿童活动频率最高的C3街道得分10分,儿童活动频率最低的C1街道得分8分;唱经楼社区中,儿童活动频率最高的D1街道得分7分,儿童活动频率最低的D5街道得分5分。对比得分可以发现,四个样本社区认知可供性的量化评价结果与儿童实际活动情况吻合。说明在认知可供性方面,本研究的评价体系能够较为真实客观地反映街道满足儿童认知需求的程度,即街道的儿童友好度。

表7-7 活动频率高的街道认知可供性得分

	爱达花园社区	西堤国际社区	锁金村社区	唱经楼社区
形态可识别度	1	1	2	1
功能可识别度	0	0	3	3
界面通透度	-1	2	0	0
标识完善度	1	2	1	1
自然接触度	3	3	2	2
界面装饰度	1	0	2	0
总分	5	8	10	7

来源:作者绘制

表7-8 活动频率低的街道认知可供性得分

	爱达花园社区	西堤国际社区	锁金村社区	唱经楼社区
形态可识别度	-2	1	2	2
功能可识别度	0	0	3	1
界面通透度	1	-2	0	-1
标识完善度	0	1	-2	1
自然接触度	2	2	1	0
界面装饰度	0	1	0	2
总分	1	3	8	5

来源:作者绘制

(2) 各环境要素认知可供性表现

建设年份较早的社区,如唱经楼社区和锁金村社区,现有街道的交通等级和空间组织方式较为丰富,社区街道的视觉和空间感受同质化程度较低,有利于儿童的认知。

不同类型社区由于整体规划不同,在功能可识别度的可供性表现上存在一定的差异。西堤国际社区和爱达花园社区属于自上而下的规划方式,社区商业集中设置,不同街道在功能可识别度上提供的认知可供性程度相差较大。锁金村和唱经楼社区的社区商业主要依据居民的需求自发形成,在功能类型上更多元,在空间上分布得比较分散,此类社区中街道在功能可识别度上提供的认知可供性程度较为平均。

样本社区的街道侧界面基本上能够做到整洁干净，等级较高的街道侧界面存在装饰元素的可能性较高。当街道侧界面出现幼儿园等特殊功能的建筑时，其外墙往往会设置如儿童手抄报展板、动画人物涂鸦等符合儿童审美趣味的装饰。除此之外，若社区街道的侧界面存在将儿童作为目标服务人群的店铺，在装饰方面往往偏向选择吸引儿童的效果。

界面通透度方面，表现较好的街道普遍直接面对自然景观及沿街店铺。一般来说自然景观对周边环境的遮挡程度较小，儿童可以通过植物空隙观察周边环境情况。同时，景观本身也能够为儿童认知提供一定的信息量。沿街店铺由于功能需要，往往选择可视面积更大的立面形式。标识完善度方面，设置红绿灯、斑马线、限速标识牌的社区街道能够为儿童提供更安全的通行体验，此时认知可供性的总体评价和儿童活动频率较高。

儿童活动频率最高的街道在自然接触度项的得分均大于2，说明在儿童活动更频繁的街道上植物种类较为丰富。同时，在选种时避开了可能对儿童造成危害的植物种类，儿童接触植物的可能性更高，为儿童提供了更多与自然互动的机会，满足了儿童直观认识和探索自然环境的诉求。具体详见表7-9。

表7-9 各社区认知可供性设计的具体表现

环境要素	所属社区	街道现状照片
形态可识别度	唱经楼社区	
功能可识别度	西堤国际社区（左）锁金村社区（右）	
界面装饰度	爱达花园社区（左）唱经楼社区（右）	

续表

环境要素	所属社区	街道现状照片
界面通透度	西堤国际社区(左) 锁金村社区(右)	
标识完善度	西堤国际社区(左) 唱经楼社区(右)	
自然接触度	爱达花园社区(左) 西堤国际社区(右)	

来源：作者绘制和拍摄

（3）不同主体儿童的认知可供性需求分析

对不同年龄段儿童的活动具体需求分别进行分析。0—3岁儿童与认知可供性直接相关的活动类型较为单一，主要集中在视觉感知方面，自然接触度可供性表现程度高的街道更有利于该年龄段的儿童开展认知活动，其看护者更重视标识完善度所带来的街道安全性。4—6岁儿童初步出现自我意识，对外部环境的好奇心增强，其偏好进行认知活动的街道在环境上较其他街道更好，对自然接触度和界面装饰度的需求更高。7—12岁儿童进入学龄阶段，大部分认知活动发生在通学路径上，此时的学龄儿童需要街道提供足够的信息以确认自己所在的位置，还需要完善的交通标识以提高通学的安全性，更重视街道环境要素中形态可识别度、功能可识别度和标识完善度三项的可供性表现。13岁及以上儿童的认知活动与上一阶段类似，随着认知能力趋近于成年人，对街道上环境要素认知方面可供性的需求下降，相对而言更重视标识完善度的可供性表现。在研究中暂未发现不同性别儿童对各环境要素认知可供性的需求存在明显差异。随着年龄的增加，儿童自身认知水平不断提高，对自然接触度和界面装饰度的可供性需求相对下降，对形态可识别度和功能可识别度的需求增强。与此同时，各年龄段的儿童及其看护者均比较重视环境要素中的标识完善度。因此，提升社区街道整体标识完善度的同时，在低龄儿童聚集的街道更应注重提高自然接触度和界面装饰度的认知可供性,在主要通学路段重视街道形态可识别度和功能可识别度的认知可供性表现,以支持不同年龄段儿童进行不同类型的认知活动。

7.1.3 街道环境要素对儿童认知的潜在和消极可供性

(1) 街道环境要素的潜在可供性

总体来看,四个样本社区在认知可供性方面并未充分利用现有条件鼓励和支持儿童对环境进行感知,许多环境要素存在着未被察觉和利用的潜在可供性,研究按照环境变化的方式将其分为空间类和界面类。

具备空间类潜在可供性的环境要素包括形态可识别度、功能可识别度和自然接触度。形态可识别度、功能可识别度和自然接触度的潜在可供性存在于街道剩余空间中。当街道存在剩余空间时,居民和儿童可能通过自带玩具、划定边界以增强领域感等方式主动塑造小型活动场地,流动摊贩也会自发根据居民需求在街道剩余空间进行经营活动。此时,街道形态可识别度和功能可识别度的积极可供性有所提高。社区建设结束后,居民往往会发生利用街道边小块绿地种菜、将盆栽放置在公共街道上等提高自然接触度积极可供性的行为(表7-10)。研究团队观察到具备界面类潜在可供性的环境要素包括界面通透度、标识完善度和界面装饰度。一些社区街道的围墙视线可达的镂空部分被植物遮挡,导致界面通透度的可供性表现下降。然而,儿童会将遮挡洞口的植物枝干拨开并透过洞口观察围墙另一侧的环境信息,这种潜在可供性不仅没有降低自然接触度的积极可供性表现,同时也提高了社区街道的界面通透度。调研中还发现,只有学校附近的街道界面上才会出现对儿童具有吸引力的装饰。大部分街道界面只考虑基础的功能需求,通过对界面进行有针对性的涂鸦、增设装饰物等手段可以在不改变街道空间组织的前提下提高街道的界面装饰度和标识完善度。

表 7-10 各社区街道认知可供性潜在和消极的具体表现

环境要素	所属社区	街道现状照片
自然接触度 (潜在可供性)	爱达花园社区	
界面通透度 (消极可供性)	锁金村社区(左) 爱达花园社区(右)	

续表

环境要素	所属社区	街道现状照片
界面装饰度（消极可供性）	爱达花园社区（左）唱经楼社区（右）	

来源：作者绘制和拍摄

（2）街道环境要素的消极可供性

从评价结果来看，所有环境要素中形态可识别度和界面通透度两项环境要素产生消极可供性的频率最高，标识完善度和界面装饰度也产生了消极可供性。

与成年人通过文字、地图等抽象符号认识街道的方式不同，儿童往往通过直接感知街道所展示出的信息来认识街道。在同样的街道中，成年人可以通过路牌和地图获取道路的名称和其在社区中所处的位置，儿童则通过植物、商铺、装饰等可以被直观感受到的环境认识街道。调研的社区街道中，形态可识别度的问题主要集中在爱达花园社区，产生消极可供性的街道普遍为宽度较窄的宅间路，且没有易识别的活动场地，儿童很难从形态上观察到不同街道间的差异。评价结果中部分街道界面通透度的得分为负数，具体表现为：出于对安全性和划定社区边界的考虑，设置的无洞口实体墙作为街道侧界面过于封闭，儿童视线范围局限于街道内，此时儿童接收到的来自周边环境的信息量偏少。除此之外，爱达花园靠近幼儿园出入口的街道机动车使用频率较高，上下学时段人流量较大，但并未设置必要的交通标识，在通学高峰时段存在较大的安全隐患。锁金村社区中在儿童通过频繁的路口设置机动车解除速度限制的交通指示牌，可能对机动车司机造成错误的引导。存在上述两种情况的街道在标识完善度方面对儿童产生了明显的消极可供性，儿童在此活动的频率也较低。爱达花园中部分街道在界面装饰度上也产生了消极可供性，表现为街道界面由于年久失修、沿街商户不当使用而出现脏污破损的情况。具体详见表 7-10。

7.2 功能可供性评价

7.2.1 社区街道功能可供性评价结果

四个样本社区共 23 个社区街道的功能可供性表现量化评价如表 7-11 所示。爱达花园社区中八类社区街道可供性综合得分在 −1—20 分之间，各环境要素得分为正分、零分和负分的数量分别为 36、32、12。西堤国际社区中五类社区街道可供性综合得分在 4—14 分之间，各环境要素得分为正分、零分和负分的数量分别为 24、21、5。锁金村社区中五类社区街道可供性综合得分在 4—17 分之间，各环境要素得分为正分、零分和负分的数量分别为 33、14、3。唱经楼社区中五类社区街道可供性综合得分在 2—16 分之间，各环境要素得分为正分、零分和负分的数量分别为 24、21、5。总体来说各样本社区街道在功能可供性方面的表现呈现"差异化表现"。

表 7-11 社区样本街道功能可供性表现评价结果

环境要素	爱达花园社区								西堤国际社区					锁金村社区					唱经楼社区				
	A1	A2	A3	A4	A5	A6	A7	A8	B1	B2	B3	B4	B5	C1	C2	C3	C4	C5	D1	D2	D3	D4	D5
道路形式	2	0	0	2	0	0	-2	-1	2	2	2	1	2	1	2	2	1	2	1	2	2	2	0
道路尺度	2	-1	-1	1	-1	-1	-1	-1	2	1	1	1	2	0	2	2	1	2	2	1	2	3	-2
道路表面	2	1	-2	1	1	2	1	2	2	2	2	2	2	0	0	2	0	0	-1	2	2	2	2
道路障碍	0	-2	-1	-1	-1	0	0	0	0	0	0	0	0	-1	-1	0	-1	0	0	-1	0	-1	-1
道路曲折度	1	0	0	0	0	0	0	0	0	-1	-1	-1	0	0	0	1	0	1	1	0	0	0	1
休憩设施	3	1	1	1	1	1	1	1						1	3	3	3	1					
活动设施	3	1	1	1	1	1	1	1						0	0	0	0	0					
活动场地	3	0	3	1	2	0	0	0	0	0	0	0	0	1	2	2	0	2	0	2	0	0	1
场地位置	2	1	2	1	1	0	0	0	-1	0	0	0	0	1	2	2	0	2	0	0	0	0	0
功能丰富度	3	1	3	0	2	0	1	0	3	3	0	3	3	3	3	3	3	3	3	3	3	3	3
总分	20	2	6	7	10	2	-1	0	14	9	4	9	10	4	12	17	7	15	16	4	11	9	2
规格化总分	100	47	59	71	47	38	41		82	68	50	64	68	53	76	91	62	85	88	53	74	68	47

来源：作者绘制

（1）同一社区内的评价结果分析

在认知可供性表现方面，爱达花园社区中得分最低的是 A7 街道，得分最高的是 A1 街道，同一社区内各街道提供的功能可供性表现程度差异较大。各项环境要素可供性表现按评分大小排序，功能丰富度＞活动场地＞休憩设施＝道路表面＞场地位置＞活动设施＞道路曲折度＞道路形式＞道路尺度＞道路障碍。其中功能丰富度、活动设施等可供性表现良好的环境要素与街道建成后的管理与维护有着密切的关系，引导沿街商铺的合理经营、放置并修缮活动设施和休憩设施是街道空间的合理使用，有助于提高街道的功能可供性表现。然而，爱达花园社区街道在道路尺度方面的可供性表现一般，同时部分街道存在明显的道路障碍。

西堤国际社区中得分最低的是 B3 街道，得分最高的是 B1 街道。各项环境要素可供性表现按评分大小排序，道路形式＝道路表面＞道路尺度＞活动场地＝功能丰富度＞休憩设施＞活动设施＞道路障碍＞场地位置＞道路曲折度。西堤国际社区中的街道均为 2000 年后依照相关规范进行规划和修建，道路形式普遍为人车分流，道路表面平整，道路尺度符合标准。因此，在道路形式、道路表面和道路尺度方面的功能可供性表现程度较好。

锁金村社区中得分最低的是 C1 街道，得分最高的是 C3 街道。各项环境要素可供性表现按评分大小排序，功能丰富度＞休憩设施＞道路形式＝场地位置＞道路尺度＞活动场地＞道路表面＞道路曲折度＞活动设施＞道路障碍。其中，功能丰富度和休憩设施得到了较高的评分，锁金村社区两侧存在种类丰富的商业店铺，同时店铺前预留了顾客通行和停留的空间。然而由于使用时间较久，一些街道出现了路面小范围破损和非机动车占道等占用街道空间的情况，道路障碍的总体可供性表现稍弱。

唱经楼社区中得分最低的是 D5 街道，得分最高的是 D1 街道。各项环境要素可供性表现按评分大小排序，功能丰富度＞道路形式＝道路表面＞道路尺度＞活动场地＞休憩设施＞道路曲折度＝场地位置＞活动设施＞道路障碍。唱经楼社区的建设年份与锁金村

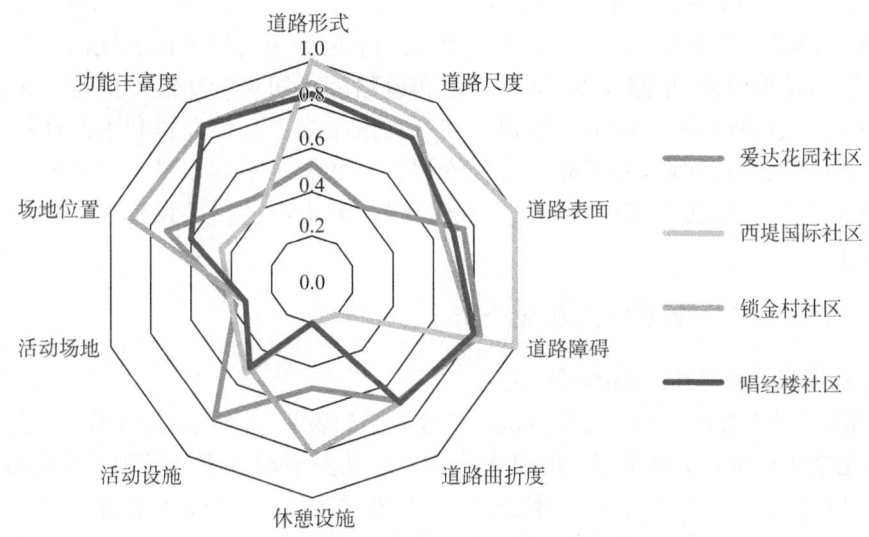

图 7-2 不同社区环境要素功能可供性评价对比

来源：作者绘制

类似，同样发展出了丰富的社区商业，街道也设置了形式和尺度合理的人行道以便于商铺经营。因此，功能丰富度、道路形式及道路表面的可供性表现较好。一方面商铺占据了有限的街道空间导致难以设置更多的休憩和活动设施，另一方面前来活动的顾客往往会不按照规则停放机动车及非机动车，成为产生消极可供性的道路障碍。

（2）不同社区间的评价结果分析

将四个社区功能可供性的总体表现横向对比，四个社区的街道在功能可供性方面总体表现较为一般。所有样本街道中约有 52% 的街道在功能可供性总得分达到 7 分及以上，同时各社区均存在功能可供性表现较弱的总得分低于 5 分的街道。爱达花园的认知可供性表现总体较差，有 50% 的街道类型总得分不足 5 分，其中的 A1 街道在所有样本街道中得分最高。爱达花园、西堤国际、锁金村和唱经楼四个社区分别出现了 50%、25%、15% 和 10% 产生消极功能可供性的环境要素，后续应重点关注爱达花园社区中不同街道功能可供性的表现特点和问题。

功能可供性表现的均好性方面，样本社区中各类型街道的可供性评分方差均较大。最高分和最低分在 10 分以上，意味着社区内部街道功能可供性的整体表现存在较大的差异。出现这种状况的原因可能是儿童对社区街道功能可供性的需求往往将步行可达的整个社区而非单个街道作为最小单元。因此在规划时，一个社区内设置几条功能可供性表现良好的街道足以支持儿童进行大部分的活动，其余街道满足儿童基本的安全通行需求即可。

分析各环境要素功能可供性在不同社区中表现的差异，总结各社区在环境要素表现上的优势和劣势。（图 7-2）大部分社区街道没有足够的空间单独设置活动场地，由此四个样本街道的活动场地可供性表现均较弱。爱达花园社区的道路曲折度、活动设施和场地位置的可供性表现在平均水平以上，但是在道路形式、道路尺度和功能丰富度几项上的表现不佳,即爱达花园社区大部分街道的特征包括住宅围合为主、人车混行和道路宽度较窄。西堤国际社区的街道在与儿童通行行为强相关的环境要素方面表现出程度较强的积极可供性,道路形式、道路尺度、道路表面和道路障碍四项的功能可供性评价均高于其他社区,但其他环境要素的可供性评价在平均水平之下。锁金村和唱经楼社区中环境要素的可供性表现相似,大部分环境要素评价分数属于平均水平。二者的不同之处在于锁金村社区的休憩设施和场地位置表现更好,而唱经楼休憩设施项的评价得分低于其他社区。

7.2.2 社区街道功能可供性表现分析

（1）功能可供性评价体系的可行性

不同活动频率社区街道的功能可供性得分对比如表7-12和表7-13所示。爱达花园社区中,儿童活动频率最高的A1街道得分20分,儿童活动频率最低的A6街道得分2分。西堤国际社区中,儿童活动频率最高的B1街道得分14分,儿童活动频率最低的B3街道得分4分。锁金村社区中,儿童活动频率最高的C3街道得分17分,儿童活动频率最低的C1街道得分4分。唱经楼社区中,儿童活动频率最高的D1街道得分16分,儿童活动频率最低的D5街道得分2分。对比可得,四个样本社区功能可供性的量化评价结果与儿童实际活动情况吻合。因此,可以认为在功能可供性方面,本研究提供的评价体系能够较为真实客观地反映街道满足儿童活动需求的程度,即街道的儿童友好度。

（2）各环境要素功能可供性表现

道路形式和道路尺度之间存在一定的相关性。一般来说新建社区以中高层住宅为主,街道空间更加充足。并且,在设计之初就考虑到了儿童进行通行活动的安全需求,往往有意识地塑造人车分流的道路形式和适宜通行的道路尺度,在道路形式和道路尺度的功能可供性方面得到了较好的评价。

表7-12 活动频率高的街道功能可供性得分

	爱达花园	西堤国际	锁金村	唱经楼
道路形式	2	2	2	1
道路尺度	2	2	2	2
道路表面	2	2	2	2
道路障碍	0	0	0	0
道路曲折度	1	1	1	1
休憩设施	3	3	3	1
活动设施	2	1	0	0
活动场地	3	2	2	2
场地位置	2	−1	2	2
功能丰富度	3	2	3	3
总分	20	14	17	16

来源：作者绘制

表 7-13　活动频率低的街道功能可供性得分

	爱达花园	西堤国际	锁金村	唱经楼
道路形式	0	2	1	0
道路尺度	-1	1	0	-2
道路表面	2	2	0	2
道路障碍	0	0	-1	-1
道路曲折度	1	-1	0	1
休憩设施	0	0	1	0
活动场地	0	0	0	0
活动设施	0	0	0	1
场地位置	0	0	1	0
功能丰富度	0	0	2	1
总分	2	4	4	2

来源：作者绘制

西堤国际社区和爱达花园社区中大部分供行人步行的道路与相邻非机动车道间无高差，存在高差的道路则设置了坡道等无障碍设计，有利于儿童安全舒适地在街道上通行，道路表面的可供性表现良好。

道路曲折度方面，各社区中均存在曲折度适宜/有利于增加儿童通行趣味的街道。在道路曲折度项提供积极可供性的街道主要有两类：一类是道路等级较低的社区街道，以人行尺度为主，根据建筑、树木、景观的分布进行道路规划，道路与周边环境结合紧密，形成了较为自然的曲折度，更容易激发儿童的活动，在保证视域的同时限制了机动车的行驶速度和通行频率；另一类是道路等级高、人行空间非常宽敞的街道，此时机动车几乎无法对人行空间产生影响，人行道可与周边景观结合呈现出富有趣味的曲折度。

社区街道的休憩设施和活动设施的可供性表现往往与活动场地的可供性密切相关，三者均对街道的空间有一定要求，活动场地一般设置在人车分流的街道一侧。休憩设施形式主要为公共休憩座椅等城市家具，在节点处偶有亭、廊等功能较为复合的休憩设施。在社区规划设计时通常会在社区居民便于到达的位置设置包括滑梯、秋千等有强烈儿童指向性的活动设施或健身器材、乒乓球台、球场等通用型活动设施，儿童也更倾向于选择在有活动设施和休憩设施的场地活动。

活动场地位置的积极可供性对于儿童和成年人的差别不大，将场地设置在紧邻人行道的位置能够让儿童更安全地到达活动场地。活动场地位于社区主要街道或中心绿地附近时使用场地的人数更多，也给予儿童更多机会开展丰富的多人游戏活动，场地周边无视线遮挡或有标识指引可以让对场地熟悉程度较低的儿童更容易地找到适宜的场地。调研中也发现，场地位置具备上述特征的街道中出现儿童活动的频率更高。

功能丰富度方面，爱达花园和西堤国际社区的儿童活动行为主要发生在街边景观绿地附近。儿童会借助自然植物完成躲藏、攀爬、触摸等行为，街道绿地在支持儿童进行多样化活动方面能够提供积极的功能可供性。唱经楼和锁金村社区除了绿地外还有丰富的商业活动。街道附近丰富的功能能够支持儿童购物、浏览商品等行为。四个社区均存在拥有活动场地的街道,能够支持儿童的玩耍和休憩行为。可以发现,道路尺度较大的生活性街道功能丰富度可供性最强。例如锁金村社区中的C3街道,侧界面建筑承担了社区商业功能,街边行道树和景观限定人行道空间范围并提供自然资源,未被建筑实体围合的侧界面则作为活动场地存在,此类街道较其他街道而言可以支持儿童进行更加多样化的活动。具体详见表7-14。

表7-14 各社区功能可供性设计的具体表现

环境要素	所属社区	街道现状照片
道路形式 道路尺度	西堤国际社区	
道路表面	爱达花园社区	
道路曲折度	爱达花园社区(左) 西堤国际社区(右)	
休憩设施 活动设施	爱达花园社区(左) 锁金村社区(右)	

来源:作者绘制和拍摄

(3) 不同主体儿童的功能可供性需求分析

对不同年龄段儿童的活动具体需求分别进行分析。0—3岁儿童在看护者的监督和陪伴下活动。主要活动内容为行走和休息,对于行走来说,道路形式、道路尺度、道路表面等与街道本体相关环境要素的功能可供性表现更为重要,休息活动与休憩设施和场地位置功能可供性的联系较为紧密。4—6岁儿童开始出现更多的自主活动,由于活动能力的限制,大部分活动仍需要看护者陪同,看护者的意见仍会对儿童活动地点的选择产生较大影响。支持这一年龄段儿童开展活动的街道应同时满足儿童活动和看护者监督的需求。4—6岁儿童主要活动的区域为靠近家门口的场地或包含休憩设施的街道,此时休憩设施和场地位置的功能可供性表现是支持儿童开展活动的主要环境要素。调研中还发现,由于看护者往往在看护幼儿的同时还进行日常购物,在功能丰富度可供性表现好的街道中0—6岁年龄段儿童活动的频率更高。7—12岁和13岁及以上儿童对街道环境要素的功能可供性需求相似。此年龄段儿童进行活动的能力增加,活动的类型也更加多样,在道路曲折度、活动设施、活动场地几项上功能可供性表现良好的街道更有利于他们开展随机追逐、玩球、利用设施玩耍等户外活动。

不同性别的儿童对街道环境要素功能可供性的需求存在差异,7岁以上儿童活动开始出现性别差异。具体表现为:男孩在社区街道上进行活动的类型倾向于球类运动、追逐打闹等,对活动场地和活动设施的功能可供性有较多的要求,更喜欢便于到达的、街边有宽敞活动场地及乒乓球台、篮球架等活动设施的街道;女孩的活动集中在通学行走、购物两类,活动地点更加分散,可以在社区中大部分街道内开展,对活动空间的要求较少,对功能可供性的丰富度有更高要求,喜欢有丰富社区商业及便于到达的休憩设施的街道。

整体来说,儿童年龄越大,活动的独立性越强,更加偏好运动量大的活动类型,对街道通行的安全性要求下降,但对趣味性的需求提高。各年龄段儿童需求均与街道的道路尺度有关,尺度合理的社区街道既能满足通行的安全性又能为玩耍活动提供充足的活动空间。因此,在提高社区街道对儿童功能可供性表现时,应尽可能保证现有空间不被障碍物占据。在保证机动车正常通行的前提下充分提高人行道的尺度,提升空间条件适宜设置活动场地街道的趣味性,对现有商业业态丰富的街道优先考虑提高道路表面平整度并增设休憩设施,充分发挥社区中不同类型街道的可供性优势。

7.2.3 街道环境要素对儿童活动的潜在和消极可供性

(1) 街道环境要素的潜在可供性

研究团队调研发现,社区街道在功能方面出现的潜在可供性集中在与剩余空间相关的环境要素上,包括直接利用街道空间本身的活动场地,以及需要街道空间承载的实体要素,即休憩设施和活动设施。

虽然设计师和规划师从通行功能出发进行空间设计并确定社区街道尺寸,在实际使用中儿童对街道空间可供性的发掘比设计的可供性更加丰富。儿童在部分街道上会根据自己的需要自发将某些设计时仅考虑通行功能的空间转换为活动空间。此时,街道的通行性空间实际上成了儿童的非正式活动场所,该街道在活动场地方面的功能可供性被发掘并得到了使用。一般来说,活动场地的潜在可供性能够被实现的社区街道具有道路等级较低和距住宅较近的特点:道路等级低的街道机动车通行频率较低且行驶速度更慢,距离儿童住所较近的街道便于儿童到达和家长监督,作为儿童活动场地相对比较安全。

居民自发创造休憩设施和活动设施分为两种情况。利用合适的街道空间增设各类设施,如爱达花园社区中居民利用机动车停车位与楼体之间不到0.5 m的狭小空间摆放可移动的板凳作为休憩设施。灵活利用街道中能够满足活动需求的公用设施,例如街边花坛的高度和边沿可支持休憩活动,常常被用作休憩设施,又或者儿童在由高低错落的晾衣架组成的环境中进行躲藏和追逐游戏,都属于潜在可供性的发掘和使用。这种潜在可供性的出现,一方面体现了街道目前环境要素的设计可供性与儿童需求并不完全匹配,另一方面,也较为直接地反映出了儿童具体的活动需求及适宜实施改造的空间位置,为街道儿童友好度的提升提供了比较明确的方向。

(2) 街道环境要素的消极可供性

从评价结果来看,道路障碍和道路尺度两项环境要素产生消极可供性的频率最高,其他产生消极可供性的环境要素包括道路表面、道路形式、道路曲折度和场地位置。

社区街道中道路障碍产生消极可供性最常见的表现为机动车和非机动车停靠占据步行空间,侧面反映出目前成年人对车辆停放的需求与儿童步行需求对街道空间的争夺,偶尔出现流动摊贩或公共设施占据步行主要空间。道路尺度得分为负数的社区街道道路形式多为人车混行。在设计之初以车行道路为主体进行规划,步行与非机动车、机动车路权存在相互冲撞的情况。调研中还观察到,儿童及其看护者在道路尺度得分为负数的街道中存在着两种不同的行走体验。在交通稳静化程度较高的街道中,行人心理上的步行空间更为宽敞,可能会选择在道路中部行走,步行体验尚可。交通稳静化程度一般的街道中,行人则尽可能地在道路边缘行走,步行体验较差。

道路表面产生消极可供性的具体表现为:部分疏于维护的街道出现了路面破损、人行道砖凹凸不平、下水道井盖破损等情况,儿童在通行过程中容易发生危险。交通稳静化程度低的街道对道路形式的要求更高,车流量大或机动车行驶速度较快的街道若不设置专门的人行道,道路形式就会对儿童通行活动产生消极可供性。在道路曲折度上产生消极可供性的街道集中出现在西堤国际社区,表现为社区所在区域由网格线式的规划布局形成,街道过于平直,在全域人车分流的情况下依然减少了心理上的安全感和慢行趣味性。在场地位置方面,各社区基本没有产生消极可供性,原因主要在于安全性、可达性不足的社区街道往往空间尺度较小,没有足够的空间设置活动场地。例如,西堤国际社区中出现该项得分为负,距外侧人行道有一定距离,且被景观植物遮挡,不熟悉街道的儿童难以快速感知并实现街道中活动场地及设施的功能可供性。具体详见表 7-15。

表 7-15　各社区街道认知可供性潜在和消极的具体表现

环境要素	所属社区	街道现状照片
活动场地 (潜在可供性)	爱达花园社区	

续表

环境要素	所属社区	街道现状照片
休憩设施（潜在可供性）	爱达花园社区(左) 锁金村社区(右)	
道路障碍（消极可供性）	西堤国际社区(左) 锁金村社区(右)	

来源：作者绘制和拍摄

7.3 社会可供性评价

7.3.1 各社区街道社会可供性评价结果

四个样本社区共 23 个社区街道的可供性表现量化评价如表 7-16 所示。爱达花园社区中八类社区街道可供性综合得分在 −4—8 分之间，各环境要素得分为正分、零分和负分的数量分别为 19、21、8。西堤国际社区中五类社区街道可供性综合得分在 −1—8 分之间，各环境要素得分为正分、零分和负分的数量分别为 15、11、3。锁金村社区中五类社区街道可供性综合得分在 5—10 分之间，各环境要素得分为正分、零分和负分的数量分别为 22、7、1。唱经楼社区中五类社区街道可供性综合得分在 0—12 分之间，各环境要素得分为正分、零分和负分的数量分别为 19、10、1。总体来说，各样本社区街道未被感知和使用的潜在可供性占比较大，环境要素在社会可供性方面存在较大的提升空间。

表 7-16 社区样本街道社会可供性表现评价结果

环境要素	爱达花园社区								西堤国际社区					锁金村社区					唱经楼社区				
	A1	A2	A3	A4	A5	A6	A7	A8	B1	B2	B3	B4	B5	C1	C2	C3	C4	C5	D1	D2	D3	D4	D5
空间感	2	−2	−2	2	0	2	−2	1	1	2	2	2	1	2	2	2	2	1	2	1	2	1	−2
街道眼	−2	0	1	0	−1	−2	−1	−2	1	2	1	1	−2	1	2	2	1	−1	2	1	1	1	0
领域感	3	2	3	1	2	0	1	0	3	2	1	2	1	1	3	1	2	1	3	1	1	1	1
商业性	0	2	2	0	0	0	0	0	0	2	0	0	0	2	0	2	0	0	1	3	2	2	0
休憩交往	2	0	0	1	2	0	0	0	2	0	0	0	0	0	0	2	0	2	2	0	0	0	0
活动交往	3	0	3	0	2	0	0	0	0	0	0	0	0	1	0	1	0	2	2	1	1	0	0
总分	8	2	2	1	7	−4	2	−1	8	2	1	2	−1	7	7	10	5	5	12	5	7	5	0
规格化总分	63	32	32	32	58	0	26	16	63	58	16	58	21	58	58	74	47	47	84	58	58	47	21

来源：作者绘制

（1）同一社区内的评价结果分析

在社会可供性表现方面，爱达花园社区中得分最低的是 A6 街道，得分最高的是 A1 街道。各项环境要素可供性表现按评分大小排序，领域感＞活动交往＞休憩交往＞商业性＞空间感＞街道眼。大部分街道对行人的活动空间进行了划分，但街道两侧的植物在增强活动场所领域感的同时，也遮挡了外界视线，此时周边住宅和来往行人未能作为街道眼充分发挥其社会可供性。

西堤国际社区中得分最低的是 B3 街道，得分最高的是 B1 街道。各项环境要素可供性表现按评分大小排序，领域感＞空间感＞商业性＞活动交往＞休憩交往＞街道眼。西堤国际社区街道空间资源更加充足，空间感的社会可供性表现较好，但街道周边人群活动密度较低，较为封闭的侧界面形式导致街道眼提供的社会可供性较弱。

锁金村社区中五种类型街道得分相近，社会可供性表现较为均质。各项环境要素可供性表现按评分大小排序，商业性＞领域感＝休憩交往＞空间感＞街道眼＞活动交往。商业性的社交可供性表现最好，其次是领域感和休憩交往两项，儿童社交活动多伴随着购物和休憩行为，但活动交往未提供有效的社交可供性。

唱经楼社区中得分最低的是 D5 街道，得分最高的是 D1 街道。各项环境要素可供性表现按评分大小排序，商业性＞领域感＞街道眼＞空间感＞休憩交往＞活动交往。唱经楼街道边的商铺较多，商业性和领域感的可供性表现较好，但没有发现为儿童依托游戏活动进行社交而提供对应社会可供性的活动设施，活动交往的可供性表现较差。

（2）不同社区间的评价结果分析

将四个社区认知可供性的总体表现进行横向对比，可以看到各社区街道普遍在空间感和领域感两项中的可供性得分较高，活动交往项得分较低。爱达花园社区的社会可供性表现较差，没有具备明显优势的环境要素，只有 37.5% 的街道类型总得分达到 7 分及以上。在所有社区街道中，45.5% 产生消极可供性的环境要素位于爱达花园社区。

社会可供性表现的均好性方面，除锁金村社区外的三个样本社区可供性评分均存在较大方差，意味着这三个样本社区中不同类型街道给儿童提供的社会可供性差异较大。锁金村社区中的各个街道在社交可供性方面的表现较为类似，若儿童社交活动出现地点偏好，则更可能与其他因素相关。

分析各环境要素认知可供性在不同社区中表现的差异，可以发现样本社区存在较为明显的特征差异。（图 7-3）四个样本社区的领域感和空间感均表现较好，爱达花园社区和西堤国际社区在商业性和街道眼两项的可供性评分明显低于锁金村社区和唱经楼社区。这与社区的人口密度、商业模式和规划方式相关，社区商业散点式分布的开放社区商业性和街道眼的社交可供性整体表现更好。各样本社区在活动交往和休憩交往上的评分均较低，但锁金村社区休憩交往项的可供性评价得分显著高于其他社区。爱达花园社区和西堤国际社区活动交往项的可供性评分略高于另外两个样本社区，与功能可供性中休憩设施和活动设施在各社区中的评分一致。

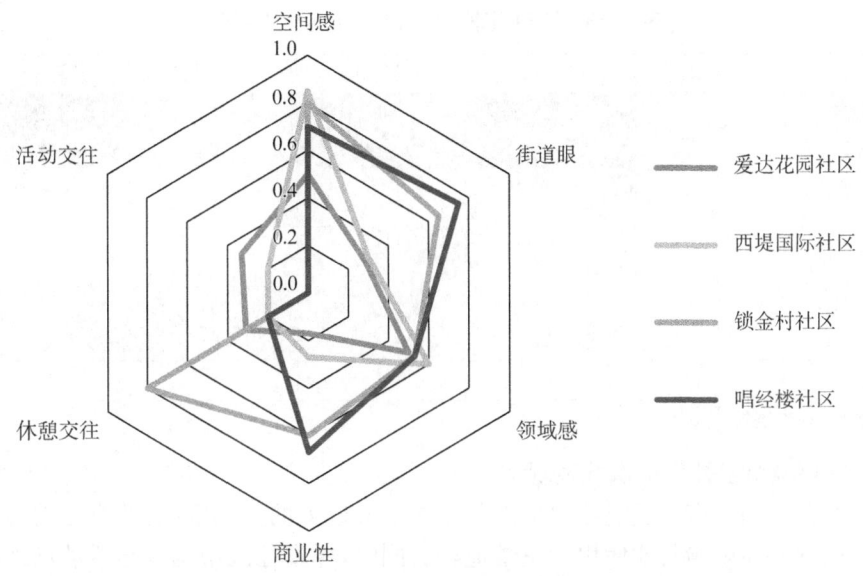

图 7-3　不同社区环境要素社会可供性评价对比
来源：作者绘制

7.3.2　社区街道社会可供性表现分析

（1）社会可供性评价体系的可行性

不同活动频率社区街道的社会可供性得分对比如表 7-17 和表 7-18 所示。爱达花园社区中，儿童活动频率最高的 A1 街道得分 8 分，儿童活动频率最低的 A6 街道得分－4 分。西堤国际社区中，儿童活动频率最高的 B1 街道得分 8 分，儿童活动频率最低的 B3 街道得分－1 分。锁金村社区中，儿童活动频率最高的 C3 街道得分 10 分，儿童活动频率最低的 C4、C5 街道得分 5 分。唱经楼社区中，儿童活动频率最高的 D1 街道得分 12 分，儿童活动频率最低的 D5 街道得分 0 分。除各类型街道评价得分方差较小的锁金村外，样本社区中活动频率最高的街道在可供性上的得分均为社区内各类型街道中的最高分。四个样本社区功能可供性的量化评价结果与儿童实际活动情况吻合。可认为在社会可供性方面，本书研究提供的评价体系能够较为真实客观地反映街道满足儿童活动需求的程度，即街道的儿童友好度。

表 7-17　活动频率高的街道社会可供性得分

	爱达花园	西堤国际	锁金村	唱经楼
空间感	2	2	2	2
街道眼	-2	-2	1	2
领域感	3	3	3	3
商业性	0	0	2	3
休憩交往	2	2	2	2
活动交往	3	3	0	0
总分	8	8	10	12

来源：作者绘制

表 7-18　活动频率低的街道社会可供性得分

	爱达花园	西堤国际	锁金村	唱经楼
空间感	-2	0	1	-2
街道眼	-2	-2	0	0
领域感	0	1	1	1
商业性	0	0	1	1
休憩交往	0	0	2	0
活动交往	0	0	0	0
总分	-4	-1	5	0

来源：作者绘制

（2）各环境要素社会可供性表现

样本社区中的街道一般能够为步行者提供 1 m 以上的活动空间，儿童在街边进行短暂的社会交往不会影响其他使用者正常通行。同时，样本社区中均有与活动场地连通的街道，有利于提高儿童社会交往的可能性。

可直接观察到街道情况的住宅和临街商铺均属于街道眼，对于社会监督来说，沿街商铺的街道眼作用更加明显。爱达花园和西堤国际社区中街道眼提供积极社会可供性的街道均为社区中承担主要商业功能的街道。

领域感方面，人车分流形式的街道通过路面高差、铺装、种植行道树等方式塑造了步行空间的领域感。活动频率高的街道在领域感项均得到最高分 3 分，其具体表现为设置了如小广场、中央绿灯等边界明确的活动场地，设置了休憩设施和适合儿童使用的活动设施，为儿童提供更强的领域感，鼓励儿童活动，间接促进了同龄儿童间的社会交往。

休憩交往和活动交往提供社会可供性在社区街道中的表现依托于休憩设施和活动设施的设置，设置连续座椅、多功能滑梯、乒乓球台等设施的街道在其功能可供性被多名儿童及其看护者使用时，营造了一个容易发生儿童社会交往的场所，儿童在进行休憩和玩耍行为时自然而然发生了与同龄人和成年人的社会交往。

（3）不同主体儿童的社会可供性需求分析

分别对不同年龄段儿童的活动具体需求进行分析，0—3 岁儿童的社会交往活动需要看护者的参与，主要是在看护者的引导下与成年人打招呼，多与休憩活动同时发生，空间感和休憩交往可供性表现程度高的街道更有利于该年龄段的儿童开展社交活动。4—6 岁的儿童开始与同龄人发生自主的社交，更倾向于在玩耍中进行，对领域感和活动交往的需求更高。7—12 岁儿童进入学龄阶段，在上下学途中、社区游戏场、沿街商铺都有机会发生社会交往活动，街道环境要素中领域感、商业性和活动交往的可供性表现均会对该年龄段儿童的社交活动产生影响。13 岁及以上儿童主观能动性增强，多在通学途中与同龄人聊天或结伴前往商场等室内场所进行社交活动，对街道本身环境要素的要求降低，该年龄段儿童在街道上的社交活动主要与商业性相关。不同性别儿童对各环境要素社会可供性的需求差异在于，男孩的社会交往活动主要出现在各种游戏活动中，更重视活动交往的社会可供性，女孩的社交行为则主要是行走和休憩时的闲聊，空间感和休憩交往的社会可供性程度对女孩的社交行为影响更大。

可以看出，4—12岁儿童对街道环境社会可供性的需求较大，重视领域感、商业性和活动交往的可供性表现。其他年龄段儿童在社区街道上进行社交活动的频率较低，活动类型有限，对街道环境要素的可供性需求也随之降低。其中，休憩交往提供的社会可供性能够明显地鼓励低龄儿童及学龄阶段的女孩进行社会交往。在具备活动场地的街道中应注重领域感和活动交往两项环境要素的提升，在通学路段重视街道中休憩交往的可供性表现。具体详见表7-19。

表7-19 各社区社会可供性设计的具体表现

环境要素	所属社区	街道现状照片
空间感	西堤国际社区（左）锁金村社区（右）	
商业性	西堤国际社区（左）唱经楼社区（右）	
休憩交往 活动交往	爱达花园社区	

来源：作者绘制和拍摄

7.3.3 街道环境要素对儿童社会交往的潜在和消极可供性

（1）街道环境要素的潜在可供性

总体来看，样本社区街道社会可供性方面的潜在可供性集中在休憩交往和活动交往两项环境要素中。在空间充足的情况下，可以认为该街道具备休憩交往活动的潜在可供性。调研中发现，即使街道空间十分狭窄，依然有居民自发聚集在一起进行交流。当行为主体是儿童看护者时，这种自发创造休憩设施的行为激发了儿童休憩交往的社会可供性；若行为主体与儿童无关，街边闲坐的人们也能够作为监护街道安全的街道眼存在。活动交往潜在可供性的实现形式则更加多样，常见的如拍皮球、搭积木、玩小汽车、滑板等可能引导儿童社交行为的儿童自带玩具的活动均可以在非正式活动场地中进行。研究团队在调研中鲜有发现活动交往的潜在可供性被使用，原因可能是目前样本社区中活动场地的空间能够满足社区中儿童活动的需要，并且在安全性和舒适性上的表现更好。潜在可供性是否被儿童发现一方面取决于实现该潜在可供性的难易程度，另一方面也取决于儿童需求被环境满足的程度。从活动交往潜在可供性的实现情况来看，当儿童需求被充分满足时，潜在可供性往往难以被转化。

（2）街道环境要素的消极可供性

从评价结果来看，产生消极可供性的环境要素为空间感和街道眼两项。空间感方面，爱达花园社区部分街道采用人车混行的形式，街道两侧空间被设置为停车位，留给儿童的步行空间极窄。儿童的注意力集中在保证通行安全，某些路段难以保证两人并排通行，这样的客观条件显然不鼓励儿童在进行通行活动的同时发生聊天、打闹等社交行为。街道眼方面，爱达花园社区、西堤国际社区和锁金村社区均存在产生消极可供性的街道眼。过于茂密高大的植物、由封闭围墙或住宅山墙面围合而成的侧界面可能是街道眼社会可供性表现不佳的主要原因。

7.4 社区街道认知、功能和社会可供性评价总结

7.4.1 安全性和开放性共存

儿童的街头活动必然会存在交通安全风险，安全可供性是影响儿童自主活动的主要因素之一。如何在开放性与安全性之间取得平衡，如何在社区周围的顺畅连接与最大限度减少儿童出行安全隐患的需要之间取得平衡成为首要应对的问题。

前述评价研究发现，公共服务设施的可达性、人行道的规模和布局、路边节点空间、可用的游乐设施、街头商业等开放的生活性街道的环境要素都将影响儿童的非正式活动。因此，通过交通指示设施、缓冲区的划定、提高警告标识的儿童可读性以及环境设计转移注意力可以为儿童提供适当应对风险的机会，创造风险可控的安全生活性街道。另外，开放社区的人员和车辆数量与儿童个人和伙伴活动的数量之间存在显著的正相关关系，说明街道的沟通功能可以使居民以面对面的形式建立"小联系"，形成相互信任的社会关系网络，培养居民对街道生活的关爱，同时为儿童活动提供潜在的监控。

7.4.2 偏好和多样的可供性

尽管大多数街道都能吸引儿童的活动，环境要素的多样性仍然非常重要。本研究发现，儿童更喜欢有很多车和人的街道空间。丰富的街道节点、丰富的界面色彩和空间层次、可触摸的环境设施与不同类型的儿童街头活动呈正相关关系。例如，伙伴活动需要一个线性的街道环境来跑步和玩耍，设施稳定的街道提供了更安全的线性场地，促进了团体游戏。

因此，提高混合街道功能的程度会激发儿童的好奇心，多样化的街道特征鼓励儿童通过颜色、地面高差和设施等环境因素停下来。除了满足家庭、商业和公共服务的日常需

求,街道上的设施对儿童非常有吸引力,有助于延长他们的街头活动时间。同时,街道两侧停车位的设计要考虑提供相关的街道基础设施,以方便亲子互动和休息或等候,增加儿童之间以及儿童和成年人的会面机会,从而触发儿童的游戏和社交活动。这种空间网络可以同时为其他城市居民服务,形成可持续、多功能、代际共享的空间。

7.4.3 积极可供性和消极可供性

环境可供性理论的实践语境往往局限于一个正向和理想的背景,多在积极的背景下讨论交流、学习、健身、休息和其他活动的环境和人为因素,忽视了消极行为活动的环境条件,鲜有揭示犯罪、公共财产破坏和事故等负面现象背后的环境可供性。

前述评价研究发现,在可玩耍的环境设施和物品引发儿童的街头活动的同时,这些设施和物品也存在被滥用或不正确使用的情况。比如,供儿童在玩耍过程中攀爬的一些结构设施不仅可以支持儿童的娱乐活动,也可能为坠落或碰撞等事故提供不利的环境条件。上述负面可供性问题源于街道空间的设计者和实际使用者(儿童)之间的理解差异,使用者主体行为本身的复杂性和个性特征又进一步增加了引发负面行为的风险,从而大大降低了社会和家庭对儿童街头活动的容忍度。良好的环境设计可以控制风险、激发儿童与环境之间的和谐互动,支持积极行为的发展,降低消极行为的发生概率。

7.4.4 实现可供性和潜在可供性

在人与环境相互作用的过程中,一些可供性可能被检测到并用作"已实现的可供性",而另一些则可能被忽略为潜在可供性。虽然大多数潜在的可供性仍然没有被发现,但这并不意味着它们的可供性是没有意义的。潜在可供性构成了其他环境可供性的来源和基础,环境可供性的实现在很大程度上取决于其使用者的存在。

沿街的儿童用品商铺、透空的街道界面和其他活动对儿童的个人和伙伴街头活动具有显著的积极支持作用。儿童是沿街儿童商业的主要消费者,沿街商铺为他们提供了接触和参与社会实践的良好机会;可渗透的界面使儿童能够超越小区围墙,观察街道上的社区日常活动,感受丰富的社区生活,激发社区参与意识。由此,生活性街道的潜在可供性获得实现,成为展示社会生活、引导儿童活动、丰富儿童认知、提高儿童主动性的展区。

儿童友好型社区街道环境可供性优化策略 /8

前文从可供性视角观察社区街道中与儿童活动密切相关的环境要素,对环境要素所表现的可供性信息进行分类并识别出积极的和消极的可供性,以这些前期研究为基础,总结儿童友好型社区街道空间优化设计程序(图8-1):首先确定需要优化的环境要素,并初步排列各环境要素优化的优先级,接下来根据现状条件采取对应措施对环境要素的积极可供性进行提升和强化,对消极可供性进行规避或弱化。由于研究运用层差法制定的评价标准本身就包含了环境要素可供性表现优化后的预期结果,本章不再赘述对照评价标准即可确定的具体措施,重点阐述对上述不同设计阶段具有指导意义的优化原则。

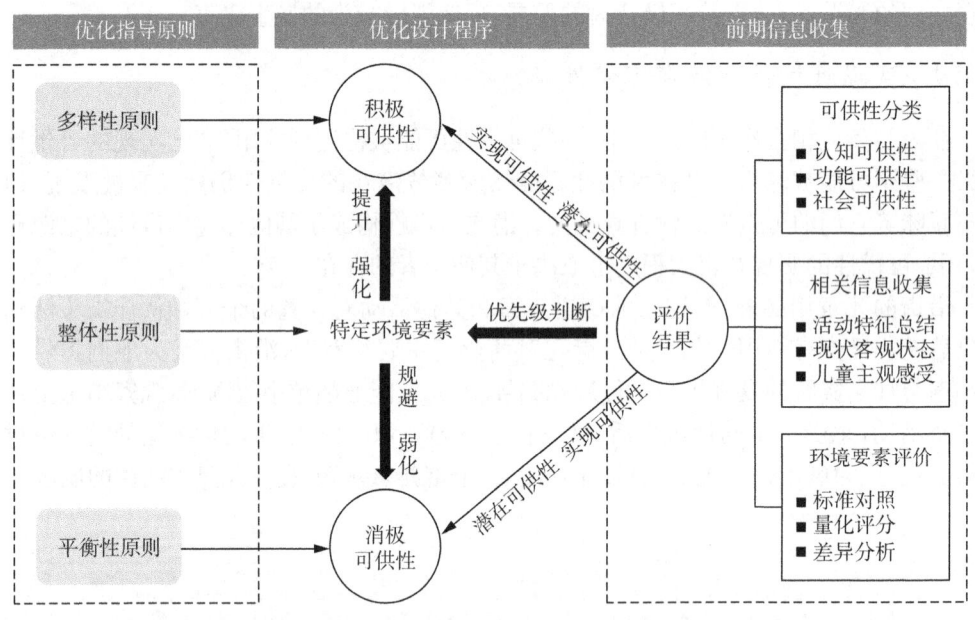

图8-1 基于可供性理论的儿童友好社区街道空间优化设计程序
来源:作者绘制

8.1 重视空间环境的整体性

8.1.1 整体性原则

基于前文对社区街道的可供性表现分析,同一个社区中往往存在着不同形式、尺度、侧界面功能的社区街道,这些特点各异的街道在社区中有着不同的角色定位,共同满足了儿童开展不同活动的需求。由于客观上资源有限，大部分街道难以做到各项环境要素可供性表现均好。在进行儿童友好型社区街道的优化设计时，应将街道所在的社区作为整体考虑，根据社区街道现状设计不同空间结构和功能特征的儿童友好街道，从整体上完善和提升社区街道空间对儿童需求的实现程度。以前述对各街道的可供性评价分析结果为基础，社区街道的定位倾向可以总结为社区商业、活动场地、景观展示和通学道路等四类。同样定位倾向的街道在环境要素表现特征上具有一定的共性，设计者可以将可供性评价结果与观察访谈相结合，初步判断各街道规划设计时的定位倾向，了解街道的客观资源条件。既有社区街道的各类资源往往呈现出某种固定的状态，例如街道边的流动摊贩在长时间的实践中平衡了街道空间状况、周边居民需求和社区管理需要，一般会选择某个固定场所开展贩售活动。若后期优化方向与社区街道现有资源条件一致，相比于其他优化方向更容易实现，也更容易被儿童识别和接受。社区中定位倾向不同的街道有着不同的特征，街道客观资源条件、儿童主要活动类型和相对重要的环境要素均存在一定的差异（表8-1）。同时，可能出现一条街道同时具备两种甚至多种定位倾向的情况，例如爱达花园社区中的类型一街道包含社区的主要出入口，人流密集，且靠近自然水域，自然资源丰富，空间资源充足，在实际使用中同时具有活动场地和景观展示两种定位倾向。

表 8-1　不同定位倾向街道的特征

定位倾向	客观资源条件	主要活动类型	重要环境要素
社区商业	存在临街店铺或流动摊贩	购物、休息、确认所在地、行走	功能可识别度、道路尺度、休憩设施、功能丰富度、商业性
活动场地	街道宽度较大，空间资源充足	游戏、休息、确认所在地、行走	界面装饰度、活动场地、活动设施、休憩设施、空间感、领域感
景观展示	自然环境优越或人造景观丰富	感受自然、观赏、休息、行走	自然接触度、界面装饰度、道路形式、道路表面、道路障碍、休憩设施
通学道路	紧邻学校出入口或公共交通站点	行走、按指引通行、休息	标识完善度、界面装饰度、道路形式、道路表面、道路障碍、街道眼

来源：作者绘制

8.1.2　相关问题及具体表现

根据可供性评价结果，结合前期调研访谈，社区街道与整体性原则相关的问题主要有功能类型缺失、资源配置错位和空间特质不足。

（1）功能类型缺失

社区范围内部分环境要素的可供性表现存在明显短板，意味着社区中难以找到适合儿童进行某些活动的街道。城市中的儿童天然存在着在社区街道进行各类活动的需求，不同类型的活动对社区街道的要求也不尽相同。例如，社区中的所有街道均应该满足安全通行的需求，但社区中只要有一至两条街道具备支持儿童进行游戏的活动场地就可以满足社区内儿童的游戏需求。反映到可供性的评价结果上来说，若某项环境要素在一个社区所有街道中的得分均低于某个数值，应在改造阶段重点提升此环境要素在街道中的可供性表现；若某项环境要素在社区中大部分街道中得分低于某数值，则应结合访谈收集受访儿童及看护者在日常生活中对该环境要素的主观感受判断是否需要在其他街道对其进行改造。

从目前的评价结果来看,功能类型缺失的问题主要体现在"活动设施"和"活动交往"两项环境要素上,锁金村社区和唱经楼社区中这两项环境要素的得分均低于1分,表现为部分街道设置了活动场地,但场地中并未提供滑梯、秋千、健身器材之类的活动设施。在与社区中的儿童及其看护者进行交流后得知,儿童一般会自行携带玩具前往社区中的活动场地玩耍。此外,西堤国际社区仅在北侧的景观性街道设置了休憩设施和活动设施,经过观察和访谈发现,西堤国际社区中的居民倾向于使用机动车出行,且社区内已经具备丰富完善且距离住宅更近的休憩和活动设施,在该社区中其他街道增设休憩设施的优先级可适当降低。

(2) 资源配置错位

设计规划时对街道的定位倾向与儿童实际的使用需求不一致。在保障活动安全的前提下,儿童及其看护者会灵活利用社区街道的空间组织和实体要素满足自身的实际需求,进行规划时未能预测到的活动。这种设计可供性与被使用的可供性之间出现偏差的部分原因在于忽视使用需求的不同功能拼凑,没有考虑将儿童需求与街道环境特点有机结合。在结果上反映为某环境要素的可供性评价与实际活动情况不符,意味着街道目前定位与实际需求不匹配,存在着街道环境要素资源的浪费。

现状问题主要出现在爱达花园社区,部分休憩设施和活动设施设置在社区北侧与中心绿地连通的街道,但设施所在的空间被植物包围,周围街道和居民楼中的人群难以注意到这些设施。同时,对于居住在社区南侧的居民来说场地的可达性较差,实地调研中也发现儿童及其看护者活动时并未表现出对这条街道的明显偏好。观察到居民在具备商业功能的街道上自发将家中闲置的座椅作为半公共的休憩设施放置在街道一侧,形成了使用人群较为固定的小型社交场所,社区中部靠近学校的街道也存在着休憩设施与需求不匹配的情况。

(3) 空间特质不足

社区街道具备较为明确且合理的定位倾向,但相关环境要素的可供性表现仍有提升的空间。街道的定位倾向能够影响儿童的行为,街道特质的表现程度决定了儿童的认知和情绪,即活动时的情感化体验和愉悦程度。街道连接社区各区域整体性场所,包含多种沿路径分布的环境要素,可通过对边界、节点和标志物的设计强化街道的空间特质,塑造特色鲜明的社区街道。

现状社区中靠近学校的街道普遍能够满足基本的安全要求,然而街道特质在标识完善度、界面装饰度、休憩设施和活动场地几方面仍存在可挖掘的潜力。具体表现为:限速牌、斑马线等标识还不够完善,界面装饰度与一般街道区分度不大,家长等待期间无法找到休憩设施以及集散场地。部分商业性较强的街道存在由商户自发提供休憩设施的现象,能够满足儿童及其看护者休憩和社交的部分需要,但是此类非固定休憩设施的稳定性较弱。负责展示社区景观和提供活动空间的街道则出现了天然景观资源利用不充分、现有设施过于老旧、社区街道眼因植物遮挡无法充分发挥作用的问题。

8.1.3 合理统筹资源,重视空间环境的整体性

整体性原则指导下的既有街道儿童友好改造应以保证功能类型完整为基础,以系统性思维考虑街道客观资源条件和规划定位的匹配度,在明确定位后通过强化重要环境要

素的积极可供性营造具有特色的街道，可依据图 8-2 所示的改造思路和流程进行改造设计。

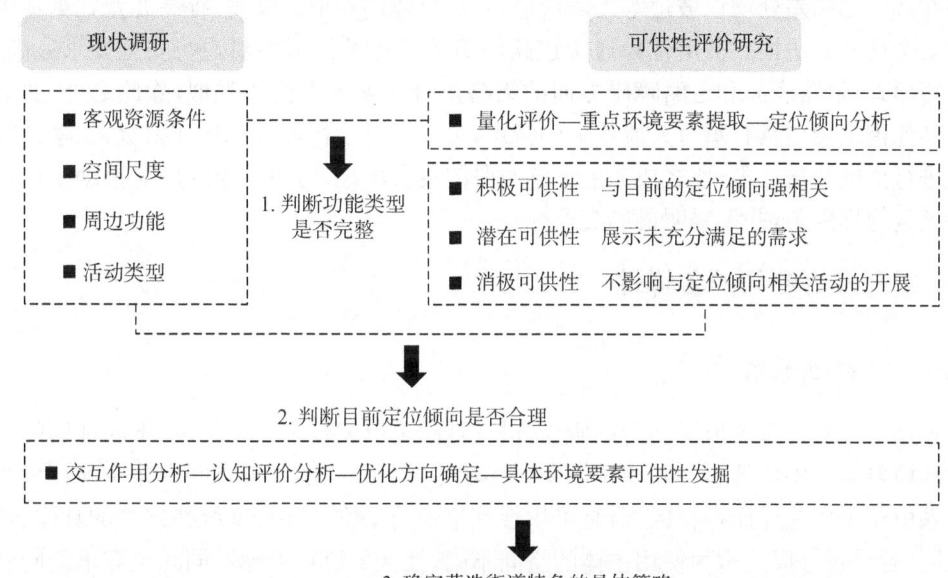

图 8-2　整体性原则下儿童友好社区街道改造思路和流程

来源：作者绘制

当社区中缺少某种定位倾向的街道时，应优先考虑具备已将潜在可供性转化为被使用的可供性环境要素的街道，提高其潜在可供性被感知和使用的频率，作为对社区中缺失"生态位"的有效补充。自下而上被儿童及其看护者发掘并利用的街道往往具备更适合进行优化改造的客观条件，如儿童自发开展游戏活动的街道一般更加宽阔，可达性和交通稳静性表现也较其他街道更好，在这种街道中营造的活动场地被儿童使用的频率更高，对其他街道使用者通行的影响也相对较小。

当街道的环境要素可供性表现所展现出的定位倾向与客观资源条件明显不匹配时，设计者应基于各类儿童活动频率和规律，重新审视街道环境与儿童需求间的关系，调整街道整体定位倾向及相关环境要素的配置，从整体上充分发挥社区街道优势，建设符合真实需求的儿童友好社区街道。例如在调研中发现某条定位不明显的街道出现许多流动摊贩，可考虑将其定位倾向设置为社区商业，可通过适当减少机动车停靠空间等手段增加步行空间宽度，满足流动摊贩对空间的需求并提高购物活动的安全性，从而提高该街道道路尺度和商业性的积极可供性表现。

当环境要素的积极可供性具备提升空间时，应基于街道定位倾向和客观条件制定具体策略。在社区商业街道中，可充分利用建筑物对街道开放的底层空间增设小型商业功能，在不影响通行安全的前提下支持流动摊贩经营，在行道树间增设停留空间和休憩设施。在被定位为活动场地的街道中，可根据儿童喜好对街道界面进行装饰，界定空间范围，检查活动设施和休息设施尺度是否有利于儿童的安全活动，对尺度不合理和过于老旧的设施进行维修或更新。在被定位为景观展示的街道中增加更多种类丰富、易于与儿童发生互动的植物,结合植物特性对侧界面进行装饰,如利用街道两侧的围墙种植爬藤植物,采取人车分流的道路形式或建设乌纳夫原则指导下的慢行交通环境,修复道路表面破损并在必要的高差处增设坡道等无障碍通路,尽可能消除道路障碍,提高儿童在街道中通行的安全性和舒适性。被定位为通学道路的街道是各类街道中对通行安全要求最高的,在道路形式、道路表面和道路障碍方面的策略与景观展示类街道类似,除此之外,通学路段与其他街道相比具有瞬时人流量大的特点,可考虑对步行道进行局部拓宽,在学校附近路段进行全铺装化处理,使之成为上下学时段的集散场地,考虑特定时段对机动车进行速度和流量管理限制,并设置明显的交通标识。

8.2 提升友好参与的多样性

8.2.1 多样性原则

根据前文对儿童街道活动的调研与分析研究,可以发现不同年龄段、不同性别的儿童在对环境要素可供性的感知和使用倾向上存在差异。同样的街道空间中儿童与环境互动的关系由于个体差异而存在区别,是可供性理论中的动物—环境系统整体论的具体表现。与校园、游乐场等以儿童为使用主体的空间不同,社区街道在考虑不同儿童需求的同时还需关注到以老年人为主的儿童看护者的需求。因此,应尽可能营造对全龄使用者友好的街道空间。可基于调研中对使用者活动方式的观察,合理模拟不同年龄段人群的活动过程。若发现某些使用者难以感知或无法正确地使用某种环境要素的情况,应对该项环境要素进行改造,使街道成为适合于全龄人群活动的综合性场所。

环境要素在同一群体内部也存在多样性,在认知感受、行为活动和社会参与三方面均有体现。吸引儿童发生认知感受互动的环境要素一般具备可移动、特殊、新颖的特点,有意识地在设计中加强对儿童视觉、触觉、听觉、嗅觉等感知渠道的刺激,有助于增加儿童进行认知互动的途径和发生频率。竞技游戏、体育运动、购物等多种多样的行为活动是儿童成长阶段提高自身的身体素质和学习能力的重要途径,社区街道中富于变化的空间和丰富多样的实体要素能够强化积极的功能可供性,也使儿童活动免于单一重复,进而激发儿童的想象力和创造力。街道中的各项环境要素对儿童的社会参与有着潜移默化的影响,儿童进行社会参与的形式多种多样,影响儿童进行社会参与的环境要素也有多种可能,应采用儿童易于理解的方式引导儿童对生态环境、邻里关系、文化传统等社会情感的理解和认同感。

总体来说,儿童友好型社区街道空间优化中的多样性原则有两个目标。一方面从活动人群出发,提高各环境要素的普适性,尽可能扩大社区街道中环境要素可供性被感知和被使用的范围。另一方面从活动内容出发,增加社区街道的趣味性,希望使用者能够通过多种途径开展形式丰富的活动。

8.2.2 相关问题及具体表现

样本社区街道多样性方面的弱项集中表现为环境可供性的可使用人群范围较小和表现形式单一,与多样性原则相关的问题包括空间孤岛化、弹性空间利用不足和缺少文化互动引导等问题。

(1) 空间孤岛化

各功能空间的边界过于清晰,街道空间仅作为串联各功能空间的交通道路,无法为儿童创造连续性的空间体验。儿童自发活动具有一定的离散性,各功能区域之间相互联系有助于儿童适应活动内容和场所的变化。在空间孤岛化问题严重的社区中,儿童在成年人的保护和控制下在生活、教育、游戏等专门化的空间转移,只能积累断裂破碎的空间经验,难以顺利开展种类更多、质量更高、创造性更强的活动。要注意的是,不同年龄段儿童对交通环境的要求也不同。3岁以下儿童对婴儿推车、平衡车等器械的依赖程度较高,要求街道考虑无障碍设计,3—6岁儿童可能使用游戏车等辅助代步工具,对街道空间尺度方面的需求有所增加,6岁以上儿童可以识别交通标识并开始接触自行车、公交车等出行方式。若社区街道无法满足不同年龄段儿童步行出行的需求,儿童在社区街道步行的频率就会下降,孤岛式的功能空间成了商业化的必然选择,碎片化的空间体验亦不可避免。

西堤国际社区作为2000年后建设的社区,在设计时更倾向于鼓励居民通过车行交通的方式出行。社区范围内的教育场所、运动场地、商业店铺等功能区域有着明显的边界,居住小区与社区街道被围墙分隔,内部全域人车分流,各类儿童活动设施较为完善。这样的规划布局导致儿童倾向于在居住区内部及特定功能区进行各类活动,在使用街道时更多地关注如何更加安全快速地到达目的地,却忽略了在社区街道上进行各种非正式活动的可能性。四个样本社区中的街道均未做到全域无障碍,增加了需要使用手推车、平衡车的儿童及其看护者步行到达特定场所的难度,其在街道上活动的频率和强度也随之下降。

(2) 弹性空间利用不足

在社区街道中存在着大量的弹性空间,这些弹性空间没有明确的功能属性,可以灵活调整功能,包容使用者的不同需求。充分发掘弹性空间的复杂性、多样性和可变性能够显著提高社区街道的儿童友好度。弹性空间利用不足具体表现在空间闲置和未考虑认知发展的持续性两方面。空间闲置的街道只具备空间资源,但缺乏休息座椅、游乐设施等引导要素。因此,具备积极可供性的环境要素难以被感知和使用,使街道出现了许多未被充分利用的消极空间。还有部分街道在设计时对儿童未来需求发展的考虑不够,未能发挥弹性空间的可变性。上述问题在可供性评价中表现为,部分以客观评价标准为主的指标项得分较与之相关的其他指标项明显偏高,但现场观察和访谈的结果较为消极。

四个样本社区中均存在弹性空间利用不足的问题。社区街道多用行道树分隔人行道与车行道,行道树之间的空间一般被划定为非机动车停车位,其他可能性被人们忽视,锁金村社区的部分街道在此处设置了公共休息座椅,从调研的结果来看使用率较高。一些尺度较大的街道会设置临时性机动车停车位,在实际使用中,机动车停车时间有一定的规律,例如在工作日的白天爱达花园社区住宅楼附近的停车位停放的车辆明显更少,这些空间资源在特定的时间段未能充分发挥其设计的功能可供性,其他方面的可供性表现又不足以支持其他活动。唱经楼社区中的广场仅在铺地上与周边交通性街道作了区分,儿童活动开展的方式取决于儿童自行携带的玩具。上述几种情况都造成了空间资源的浪费。

(3) 缺乏文化教育引导

从可供性评价结果来看,社区街道环境要素对儿童及其看护者的功能可供性表现往往强于社会可供性和认知可供性。然而,认知和社会可供性与儿童智育、美育、德育等非物质性需求息息相关,日常知识学习、感受审美趣味、与不同人群交流沟通等各类文化互动在潜移默化中影响着儿童的心理健康和长期发展。儿童的感受和情绪更容易受到直观实体要素的影响,设计者应通过鲜活的直观体验为儿童提供多样的成长机会。

部分街道考虑了街道对儿童的文化互动引导,多集中于界面装饰度方面,如爱达花园社区外侧的 A1 街道,在侧界面设置展现传统文化的装饰,唱经楼社区 D5 街道侧界面绘制"垃圾不乱丢"等提升道德水准的宣传画,但暂未在其他环境要素中发现关于文化互动的明显引导。代与代之间、亲子之间及同龄人之间的社会性活动是儿童非正式学习和教育的重要途径,因此,各类活动发生频繁的街道在对儿童的教化上能够发挥更大的作用。样本社区中社会可供性表现突出的街道目前只提供了社会监督、空间资源、必要设施等适宜开展社交活动的基础环境,还没有考虑如何利用社交场所对儿童教育进行适宜的引导,反映在调研结果中为儿童的社交网络较小,社交活动内容依赖于自身及看护者的文化水平和兴趣倾向。

8.2.3 引导活动内容,提升友好参与的多样性

多样性原则指导下的既有街道儿童友好改造重点在于提升和挖掘现有街道的积极和潜在可供性。在环境要素的普适性方面,应注重各年龄段对街道交通功能的不同需求,通过精细化设计满足不同人群在特定空间的活动需求,使社区街道达到全龄友好的目标。在提升街道趣味性方面,可设计并串联通行路径上的节点,利用儿童好奇心强、喜欢探索等特点充分开发街道上的弹性空间,利用现有资源和空间特点提升街道趣味性,提高儿童的空间体验进而激发儿童活动。在有条件的情况下在设计中加入文化互动引导,使社区街道成为有助于儿童进行非正式学习提升、有利于社会公平的教育补充场所。

为保证社区街道上不同年龄段儿童步行的安全,首先应以提高各年龄段儿童可步行性为目标,尽可能在街道上划定出专门的步行空间,拓展现有步行空间宽度,在高差处增设方便滑板车、婴儿小推车等通行的无障碍坡道,对交通设施进行适幼化改造,交通标识、斑马线、公交站点的路线图等视觉设计尽可能易于儿童的识别和记忆。对街道两侧的全龄友好活动场地进行精细化设计,根据不同年龄人群的特性和需求设置配套设施,并鼓励群体性活动和亲子游戏的开展(表 8-2)。

表 8-2　社区街道中不同年龄段群体的活动需求及对应策略

年龄段	活动需求及策略	策略图示
0—3 岁	1. 设置停放婴儿车的空间 2. 设置便于更换尿布的桌台 3. 引发儿童基础五感感知的环境以鼓励感知互动 4. 设置便于观察环境的休息座椅以满足静态活动需要	

续表

年龄段	活动需求及策略	策略图示
4—6岁	1. 营造能够调动儿童五感互动的环境 2. 活动空间动静分离设计 3. 设置多样的游戏设施 4. 设置亲子活动空间 5. 设置便于观察的休息座椅	
6岁以上	1. 组织开放性游戏场地和专门的运动场地并配套相关设施 2. 设置有一定挑战性或能够激发儿童创造力的活动设施 3. 营造避免干扰的社交性场所	

来源：作者绘制

0—3岁低龄儿童难以自主活动，看护者的监管作用较强，对应策略包括：

（1）营造刺激儿童基础五感感知的自然和人工环境；

（2）设置便于看护者观察环境的休息座椅；

（3）考虑停放婴儿车的空间；

（4）设置便于更换尿布的桌台。

4—6岁儿童开始对周边环境进行主动感知和探索、进行培养肢体协调的运动、开展团体性游戏等社交活动，可与看护者进行多种形式的亲子活动，同时看护者希望休憩设施便于对活动场地进行观看，对应策略包括：

（1）营造能够调动五感互动的自然和人工环境；

（2）分区设立静态和动态活动场地；

（3）设置符合兴趣特点的游戏和运动设施；

（4）设置读书角等亲子活动空间；

（5）在与活动场地之间无视线遮挡的区域设置休息设施。

6岁以上儿童开始进行较复杂的游戏和接近成人的各项运动，并脱离看护者开展更为深入和广泛的社交活动，具体策略包括：

（1）配备具有一定挑战性的游戏设施；

（2）在有条件的情况下组织开放性游戏场地和专门的运动场地；

（3）设置避免干扰的社交性场所，如可围坐交谈的长廊、可进行棋类游戏的桌椅组合。

社区街道中常见的弹性空间既包括建筑退让空间、街头转角空地、临街建筑间的空隙等无明确功能完全闲置的空间，也包括街边的停车位和非机动车停放空间、道路绿化带、街边广场和绿地等具备一定功能但使用效率较为低下的空间。在改造时应挖掘弹性空间，针对不同尺度的节点进行合理设计。街道中不同尺度弹性空间的利用详见图8-3。

（1）空间尺度较小的节点中可设置颜色和形状鲜明的构筑物、铺装和涂鸦以提高儿童的认知感受。构筑物应外形圆润、结构稳定、色彩鲜明，儿童可利用尺寸合适的构筑物进行游戏。运用与界面其他区域不同的材质和色彩的铺装和涂鸦为儿童提供感知信息，增强儿童活动空间的领域感；增设可互动的侧界面装饰以促进儿童在街道上的参与体验。

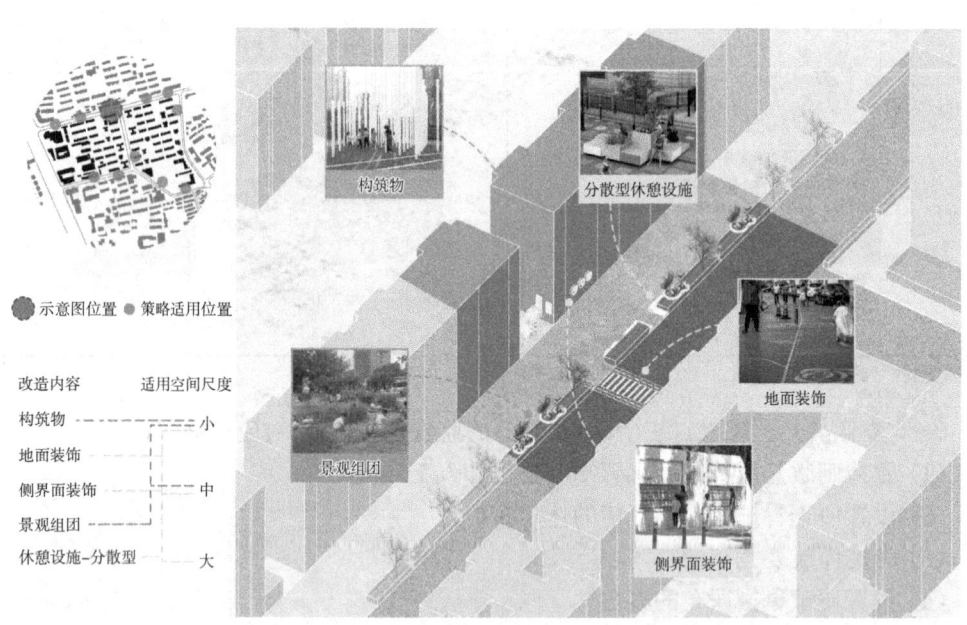

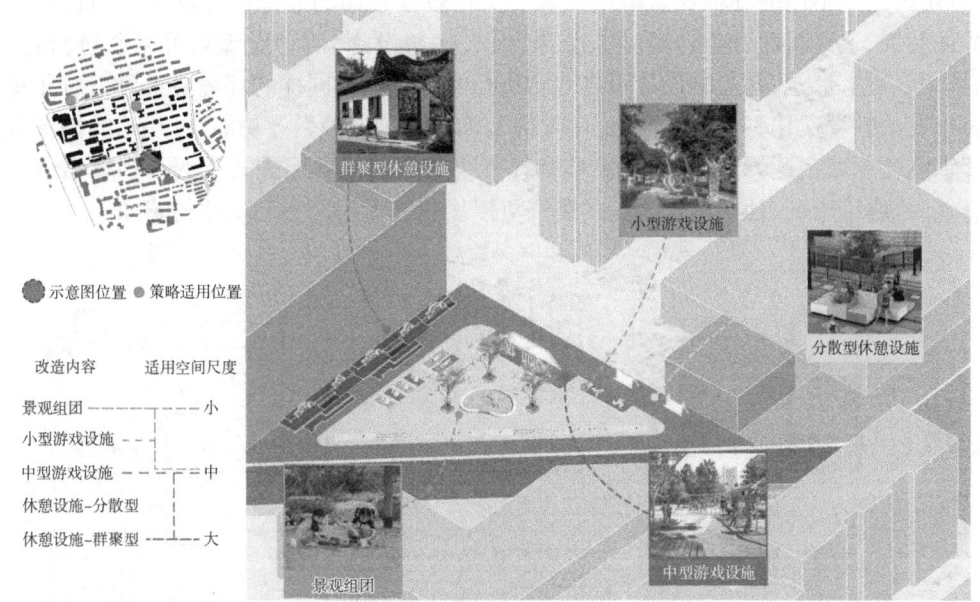

图8-3 街道中不同尺度弹性空间的利用(以锁金村社区为例)
来源：作者绘制

（2）空间尺度适中的节点可根据需求引入售卖空间、小型景观组团、休憩座椅、小型游戏设施。结合居民需求鼓励售卖场所进行固定和分时经营，为儿童看护者提供方便熟悉的购物渠道，增加儿童社会交往的可能性。景观组团在对儿童进行感官刺激的同时还能调控视线，一些可以与儿童互动的景观组团能够激发儿童自发的创造性活动。休息设施应考虑街道特质、空间尺寸、使用者需求进行设置，同时促进空间的分时利用。还可串联点状休憩设施作为有吸引力的节点和儿童的记忆点塑造休憩系统，保证小型游戏设施形式、色彩、材质的多样性，考虑设置占地面积小、不设定固定用法的设施，提升儿童在街道空间中的趣味体验和游戏自主性。

（3）空间尺度较大的节点可结合环境特点营造具有一定规模的自然景观空间、设置群聚性休憩设施和中型游戏设施。选取可达性良好的区域塑造包含良好的遮阳避雨顶棚、舒适充足的休憩座椅和高度合适的置物台面在内的群聚性休憩设施，满足闲坐聊天、看护儿童的需求，并为下棋、读书等亲子活动提供空间。利用地形、水体等现有资源设计可供儿童活动和探索的场所，在可控范围内增加儿童与自然环境健康、安全的良性接触，促进儿童感知能力、想象力、运动能力等多方面的发展。中型游戏设施注重设施和地面铺装的安全性，可与景观空间结合，鼓励儿童在街道中的活动。

在落实上述策略时对环境要素的设计应做到富于变化，避免功能主义下的单一乏味。例如街道上的游戏设施并不局限于常见的滑梯、秋千等预制器械，与自然景观结合设置的吊床、顺应地形塑造的攀爬坡地和滑板场地、游戏型街道家具等设施均对儿童具有非常强的吸引力，休憩设施既可以是单独的长椅、独立的景观亭，也可以结合公交站、雕塑、花坛、室外台阶等固定设施设置，还可以是便于挪动和收纳的折叠椅，具体形式应结合现状地形、空间尺度、植物、周边功能等因素综合判断(图8-4)。同时，还应注意儿童的全面发展,善用街道中不同的环境要素增加儿童在文化教育方面的感知和互动渠道,自然景观、侧界面装饰、道路表面、道路障碍物、交通标识、休憩设施、活动设施均可以通过材料、色彩、纹理、颜色、形式、交互的设计引导儿童进行文化互动。同样的环境要素可以对儿童进行多维度的教育文化引导,例如街道侧界面装饰具备的多种引导功能,可互动的拼图墙有助于训练儿童数字逻辑知识,连续而具有叙事线索的图画可促进儿童阅读和增强讲述的语言能力,唐诗宋词、社区历史相关的装饰可以增强儿童对历史和文化的感知。

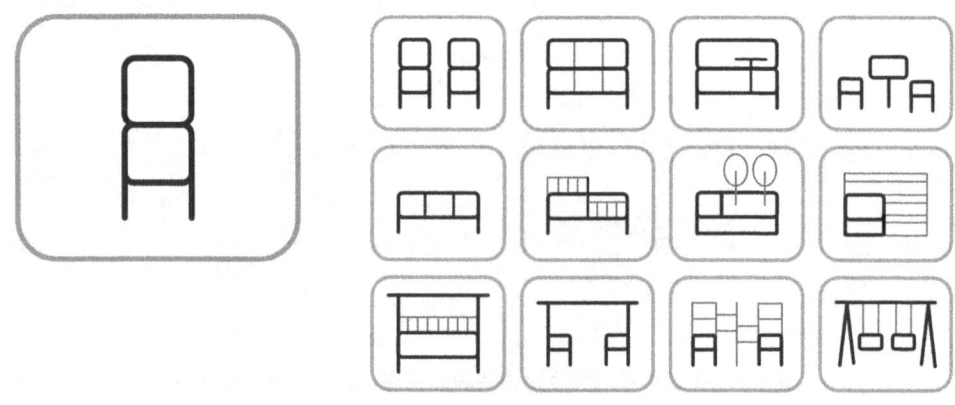

图 8-4　街道空间中休憩设施的不同形式

来源:作者绘制

8.3　考虑改造结果的平衡性

8.3.1　平衡性原则

对社区街道进行儿童友好改造的过程,也是对街道中不同环境要素可供性表现进行针对性调整的过程。直接受到改造的环境要素可供性变化比较明显,往往在改造前就能够被预估,而本身没有发生变化的环境要素受周边环境变化的影响和引导,其可供性的表现程度也因此有所改变。此外,同一实体要素可能会在不同评价指标中同时呈现出积极或消极的可供性表现,例如街边流动摊贩的存在压缩了步行者的交通空间,还可能由于商业经营导致街道的界面脏污破损,在道路障碍和界面装饰度上产生消极可供性。同时,也为街道在商业性、功能丰富度、街道眼等环境要素提供了物质和社交方面的积极可供性。

由于可供性的表现具有上述特征,消解现有消极可供性的改造可能导致其他环境要素可供性表现下降,甚至产生其他消极可供性。例如,为提高某活动场地街道眼的可供性表现,选择将周边遮挡场地的植物移栽,此时这条街道的自然接触度为儿童提供的积极可供性程度必然会下降。同时,在街道现有资源条件下不同环境要素积极可供性的实现难以共存,如在街道空间有限的情况下,在保证人行道宽度以供儿童安全通行后,就难以有足够的空间设置支持儿童其他活动的设施。鉴于这样的情况,设计者可以将儿童友好街道空间的优化设计视为对环境可供性与儿童需求的梳理和匹配,建立对被改造实体要素的全面认知,通过预评估分析改造结果。在消除街道中产生消极可供性环境要素的同时尽量保留产生积极可供性的部分，合理分析不同需求的优先级并据此确定具体的改造措施，使改造对各环境要素可供性表现的影响达到相对平衡的状态。

8.3.2 相关问题及具体表现

与平衡性相关的问题主要是现有环境优势的破坏和一味规避风险的设计。从环境可供性角度来看，上述问题可视为改造后实体要素变化导致消极可供性的产生和积极可供性的削弱。

（1）现有环境优势的破坏。街道中的一种实体要素可能与儿童多种需求相关，对基于现状可供性评价下表现较弱的环境要素进行有针对性的改造时，很容易忽视改造对其他环境要素的影响。

在过去的改造实践中，沿街商铺占道经营的行为侵占步行空间，在道路障碍方面产生了消极可供性，往往选择对其进行限制和驱逐的改造措施。但调研观察发现，样本社区中允许商铺根据需求将部分室外空间作为经营场所的街道明显较管理严格的街道更具活力。社区中的居民与商铺管理者在长时间的交往中形成了小型的熟人社会，商家摆放座椅等设施的街道空间在不进行商业活动时成了包括儿童在内的社区居民进行闲聊、打牌等非正式交往的活动场所。为提高通透度和街道眼可供性表现而过度砍伐自然景观、移除受欢迎的城市家具以拓宽道路尺度、增设适用于特定人群的设施导致场地包容性降低等问题在过去的改造中也时有发生。

（2）一味规避风险的设计。儿童的活动往往受到看护者的限制，对于大部分看护者而言，儿童活动的安全性往往被放在首位。许多改造以儿童看护者的需求为主要出发点，选择通过拆除、增设围护设施等方式抑制儿童对街道环境中部分可供性的感知和使用。降低街道上实体要素与儿童互动的可能，难以满足儿童天性中对主动探索、冒险类活动的需要。

爱达花园社区临近自然水系，为保证儿童安全和社区封闭性，采用完全封闭的实体围墙将内部街道与水体分隔，杜绝了儿童翻越护栏意外摔落水中的危险，但也使儿童失去了接触自然、利用自然要素进行游戏活动的可能性。与之相对的则是同样具备一定自然景观资源的西堤国际社区，社区北侧临近水体的街道使用景观石分隔水体和通行道路，驳岸坡度平缓，并设置不同高度的平台，满足不同年龄儿童观景、游戏的需求。锁金村社区街道边休息亭的格栅常常吸引儿童进行攀爬，由于存在攀爬中坠落的危险，研究团队在调研中观察到大部分儿童看护者选择劝阻这种攀爬行为，在以规避风险为价值导向的优化设计中，改善这种情况的措施一般是拆除、更换围护结构等方式避免儿童攀爬，导致儿童活动局限于几种固定类型。

8.3.3 平衡需求矛盾，明确更新改造的目的性

平衡性原则的意义在于树立合理优化、适度改造的价值观，重视被改造要素变化对其他相关要素的影响，避免由于对改造对象、儿童需求及改造结果认识不足，在改造后出现新的问题。在进行改造设计时首先应当充分了解被改造对象与使用人群不同需求之间的关系，明确改造目的后对不同方式、不同程度的改造结果进行预评估，选择满足人群核心

需求前提下最有利于支持其他需求的改造策略。

在改造结果不存在需求冲突时,设计者应关注街道环境改造前后的变化,尽可能使改造后的环境符合儿童使用需求:若改造涉及底界面材料,可考虑采用土壤、沙地等自然材质或软质材料铺装,提高儿童活动的安全性;若需要加强场地围合,则选用低矮植物如树篱、灌木作为侧界面围合,既不遮挡视线又能增加儿童接触自然的机会;修补界面的脏污破损时可同时更换符合儿童审美的色彩和材质;增加景观和各类设施时避免选择有尖锐棱角的设施以避免儿童受伤。当儿童与其他群体的需求存在差异时,设计者应理解并重视儿童的合理需求,优先选用可平衡不同需求的改造方法。图8-5借助具体实例展示了看护者与儿童需求不同时利用平衡性原则进行优化设计的过程:儿童的看护者往往对儿童在没有防护措施情况下自发进行的攀岩、追逐、探索等活动表示担心,在改造时除了考虑家长群体对安全性的需求外,还应将儿童自发活动视为一种潜在可供性,理解儿童对冒险类活动的期望,可结合场地设置允许儿童攀爬、跳跃、钻洞等行为的综合性游戏设施,也可以在危险区域附近设置弹性地面之类的防护措施,使活动场地达到安全和自由的平衡。

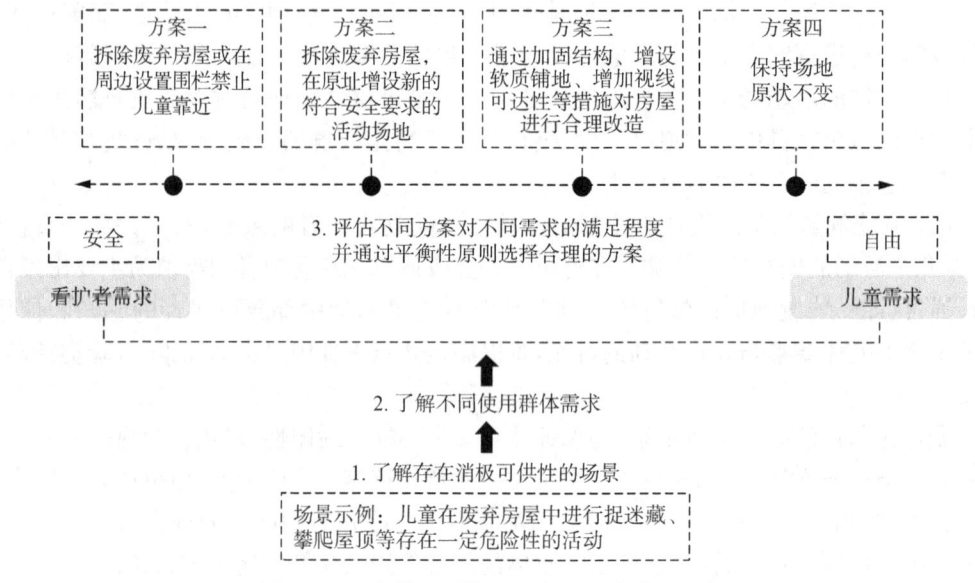

图8-5 平衡性原则指导下优化设计过程示意
来源:作者绘制

当不同环境要素积极可供性的实现与同一实体要素的状态要求存在冲突时,设计者应结合具体街道特点和儿童需求确定改造倾向,并以此为依据平衡改造程度,减少改造行为对其他环境要素可供性表现的负面作用。这里以空间资源对不同环境要素的影响为例进行详细说明(图8-6)。首先,明确与街道空间相关的儿童需求既包括安全步行,也包括停放交通工具、景观欣赏、休息、游戏等,访谈结果显示,儿童及其看护者更重视活动设施、道路障碍和道路形式,对道路尺度的重视程度较低。然后,根据预评估的结果选取合适的改造方式。若保留停车位、街道设施,会占据大部分步行空间,导致行人被迫在机动车道上行走,应禁止非机动车停放,取消非必要设施,优先保证步行道的通行功能。若步行道可使用的空间被压缩但仍然能够承担通行作用,可以适当保留停车位和设施,并通过设置带有休息座椅形式的自行车停放设施，在停车需求不明显的时间段将停车位作为临时性的游戏节点空间等措施提高空间的使用效率。

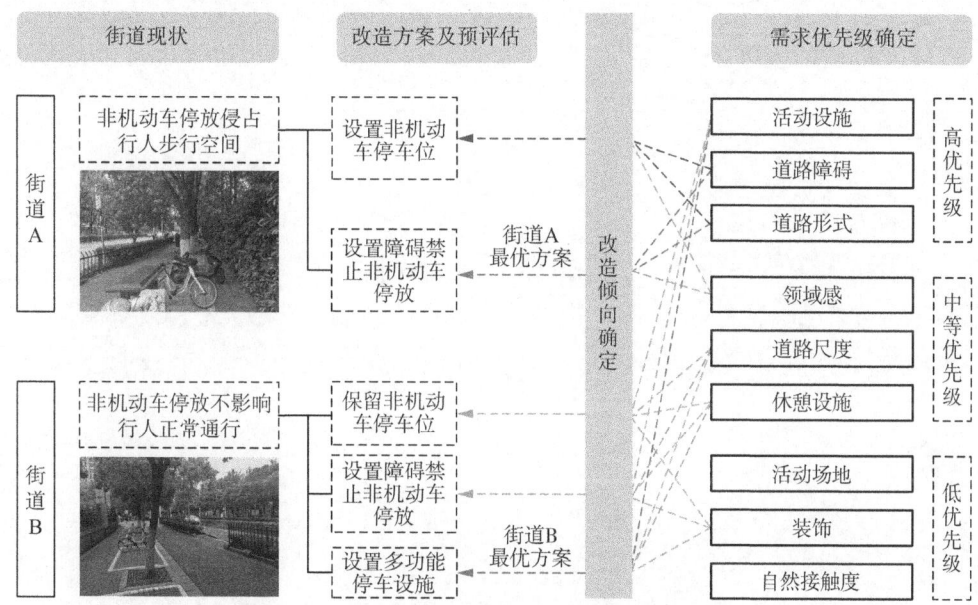

图 8-6　街道优化方案预评估与选择流程示意

来源：作者绘制和拍摄

下篇
数字技术方法下的社区街道空间儿童友好度评测

相关理论及研究方法 9

9.1 空间品质测度

9.1.1 空间品质

空间品质没有明确的定义,由于研究角度不同,不同领域对空间品质的解读存在一定差异。环境学认为公共环境的空间品质是指在具体环境中环境总体或某些要素对人群的生存和繁衍以及社会经济发展的适宜程度,是基于人们实际需求对环境作出评价的一种观念体现[①]。在建筑学范畴内,空间品质被界定为使用者对其所处空间作出的一种综合性评判,囊括了建成环境中美学、空间形态、安全性等多种因素,能准确反映使用者的空间诉求以及对空间感知的共性特征[②]。综合来看,尽管不同领域对于街道空间品质的评判标准不同,但是在"空间品质是人对于环境的感知与评定"这一点上达成了共识,可见空间品质反映的是人群对特定环境要求的认知与评估,而不在于空间本身的物质属性。正如道夫·施奈布利(Dolf Schnebli)所说,一条好的城市街道永远都是在某种语境中才能具有良好的效果的,空间或场所的物理特征并不是决定空间好坏的关键因素,个人的价值观以及那一瞬间的感触都具有重要的影响[③]。

正如前文所述,社区街道空间是儿童生活与活动的重要场所,其儿童视角下的空间品质是儿童对于街道环境的主观感知与对于街道空间是否能满足自身需求的综合性质量评定。落实到具体物质空间,儿童视角下的街道空间品质意味着儿童是否能较好地从街道的自然、空间、设施和社会四类物质空间环境要素中获取安全、舒适、导向三个层面(具体论述详见导论 2.2.4)的感知反馈。

9.1.2 街道空间品质的量化测度

本书所指的测度(Measure)意为测量、评估,是指用一个框架体系来评估某种属性。前文在对国内外城市公共空间理论进行综述研究后指出,当前对城市公共空间的研究总体呈现从定性向定量转变、从小规模实证向大规模量化转变的趋势,大数据和数字化技术的应用也为空间量化研究提供了新的手段。

---

① 孙承咏.环境学导论[M].北京:中国人民大学出版社,1994.
② 周进,黄建中.城市公共空间品质评价指标体系的探讨[J].建筑师,2003(3):52-56.
③ 缪岑岑.基于街景图片数据的城市街道空间品质测度与影响机制研究:以南京中心城区为例[D].南京:东南大学,2018.

量化手段的革新与发展使得街道空间品质的评价指标也随之变化。叶宇等基于可意向性、围合感、透明度、人本尺度、复杂性这五个街道层面上的关键城市设计品质,选取街道绿视率、建筑界面、步行空间、天空可见度、道路机动化程度、多样性这六个街道空间品质指标构建大规模、高精度的街道场所品质测度①;关可汗等将街道空间品质分为步行安全性、空间舒适性、视线感官性三个维度,路面可行性、车辆干扰性、绿色视觉指数、天空可视指数、色彩氛围度、界面围合度六个指标②,除此之外,还有诸如可达性、商业密度、视觉熵、空间活力、便利性等评价指标③。

上述街道空间品质评价指标的提出是综合考虑现有街道空间品质理论和数字技术可行性的结果,其数据来源除了有街景图像的量化,还包括基于空间句法的可达性,基于POI的商业密度,等等。技术的发展为多角度模拟街道空间、全方位量化街道环境提供了可能。

9.2 街景图像

9.2.1 街景与空间感知

在城市人本化更新的过程中,构建以视觉、听觉、嗅觉、触觉、味觉五种感官体验为中心的空间环境理解是空间营造的基础,明确有效沟通物质环境与主体感知的结构化关系是实现当前中国城市转型过程中"人本回归"的必然方向之一④。

在当代城市追求"精细化"管理与发展的趋势下,城市设计不再仅仅关注物质形态的建设,而是愈发注重创造富有情愫、有品位且富含文化意蕴的公共空间,这被视为城市设计向更加人性化方向转变的重要标志。因此,研究者需采取以"人"为中心的视角,通过诸如问卷调查、深度访谈、行为观察等主观感知评估手段,收集人们对公共空间的各种体验反馈。这些数据随后被用来通过统计分析,科学地探求个体的主观感知与客观物理环境特性之间的内在联系,旨在揭示哪些特定的环境要素能够激发积极的感知反应。最终,研究的目的是将这些抽象的主观体验转化为设计实践中的具体指导原则,确保在实际的城市公共空间营造项目中,能够精准地运用材质、布局、色彩、光影以及艺术装置等元素,创造出既符合人们感知偏好又能激发情感共鸣的空间环境。这种从感知到实施的转化过程,不仅促进了理论与实践的紧密融合,也是实现城市公共空间"人本转向"的实质步骤之一。

利用街景图像可以一定程度上实现对人视觉感官的模拟,是获得较为客观的空间视觉感知数据的一种方式。比起传统的通过主观指标评价、行为标记、半结构化访谈等方法对城市真实空间场景进行感官体验、心理与行为的实地测度,街景图像具有低成本、高效

---

① 叶宇,张昭希,张啸虎,等.人本尺度的街道空间品质测度:结合街景数据和新分析技术的大规模、高精度评价框架[J].国际城市规划,2019,34(1):18-27.
② 关可汗,赵莹.基于街景图片的城市街道空间品质对比研究[J].地理空间信息,2021,19(11):131-135.
③ 司睿,林姚宇,肖作鹏等.基于街景数据的建成环境与街道活力时空分析:以深圳福田区为例[J].地理科学,2021,41(9):1536-1545.
④ 王一睿,周庆华,杨晓丹,等.城市公共空间感知的过程框架与评价体系研究[J].国际城市规划,2022,37(5):80-89.

率、大规模等优势,但也存在与实际空间视觉感知偏差较大,无法还原听觉、嗅觉、触觉、味觉感知等弊端。随着科技的发展以及 VR 头戴显示仪和电子鼻、脑电波等技术的完善,依托于街景等建模数据的虚拟现实技术或可成为研究空间感知、推进城市公共空间人本化更新的重要途径。

9.2.2 街景图像的数据信息

街景图像所包含的信息是多样且复杂的,可从不同方向对图片进一步挖掘分析(图 9-1)。首先,街景图片具有图像的基本属性,包括像素、分辨率、大小、颜色、位深、色调、饱和度、亮度、色彩通道等,这些属性直接或间接反映了空间环境特征。王昱计算街道全景图片的明度和饱和度作为街道色彩要素,并通过图像的颜色、梯度或对比度分析街景显著区域特性,再结合其他技术手段将图像数据化,以此作为街道美景度评价的依据[①]。

其次,图像附带拍摄的时间和地理坐标。樊钧等基于街景图像的地理坐标定位,利用 GIS 将街道画像落位到地图中,可视化呈现了街道慢性品质现状,进而提出针对性导控策略[②];杨玉茹基于街景图像的时间信息,分析了广州市老城区 2016—2020 年街道空间品质变化,指出广州市老城区绿视率下降,中低品质街道提升明显的结论[③]。

最后,街景图像拓印了街道空间的"内容",计算机视觉称之为图像语义。图像语义是指图像内容的含义,可通过语言(包括自然语言与符号语言)进行表述。图像语义层次分明,由浅至深依次为视觉层、对象层和概念层。视觉层即图像的底层,涉及轮廓、边缘、颜色、纹理、形状等基础视觉特征,这些特征构成了底层语义。对象层居于中间,关注某一对象在特定时刻的状态,融合了属性特征等信息。概念层作为最高层级,最贴近人类对图像的理解,涵盖了图像所传达的深层意义与关联概念。图像视觉基本特征的提取与筛选、目标识别以及图像内容理解等任务均与高层语义特征紧密相关。因此,通过图像语义进行图像理解已成为近年来的一个学术热点,现阶段对于街景图像与城市空间的研究也多基于街景图像语义分割。随着技术的发展,会有更多的信息被从街景图像中挖掘,能更真实地模拟街道物质空间,为研究街道空间提供更全面科学的量化。

 =  +  +

色相、饱和度、亮度、通道、色阶、阈值、阴影、高光等　　拍摄时间、地理坐标、分辨率、大小、相机基本信息、版权、镜头等　　路、人行道、建筑、墙、栅栏、交通灯、交通标志、植被、天空、人、汽车……

图 9-1　街景图像信息拆解

来源:作者绘制和拍摄

[①] 王昱. 基于车载 LiDAR 数据和街景照片的街道美景度评价[D]. 南京:南京大学,2016.

[②] 樊钧,唐皓明,叶宇. 街道慢行品质的多维度评价与导控策略:基于多源城市数据的整合分析[J]. 规划师,2019,35(14):5-11.

[③] 杨玉茹. 基于街景图像和机器学习的街道空间品质评价与优化研究[D]. 广州:华南理工大学,2022.

表 9-1　机器学习分类（按标签分）

类型	特征	流程图	代表性算法
有监督学习	有正确答案标签	输入→有监督学习→输出；标签（监督）	支持向量机、决策树、随机森林
无监督学习	没有正确的答案标签	输入→无监督学习→输出	主成分分析算法、k均值聚类算法
强化学习	没有监督，通过"回报"调优	输入→无监督学习→输出；报酬	PPO、TRPO、SARSA、A3C、SAC

来源：作者绘制

9.3 机器学习

9.3.1 机器学习概述

人工智能作为计算机科学的分支之一，是研究用于模拟、延伸和扩展人的智能的理论、方法、技术及应用系统的一门新的技术学科，是一门研究利用计算机模拟人的思维过程和智能行为的学科。在人工智能的广阔领域内，机器学习作为其关键组成部分，主要关注计算机如何通过模拟人类学习机制来实现知识的自主获取与技能提升，并调整内在知识结构，持续优化自身性能。

在机器学习领域中，根据数据是否具有标签可以把机器学习分为有监督学习、无监督学习和强化学习（表9-1）。有监督学习指用于学习的数据具有正确答案标签，可用来对研究对象进行分类和回归，代表性算法有逻辑回归、支持向量机、决策树、随机森林等。无监督学习的数据则没有正确的答案标签，可用于聚类操作，代表性算法有主成分分析算法、k均值聚类算法等。强化学习是没有监督的，通过对每次选择的行为进行"回报"评价，凭此不断互动和调整策略，得到最优的决策，多应用于有规则的对象，如谷歌的围棋程序阿尔法狗，能在无任何人类输入的条件下迅速自学围棋，并完全超越前代算法程序。根据是否涉及特征学习可以将机器学习分为浅层学习和深度学习。浅层学习不涉及特征学习，其特征主要靠人工经验或特征转换方法来抽取；深度学习除了可以学习特征和任务之间的关联以外，还能自动从简单特征中提取更为复杂的特征，可用于图像分类、自然语言处理、自动汽车驾驶、图像识别、聊天机器人等诸多领域。

采用机器学习解决实际问题时主要分为问题分析与建模、模型训练与评价、数据探索与准备、模型部署与应用四个阶段。首先，对原始问题和原始数据集进行问题分析和数据分析并根据直觉和知识提出合理假说，建立假设模型。其次，进行初步的数据收集，并进行探索性数据分析，通过描述性统计的方法来提升数据质量，将最初的原始数据构造成最终适合建模的数据集；然后采用合适的算法，对其参数进行优化，通过将数据集分成训练集和测试集进行训练使模型更好地达到效果。最后，进行模型评价并完成模型的部署与应用（图9-2）。

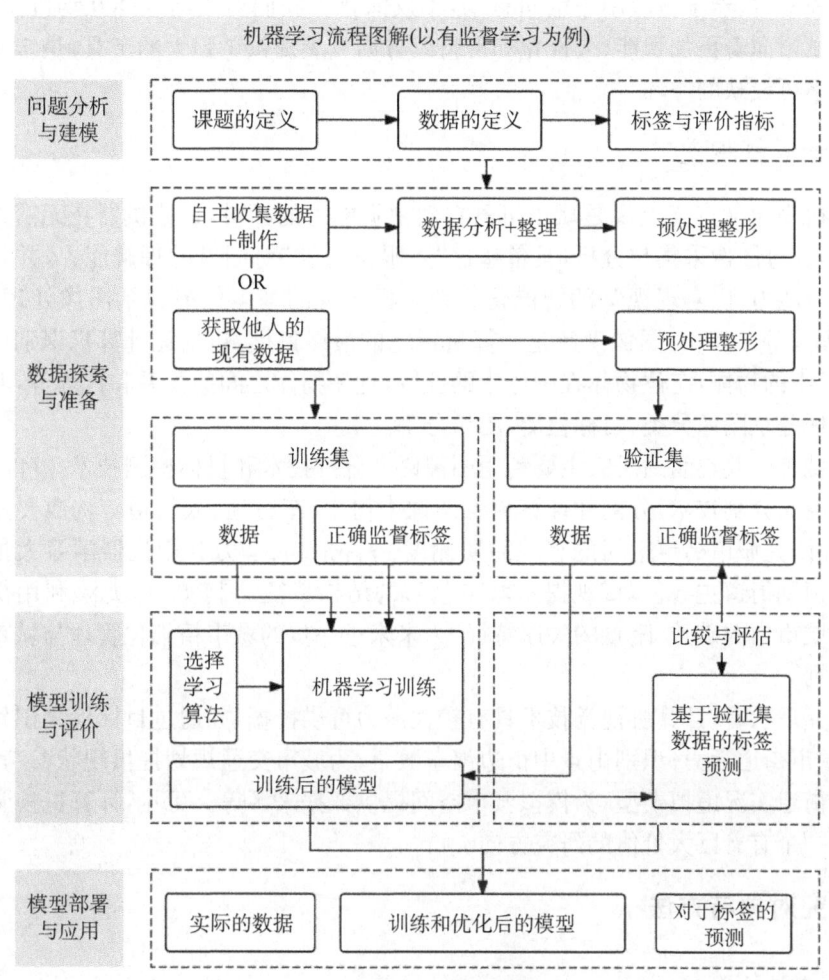

图 9-2　机器学习流程拆解

来源：作者绘制

9.3.2　机器学习与城市更新

机器学习算法能够处理和分析海量的多源数据，包括但不限于地理信息、社交媒体情绪分析、环境传感器记录以及街景图像等，从而构建出一个多维度、高精度的空间感知模型。这样的模型超越了传统调研手段的限制，能够捕捉到微观到宏观各个层面的复杂关联，揭示那些不易为人察觉的空间使用模式与偏好。机器学习的预测能力使得设计师和规划师能在项目初期就预估不同设计决策对公众感知和行为的潜在影响，通过模拟不同的环境变化，如调整公园的植被种类、改变街道的照明设计或增加公共艺术装置，可以量化这些改变如何提升空间的整体吸引力、使用者的幸福感乃至促进社会交往，从而做出更加明智和以人为本的设计选择。同时，机器学习支持持续的环境监测与反馈循环，通过不断收集使用后的空间数据并反馈至算法，可以评估设计干预的实际效果，及时调整优化方案，确保公共空间能够随时间进化，持续回应市民的需求变化。

总的来看,机器学习应用于空间感知,不仅深化了我们对人与空间互动机制的理解,也为推动城市向着更加智能、人性化和可持续方向发展提供了强大的工具,是未来城市设计与规划不可或缺的一环。

9.3.3 计算机视觉

计算机视觉从广义上说是赋予机器自然视觉能力的学科,是让机器在无需人工干预的前提下,通过图像采集与分析,具备超过"人眼＋人脑"对图像的理解能力,并具备不断改进的学习能力,以实现视觉的智能化。计算机视觉的基本任务包括图像处理、图像识别、图像理解等。其中,图像理解是计算机视觉的最终目标,包括让计算机识别图像中的场景、场景中的物体,定位物体在图像中的位置,理解物体之间的关系和行为等,其三大常见的核心任务是图像分类、目标检测、图像分割。

现有城市公共空间的研究主要利用图像语义分割技术和目标检测技术。叶宇等利用街景图像语义分割技术,分割并计算街景图像中树木、车行道、人行道等构成要素的像素占比,以此研究城市街道空间的客观品质测度[1];许恒玮、李力利用机器学习大批量从街景图像中识别街道主导色,直观揭示城市色彩的结构特征[2];陈婧佳、龙瀛利用街景图像检测识别城市中的破败、闲置的失序特征,为未来进一步的城市精细化管理与城市更新提供重要依据[3]。

从研究现状看,计算机视觉技术具有较大潜力可供挖掘,如通过目标检测识别行人数量,研究城市街道活力;识别街景中街边停车数量,为城市交通规划提供现状参考;通过算法转化为街道实况虚拟模型,为模拟城市空间提供数据来源等。可见,计算机视觉技术的利用仍是一个有着巨大价值的研究方向。

9.4 研究对象与方法

9.4.1 研究对象

下篇研究仍以南京市为城市案例,聚焦社区街道空间,尤其是社区中的生活性街道空间。除了上篇研究涉及的唱经楼社区、锁金村社区、爱达花园社区、西堤国际社区以外,下篇研究增加了位于老城区的南湖社区和新城区的九都荟社区作为实证调研的研究样本(图9-3),以获取更为全面的数据信息。

---

[1] 叶宇,张昭希,张啸虎,等. 人本尺度的街道空间品质测度:结合街景数据和新分析技术的大规模、高精度评价框架[J]. 国际城市规划,2019,34(1):18-27.

[2] 许恒玮,李力. 基于深度学习的街景色彩的分析与生成研究[C]//2021年全国建筑院系建筑数字技术教学与研究学术研讨会暨DADA2021数字建筑学术研讨会. 武汉,2021:120-126.

[3] 陈婧佳,龙瀛. 城市公共空间失序的要素识别、测度、外部性与干预[J]. 时代建筑,2021(1):44-50.

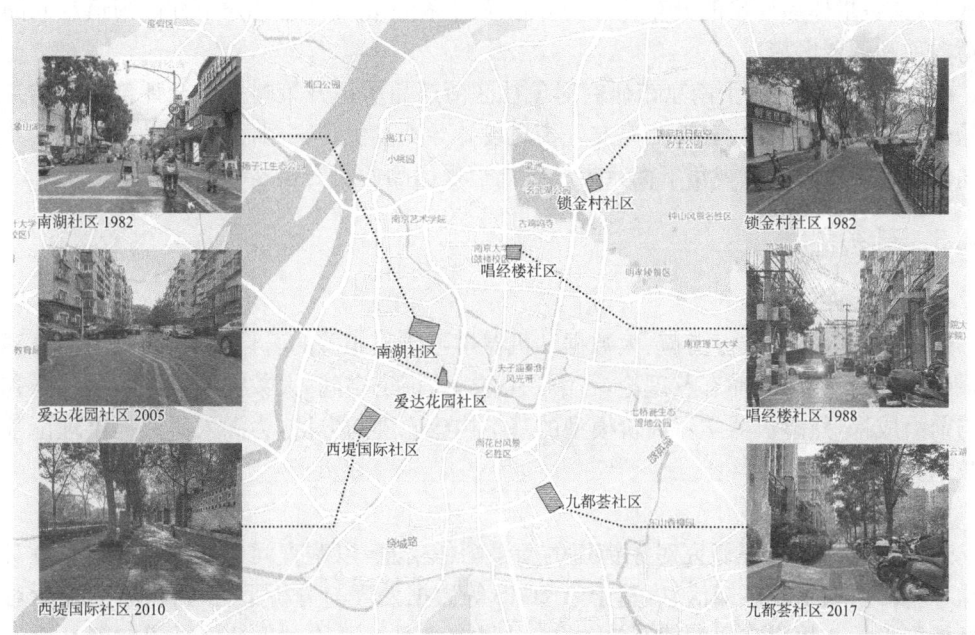

图 9-3　研究对象社区区位及建成年份
来源：作者绘制和拍摄

9.4.2　研究内容

研究内容主要有以下几个方面。

（1）利用 Elo 图像积分系统搜集儿童视角下社区街道空间的空间感知。考虑到儿童认知和表达能力的欠缺，通过街景图像的比较代替传统文字类调查问卷，直观量化儿童对社区街道空间的主观评价。继而研究主观评价与街道空间构成要素的相关性，并与成人对社区街道空间的主观评价进行对比，甄别街道空间建设与更新中易被成人忽视的儿童不友好点。

（2）建立以街景图像为对象的儿童视角下社区街道空间品质评价体系。参考各国儿童友好街道评价标准，结合儿童友好空间领域的相关研究，判断利用街景图像评价儿童视角下社区街道空间品质的可行性与科学性，再结合上述主观评价与街道空间构成要素的相关性研究，对评价体系各指标进行筛选，形成结合安全性、舒适性、导向性三个维度的多个指标构成的儿童视角下社区街道空间品质评价体系。

（3）训练儿童视角下社区街道空间品质评价模型。使用机器学习算法，通过街景图像语义分割对建成环境进行客观测度量化，以量化结果和主观评价为数据集，以随机森林为算法训练儿童视角下社区街道空间品质评价模型，使自动化、大规模评价街道空间品质成为可能。

（4）儿童视角下研究对象社区街道实证分析。现场采集六个研究对象社区生活性街道日与夜间的街景图像，利用机器学习评价模型得到品质评分，再通过 ArcGIS 进行评价结果可视化处理，结合六个社区街道的区位、建成年份等特征分析其总体分布特征和分布模式,以及各指标项评价的分布特征和分布模式,精准定位儿童视角下社区街道空间品质的薄弱项和薄弱区域。

(5)提出儿童视角下南京市研究对象社区街道品质提升策略。结合评价模型结果及问题分析,结合国内外代表性儿童友好街道设计导则及优秀案例,从安全性、舒适性、儿童导向性三个维度对儿童视角下南京市社区街道提出品质提升策略和意见参考。

9.4.3 研究方法

(1)文献研究

通过查阅与儿童友好街道、大数据和机器学习研究相关的著作与文献,收集相关领域的最新研究方法、研究动态及理论,了解儿童友好、街道空间、大数据及机器学习的研究现状与前沿成果,熟悉机器学习评价模型的基本构建原理与方法,为深入研究提供理论基础与技术支撑。

(2)多元数据收集

通过现场调研采集研究对象街道的街景图像信息,以调查问卷的方式采集儿童对于街道环境品质的主观感知信息,基于 ArcGIS 等数据处理与分析平台,将街景图片所对应的经纬度坐标与相应空间数据有效关联,以此构建用于评估对象社区街道空间品质的基础数据库。

(3)数据处理与分析

通过 SegFormer 语义分割算法、K-means 聚类算法等方式量化街景图像,结合儿童群体的主观感受数据,进行客观量化结果与主观感知评价的相关性研究。基于相关性研究的结果,对影响街道空间品质的各项特征要素进行分析,揭示街道空间品质的内在影响机制。

(4)机器学习模型

利用随机森林算法来构建评价模型,从而高效且准确地获得对于社区街道儿童友好性的主观评价,通过不断筛选合理的输入因子和调整模型结构,逐步提高模型的稳定性和准确性,最终构建出社区街道儿童友好性的评价模型。

10 "一米视角"下社区街道空间品质评价模型构建

建立儿童视角下的社区街道空间品质评价模型,是大规模、高效率模拟儿童对于街道建成环境的认知与评价的技术手段,是实现"一米高度看城市"的重要依托,也是将视角落位儿童的辅助工具。由于训练数据集较小,因此考虑采用有监督学习的方式来提高模型训练的效率,这就需要建立儿童视角下的社区街道空间品质评价体系来对有监督学习进行特征选择。因此,本章将建立儿童视角下的社区街道空间品质评价体系,并以此为特征,训练儿童视角下的社区街道空间品质评价模型。

首先选取评价指标以建立基于街景图像的儿童视角社区街道空间品质评价体系,并定义各指标的测度方法。然后,说明街景图像数据来源并从语义分割、色彩聚类、视觉熵三个角度量化街景图像,阐述基于图像PK打分系统的主观感知数据量化方法及量化结果,对所得数据进行预处理并分析街景图像量化数据与主观感知量化数据的相关性,以此对评价体系进行验证。最后,阐述利用机器学习训练空间品质评价模型的过程和结果,并基于特征相关性与重要性结果对儿童视角下街道空间品质影响因素进行分析与研究(图10-1)。

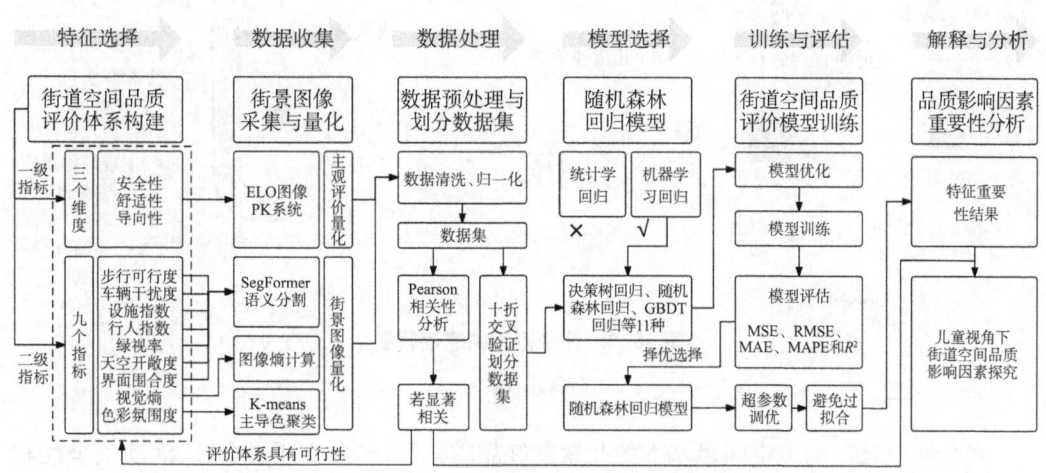

图10-1 评价模型构建及训练逻辑图

来源:作者绘制

10.1 儿童视角下社区街道空间品质评价指标选取

10.1.1 评价指标选取原则和步骤

由于本次模型训练无法获得庞大的训练数据集，那么就需要先基于专业知识和已有研究对相关指标进行筛选，剔除明显不相关的特征或噪声特征，并基于逻辑关系对相关特征进行组合，以此提高模型训练的效果和可解释性，减少过拟合风险。这里将详细说明如何选取合适的评价指标作为特征以提高机器学习模型训练效果。另外，本篇研究是基于街景图像和现有机器学习技术对儿童视角下的街道空间品质进行评价，所以评价指标的选取需要同时考虑儿童对于街道空间的需求和认知方式，街景图像所能挖掘的街景测度信息以及数据挖掘和模型训练的技术可行性。

选取步骤采用"先选后验"的方式。刘金指出情感感知与体验维度是改善人居空间环境的重要环节，其将"以人为本"的空间感知主导的环境改善与设计作为研究重点，把空间感知按照空间感知过程由低级到高级主要分为感官感知、知觉定势和认知情感，通过研究感官感知与认知情感的关系来指导情感化设计，使得城市更新真正聚焦"人"的视角。如图 10-2 所示，将已有研究中包括儿童在内的"人"对于街道环境的直观感知进行罗列，如街道宽度、绿化数量、设施数量等客观内容，再把儿童视角下的街道空间品质分为安全性、舒适性、儿童导向性三个主观感知维度，通过机器学习算法研究直观感知特征和基于儿童群体主观认知的空间感受的关系。由此，初步建立儿童视角下街道空间品质评价体系。

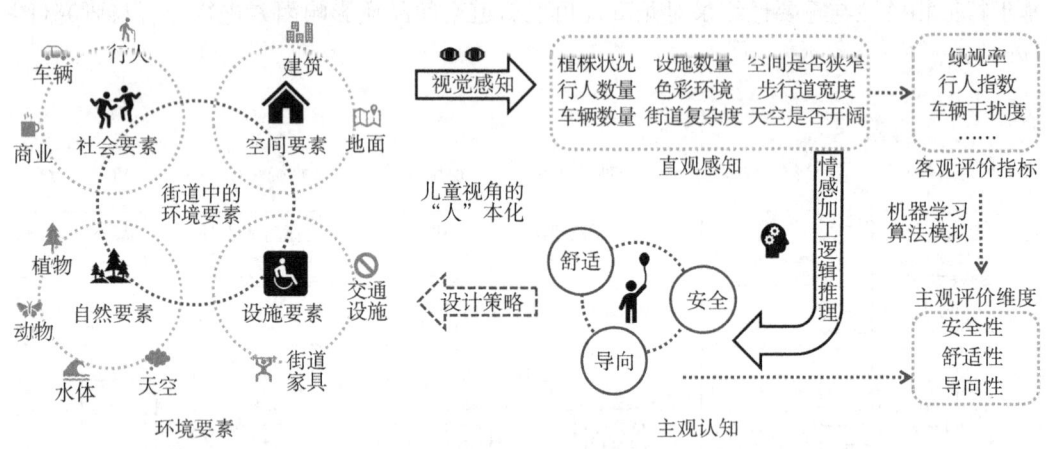

图 10-2 评价体系构建逻辑图
来源：作者绘制

安全性是社区街道空间最基本的儿童友好品质特征，包含交通安全性、活动安全性和社会安全性。交通安全性受到机动车数量、步行道宽度、交通标识、路边停车、夜间照明等多个因素的影响；活动安全性则与无障碍设计、街道宽度相关；社会安全源自街道眼、人群聚集等因素。舒适性可以提升儿童步行体验，满足儿童亲近自然的、游戏化的心态，从而激发儿童活力，与街道的绿化水平、开敞度、协调度、设施指数相关。儿童导向性是提升街道空间儿童友好性的价值回归，也是儿童与成人对街道诉求的最大不同。是否有儿童活动设施，是否有趣味化的街道家具，色彩环境是否丰富，是否有儿童导向业态，都影响着街道的儿童导向性。

空间品质的安全、舒适、导向维度是对街道空间综合判断的结果，与复数的测度指标相关，同一测度指标也影响着不同的评判维度。通过上述分析，将步行可行度、车辆干扰度、设施指数、行人指数、绿视率、天空可见度、视觉熵、界面围合度、色彩氛围度共计9个指标纳入评价体系(表10-1)。

表10-1 街道空间品质评价指标

指标	定义	说明	计算公式	说明
步行可行度	表示步行空间的可通行能力	步行可行性指数越高，表示其能容纳更多的人及活动，步行安全性越高	$SFI_n = W_n/A_n$	W_n：街景图片中总步行空间所占像素量 A_n：街景图片总像素量
车辆干扰度	表示行驶或停放的车辆对于行为活动的影响程度	车辆干扰性指数越高，表示交通状况越复杂，儿童活动的安全隐患越高	$VII_n = C_n/A_n$	C_n：街景图片中机动车所占像素量 A_n：街景图片总像素量
设施指数	表示街道基础设施的便利性和人性化程度	设施指数越高，表示街道空间街道设施体系越完善，越能提升活动体验	$AMI_n = M_n/A_n$	M_n：街景图片中各类设施所占像素量 A_n：街景图片总像素量
行人指数	体现了人群密集程度及街道活力	行人指数越高，表示街道越有活力	$PAI_n = P_n/A_n$	P_n：街景图片中行人及骑行者所占像素量 A_n：街景图片总像素量
天空可见度	表示天空面域在视域中所占比重	天空可见度指数越高，表示空间的垂直向开阔程度越高，步行舒适性越好	$SVI_n = S_n/A_n$	S_n：街景图片中天空面域所占像素量 A_n：街景图片总像素量
绿视率	表示绿植面域在视域中所占比重	绿视率越高，表示绿化程度越高，步行舒适性越好	$GVI_n = G_n/A_n$	G_n：街景图片中绿植面域所占像素量 A_n：街景图片总像素量
色彩氛围度	表示环境色彩的丰富度及舒适度	色彩氛围度越高，表示环境色彩越丰富，色彩氛围越艳丽明快，越能得到儿童的认同	$CPI_n = O_n/8$	O_n：鲜艳颜色在街景图片的8种主导色中所占数量
视觉熵	反映街道视觉要素复杂程度	丰富的街道视觉信息能吸引儿童的注意力，但也可能使街景环境过于杂乱	$VIE_n = -\sum_{i=1}^{n}(P_i \log P_i)$	P_i：表示灰度值i出现的概率，通常通过图像的直方图计算得出

续表

指标	定义	说明	计算公式	说明
界面围合度	表示建筑物、墙体、其他构筑物围合街道空间的程度	界面围合度越高,更易形成围合感,给人以舒适、可荫蔽的感受,更能得到儿童的认同	$IED_n = B_n/A_n$	B_n:街景图片中界面围合要素所占像素量之和 A_n:街景图片总像素量

来源:作者绘制

10.1.2 街道空间品质评价指标的选取与定义

(1) 步行可行度

步行可行度(Spatial Feasibility Index)表示步行空间的可通行能力,由街景图像中总步行空间的像素占比体现,占比越高,侧面反映步行空间越开阔。尺度适宜的步行道能为儿童提供充足的可供步行与游戏的空间,能将儿童的注意力从躲避行驶车辆转移到对街道本身的观察,提升其环境感知力。同时,儿童的活动轨迹具有随机性、不确定性、多变性,明确的步行道设置能对儿童的活动路线起到较好的引导作用。步行可行度计算公式为 $SFI_n = W_n/A_n$,其中 W_n 表示街景图片中总步行空间所占像素量,A_n 表示街景图片总像素量。

(2) 车辆干扰度

车辆干扰度(Vehicle Interference Index)表示行驶或停放的车辆对于儿童行为活动的影响程度,由街景图像中总步行空间的像素占比体现,车辆干扰性指数越高,表示交通状况越复杂,儿童活动的安全隐患越高。尽管社区街道车速缓、车流量少,但对于儿童仍具有较高威胁,不仅是行驶中的车辆易对儿童造成伤害,而且由于儿童身高较矮,处于司机视线盲区,停车区对于儿童群体来说也存在较多安全隐患。车辆干扰度计算公式为 $VII_n = C_n/A_n$,其中 C_n 表示街景图片中机动车所占像素量,A_n 表示街景图片总像素量。

(3) 设施指数

设施指数(Amenities Index)表示街道基础设施的便利性和人性化程度,由街景图像中交通设施、公共座椅、活动器材、便民构筑物、景观小品等街道家具的像素占比体现,设施指数越高,表示街道空间街道家具体系越完善,越能提升舒适的步行和活动体验。这些设施使得街道空间不仅仅是一个线性的通行空间,也成为儿童、照护者等可休息、可驻留的节点场所,有利于儿童及其照护者与周边环境产生更有意义的互动社交。设施指数计算公式为 $AMI_n = M_n/A_n$,其中 M_n 表示街景图片中各类设施所占像素量,A_n 表示街景图片总像素量。

(4) 行人指数

行人指数(Population Aggregation Index)体现了街道活力,由街景图像中人的像素占比体现,行人指数越高,表示街道越有活力。简·雅各布斯指出城市的活力来源于人的社会交往活动、人与场所之间相互交织的过程,以及城市生活的多样性[1]。梅塔(Mehta)指出有活

---

[1] 雅各布斯. 美国大城市的死与生[M]. 金衡山,译. 2 版. 南京:译林出版社,2006.

力的街道需有大量的人参加一系列固定或持续的活动，尤其是社会性活动[①]。街道活力的营造可以促进儿童日常交往行为的发生，能让他们更好地认识社会，接触社会，提升其归属感。在安全性方面，简·雅各布斯提出"街道眼"的概念，认为当人们能自愿地使用并喜欢街道，便在无意识中成了"街道眼"，不仅能提升街道的安全性，也能构建基于公共尊重和信任的社区网络。这些都是构建生活性街道、为儿童提供非正式游戏机会的重要因素，是营造良好的社区氛围、丰富儿童交际能力、让儿童体验社会复杂性的有利条件。行人指数计算公式为 $PAI_n = P_n/A_n$，其中 P_n 表示街景图片中行人及骑行者所占像素量，A_n 表示街景图片总像素量。

（5）绿视率

绿视率（Green Visual Index）表示绿植面域在视域中所占比重，反映了社区街道的绿化建设情况，由街景图像中街道绿化的像素占比体现，绿视率越高绿化程度越高，步行舒适性越好。亲近自然是儿童的天性和本能，丰富多变的自然能启迪儿童的智力发展，营造舒缓放松的环境，有利于儿童的身心健康。绿色植物不仅对提升视觉舒适度有着重要作用，树荫遮蔽也为儿童提供了接触自然的机会，带来更加舒适的步行和活动环境，缓解身体压力和情绪紧张。大野隆造进行了大量的研究分析完善该理论，将绿视率水平与人的感受相结合，提出了一套经验标准：当绿视率水平低于15%时，会让人感觉环境人造感过强；当绿视率水平处于15%和25%之间时，人们会觉得环境较为自然；当绿视率水平大于25%时，会显得环境舒适且有利于健康。绿视率不仅与植物数量相关，也受到植物类型、乔木数量的影响，可见儿童视角下街道绿视率的研究对街道植物配置、植物分布具有参考意义。绿视率计算公式为 $GVI_n = G_n/A_n$，其中 G_n 表示街景图片中绿植面域所占像素量，A_n 表示街景图片总像素量。

（6）天空可见度

天空可见度（Sky Visibility Index）为街景图像中天空面域所占比值，反映街道空间在垂直方向的开敞程度，同时也从侧面反映了日照时间的长短。街道的开敞程度对行人的视觉感知和空间体验具有直接影响，一定程度的开敞可以提供良好的视觉效果，带来良好的步行体验。然而，天空开敞度与人的视觉感受往往很难用线性关系或者单一指标去衡量，如过高的天空开敞度可能会让人感到空旷，过低的开敞度又有可能使人感到逼仄压抑。同时，不同季节不同围合下的天空开敞度也会导致不同的感知体验，高开敞度在夏季往往与炎热相关联，而在冬季又代表着温暖舒适；树木荫蔽所造成的低天空开敞度与狭窄街道导致的低开敞度又给人不同的空间感受。但总的来说，天空可见度是街道空间品质的重要指标，影响着儿童对外界的感知。其计算公式为 $SVI_n = S_n/A_n$，其中 S_n 表示街景图片中天空面域所占像素量，A_n 表示街景图片总像素量。

（7）视觉熵

视觉熵（Visual Information Entropy）是反映街道视觉要素复杂程度的指标，可以描述行走时视觉可见画面信息密度大小和信息的均衡性。适度的视觉熵有助于刺激儿童的感知系统和认知发展，丰富的视觉元素可以激发好奇心和探索欲望，有利于他们在环境中

[①] Mehta V. Lively streets: Exploring the relationship between built environment and social behavior. Dissertations & Theses[D]. Maryland: University of Maryland, 2006.

进行有意义的学习和游戏活动。但过高的视觉熵可能导致环境过于复杂和混乱,不利于儿童识别关键信息,特别是在交通安全标识、路标等方面,简单明了的设计更能帮助他们快速理解和遵循。视觉熵计算原理为:当某一街景图像中有 N 个具有显著边界的区域或单元,其中第 i 个区域出现的概率为 $P_i(i=1,2,3,\cdots,n)$,其给出的信息量为 $H=-\log P_i$,对于由 N 个区域构成的整个视觉对象来讲,产生的总信息量为 $H=-\sum_{i=1}^{n}(P_i\log P_i)$,即视觉熵 $VIE_n=-\sum_{i=1}^{n}(P_i\log P_i)$。

(8) 界面围合度

界面围合度(Interface Enclosure Degree)表示建筑物、墙体及其他侧界面实体要素围合街道空间的程度,由街景图像中界面围合要素的像素占比体现。界面围合度较高时更易形成围合感,给人以舒适、可荫蔽的感受,维系一定的街道界面围合度是提升儿童视角下街道空间活力的重要条件。其计算公式为 $IED_n=B_n/A_n$,其中 B_n 表示街景图片中建筑物、墙体等界面围合要素所占像素量之和,A_n 表示街景图片总像素量。

(9) 色彩氛围度

色彩氛围度表示环境色彩的丰富度及舒适度,氛围度越高,环境色彩越丰富有趣。适宜的色彩环境不仅能够影响儿童的情绪状态,还可以在一定程度上影响其认知发展、性格形成以及心理健康。儿童对于红、黄、蓝等饱和度较高的色彩具有倾向性,更易发生游戏、交流等行为,儿童对于暖色调以及丰富色彩环境的喜好也是提升儿童户外活动频率和时长的重要因素之一。该指标的计算原理为 8 种主导色中鲜艳颜色所占比重,公式为 $CPI_n=O_n/8$,其中 O_n 为鲜艳颜色在街景图片的 8 种主导色中所占数量。

10.2 街景图像来源及量化

10.2.1 街景图像来源

本书的研究范围包括西堤国际社区、爱达花园社区、唱经楼社区、锁金村社区、九都荟社区、南湖社区六个社区的共计 51 条社区街道。为更准确地模拟儿童视角下对于街景的感知,遂在儿童行为调研的基础上模拟儿童在街道中的步行和活动流线,平均每 20 m 间隔设置街景采样点,最终获得 1 568 个采样点数据(图 10-3)。

百度地图、高德地图等平台的街景图像开源数据依托于采样车的车行视角拍摄,无法准确反映儿童步行视角的街道环境视觉感知,而成人由于视点高于儿童,与儿童看到的街景也不尽相同。这里选取同一道路截面的儿童视角、成人视角、车行视角所摄街景图像进行分析,对随机 50 个测点的数据进行统计(图 10-5),发现车行视野较为开阔,所见天空及车辆远高于人行视角,界面围合度则低于人行视角,而成人视角由于视高较高,所见绿植也多于儿童视角,所见车辆少于儿童视角。可见将视角聚焦儿童,以儿童视高作为街景采集高度,能提高研究的准确性。因此本次研究中的街景图像由研究人员利用手持相机现场采集。将相机水平置于 1 m 高度以模拟儿童视高,将图像长宽比设置在 5∶4 以模拟儿童视域(水平 90°,竖直 70°),于每个测点分别采集前后两张平行街道方向及左右两张垂直街道方向的水平街景图像以获得完整街景信息(图 10-4),共在 2023 年夏末晴天采集街景图像 6 272(1 568×4)张。最后借助 Pillow 库将所有街景图像统一调整成 1 024×

768像素，以便后续分析（详见附录D）。

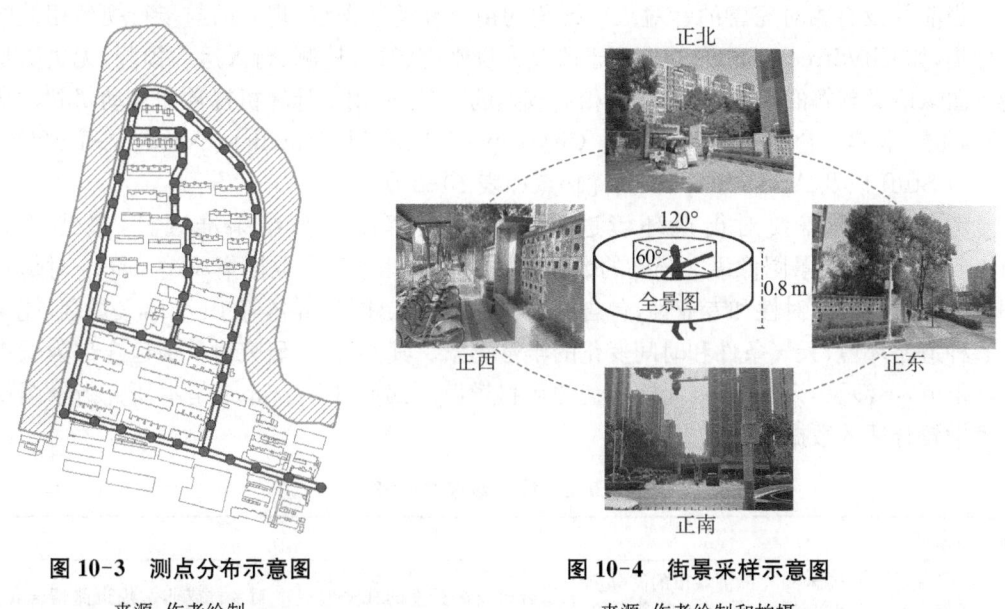

图10-3　测点分布示意图
来源：作者绘制

图10-4　街景采样示意图
来源：作者绘制和拍摄

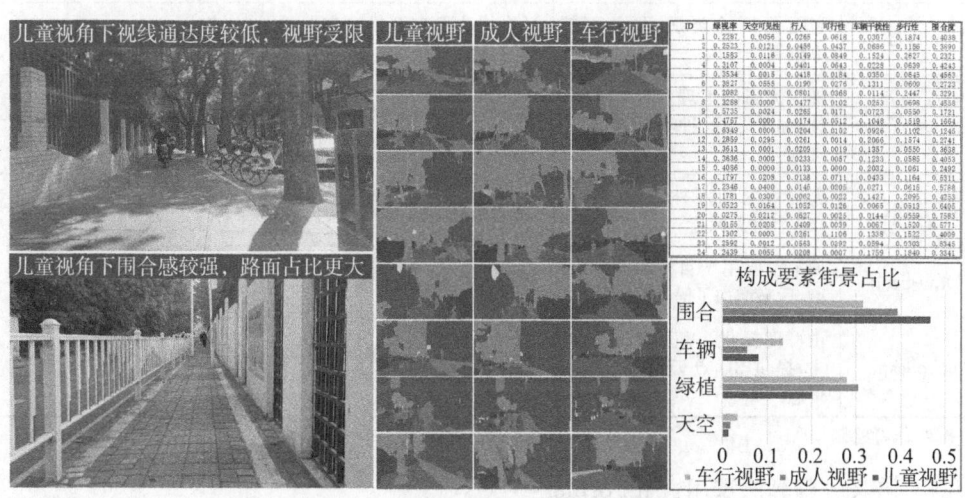

图10-5　车行、成人、儿童视角下的街景差异分析
来源：作者绘制和拍摄

10.2.2　街景图像语义分割

为分析街景的图像语义从而实现对复杂城市环境的精细化解读，本书采用街景图像语义分割来高效、大规模量化街景图像的语义内容。在这个过程中，首先需要选择适用的数据集并进行预处理，再将数据集划分为训练集、验证集和测试集，然后选择合适的语义分割任务深度学习模型，最后进行模型训练、优化、改进。其中的每个过程都会对模型的准确性和泛用性产生影响。

(1) 数据集的选用：Cityscapes

当前并没有相对完善的针对人行视角的街道环境数据集，现有的与步行视角相关的数据集，如 CityStreet、PETS 等多用于研究人群密度、行人检测、行人运动预测，无法满足街景图像语义理解的需要，因此选用相对成熟的、广泛应用于计算机视觉和自动驾驶领域的开源数据集，主要有以下六种：Cityscapes、CamVid、Mapillary Vistas、ADE20K、COCO-Stuff 以及 ApolloScape。其优缺点如表 10-2 所示。

考虑到本书需要对街道环境进行高精度理解以提高结果准确性，最终选择 Cityscapes 作为街景图像语义分割的数据集。相较于其他五个数据集，Cityscapes 对街景图像具有更高的针对性和专业性，包含车行道、人行道、建筑、乔木等 19 个语义类别，能覆盖多种道路环境、天气条件和时间变化的丰富场景。其次，由于研究对象街道全部为城市环境街道，不涉及 Cityscapes 无法覆盖的乡村道路。因此，Cityscapes 是本研究街景图像处理中较合适的数据集。

表 10-2 街景数据集选择

数据集	特点	优点	缺点
Cityscapes	包含 50 个欧洲城市的高分辨率街景图像，有 19 个语义类别	适合研究高精度的视觉理解和道路环境感知	对乡村或非常规道路情况覆盖较少
CamVid	包括了 11 个类别，图像分辨率较低	适合快速原型开发和实时性算法评估	图像数量和种类有限
Mapillary Vistas	拥有极高的地理和环境多样性，标注了 65 种不同的语义类别	大规模、多样性，能够适应各种复杂场景	复杂性和不确定性强
ADE20K	包含室内和室外场景，共有 150 个语义标签	类别丰富，具有全面性	对街景图像的针对性相对较差
COCO-Stuff	原本主要用于目标检测和分割，后来增加了语义分割标签	广泛的物体和场景覆盖	其标签不够细致，专业性较差
ApolloScape	由百度提供，以国内街景为主，提供 3D 点云、实例分割信息	可研究三维环境感知和多模态融合技术	使用范围相对较窄，社区支持性不足

来源：作者绘制

(2) 语义分割算法选用：SegFormer[①]

自 2015 年 FCN 算法首次将卷积神经网络应用于全图像像素级别的分类任务，奠定了深度学习在语义分割领域的基础，诸如 U-Net(2015)、DeepLab 系列、PSPNet(2016)、SegFormer(2021)等算法使得街景图像语义分割愈发高效精细，以下是对当前主流街景图像语义分割算法的总结，从应用场景、优点、缺点三个角度对这些算法进行分析，用以选用较为合适的算法模型(表 10-3)。

总的来看，若关注于高精度分割且计算资源允许，SegFormer、PSPNet 和 DeepLab

[①] Xie E, Wang W H, Yu Z, et al. SegFormer: Simple and Efficient Design for Semantic Segmentation with Transformers[C]. Thirty-fifth Annual Conference on Neural Information Processing Systems(NeurIPS), San Diego, 2021.

V3+都在街景语义分割上表现较好。考虑到最新的研究进展,SegFormer 由于其新颖的 Transformer 架构和强大的上下文建模能力,在许多最新实验中取得了非常优秀的性能。特别是在街景语义分割这类需要理解复杂空间布局的任务上,SegFormer 比 PSPNet 和 DeepLab V3+有更好的性能,其在效率、准确性和鲁棒性方面都达到了新的技术水平。因此,本研究最终选取 SegFormer 作为街景语义分割的算法。

表 10-3 语义分割算法选用

算法	适用场景	优点	缺点
FCN(2015)	城市街景、道路与障碍物分割等	可处理任意大小的输入图像;端到端训练	边缘细节分割效果有限
U-Net(2015)	医学影像分析、生物组织结构分割以及街景中细粒度物体的分割	在小样本数据集上表现优秀,适合精细化分割	参数量较大,计算成本相对较高
DeepLab V3+(2018)	自动驾驶环境下的道路、行人、车辆等物体分割,大规模遥感图像	对街景中的各种复杂形状物体分割能力强	训练过程复杂,模型规模大
PSPNet(2016)	街景图像的全面语义分割,包括建筑物、路面、植被等多种类别	对场景解析具有强大的适应性	对非常精细的边缘分割不如专门优化的方法
SegFormer(2021)	大型街景图像的快速且准确的语义分割,尤其适用于硬件资源充足时追求高精度的应用	全局信息建模能力强,模型结构简洁高效	计算复杂度相较于传统的卷积网络有所增加

来源:课题组绘制

SegFormer 融合了 Transformer 架构与轻量级的多层感知器(MLP)解码器,提供了简单、高效且强大的图像分割性能(图 10-6)。多级 Transformer 编码器能够逐级处理输入图像并生成多尺度特征图,使得模型能够在不同粒度上捕获图像的局部细节和全局上

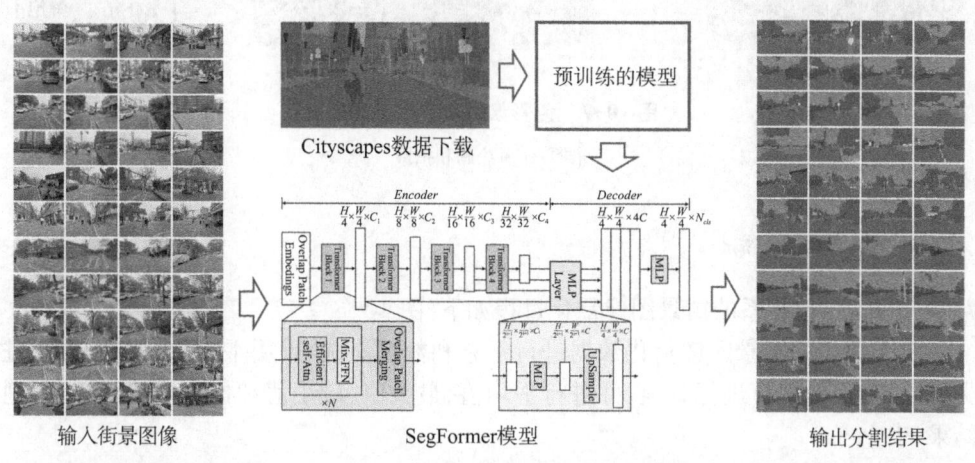

图 10-6 SegFormer 核心网络框架

来源:作者根据 SegFormer:Simple and Efficient Design for Semantic Segmentation with Transformers 改绘

下文信息,有利于对各种尺度的目标进行准确分割。MLP通过简单的线性变换和非线性激活函数来整合多尺度特征,避免了复杂的卷积操作或自回归机制,降低了模型的计算复杂度,同时保留了对特征融合和空间重建的能力。整个过程既确保了分割精度,又通过精简设计有效控制了计算资源消耗,展现出优秀的效率与性能平衡(代码见附录C)。

10.2.3　街景图像色彩聚类和视觉熵计算

本研究利用K-means聚类算法对街景图像进行主导色聚类。K-means是一种无监督学习方法,常用于数据聚类分析。在图像处理领域中,可以将图像的颜色空间(如RGB、HSV、Lab等)中的像素视为多维向量,并用这些向量作为K-means算法的输入数据。本次聚类将K值设置为8,即提取图像的8个主导色,再利用Python的OpenCV库计算这8个主导色中鲜艳颜色的占比。由于现实场景中色彩的饱和度整体偏低,因此本研究将明度在70—255且饱和度在70—255的颜色定义为鲜艳颜色(图10-7)。

视觉熵则直接借助Python的OpenCV库和NumPy库进行计算,先将图像转化为灰度图像,对于每个灰度级,统计图像中该灰度值出现的像素数量并计算所有像素总数,将每个灰度级的像素数除以总像素数得到概率分布$P(i)$,根据公式 $H = -\sum_{i=1}^{n}(P_i \log P_i)$ 来计算熵。

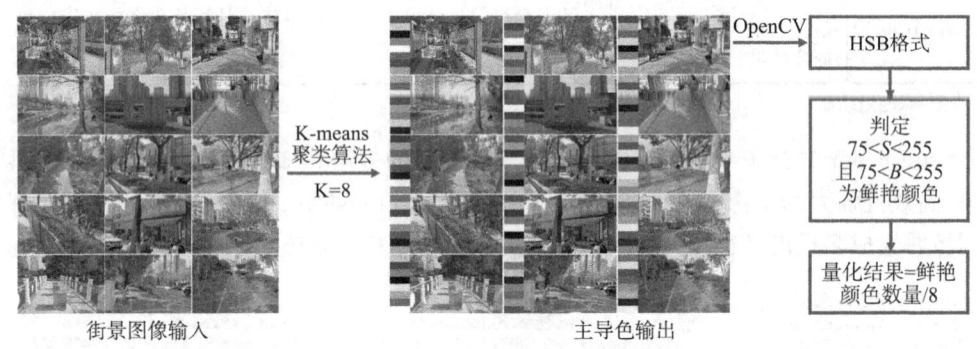

图10-7　色彩氛围度量化流程图

来源:作者绘制和拍摄

10.2.4　量化结果统计

基于评价指标体系的街景图像量化过程如下(图10-8)。

将所有测点的街景图像量化数据进行汇总和数据清洗,采用平均值填充的方式进行缺失值处理,将异常值进行替换,并进行平均值、最大值、最小值和标准差的统计,得到如下结果(表10-4)。

表 10-4　样本数据量化结果统计

	绿视率	天空可见度	行人指数	设施指数	车辆干扰度	步行可行度	界面围合度	视觉熵（bit）	色彩氛围度
平均值	0.297 5	0.052 6	0.036 6	0.008 9	0.055 6	0.238 9	0.285 6	7.599 6	0.093 2
最大值	0.881 4	0.519 5	0.383 2	0.206 2	0.355 1	0.839 6	0.761 9	7.963 8	0.625 0
最小值	0.000 0	0.000 0	0.000 0	0.000 0	0.002 0	0.007 1	0.000 0	6.210 3	0.000 0
标准差	0.167 5	0.064 2	0.046 3	0.025 8	0.060 2	0.103 7	0.138 5	0.203 3	0.108 1

来源：作者绘制

整体来看，绿化、步行道和界面围合物（建筑、墙体、围栏等）在街景图像中占比较高，平均值分别为 29.75％、23.89％、28.56％，最大值分别为 88.14％、83.96％、76.19％，这三者构成了街道空间的主要骨架，是街道视觉感知的主要影响因素。行人、车辆等作为动态要素活动于街道空间中，平均值分别为 3.66％、5.56％，也是街道空间的重要组成部分。各类设施（街道家具、交通设施、活动设施等）在街景视觉层面的占比较小，平均值仅为 0.89％。在街景主导色方面，鲜艳颜色的占比平均值为 9.32％，不到 1/8，可见鲜艳色

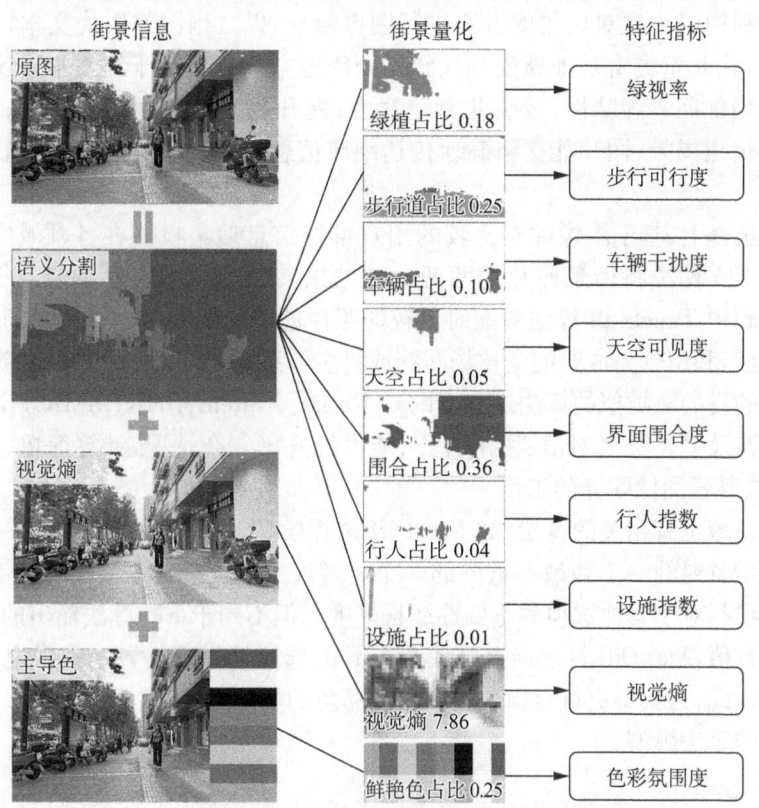

图 10-8　街景图像量化总体流程图

来源：作者绘制和拍摄

彩在主导色中出现的频次较低。在视觉熵层面,99%的街景图像视觉熵在7.0—8.0之间,平均值为7.599 6 bit,整体分布较为均匀。

10.3 街道空间主观感知数据搜集

在获得了街景图像的9个指标量化结果后,若需进一步利用这些指标对街道空间品质进行评价,就需要搜集儿童对于街道空间安全性、舒适性、导向性三大维度及总体品质的主观感知数据,以两者为输入和输出数据训练机器学习模型。本研究参考叶宇等提出的小规模公众主观打分与大规模机器学习计算的方式作为街道空间品质的评分方法。通过预先选取的200张典型街景图像作为评价样本,由儿童对样本中的街道空间品质进行对比与选择,所得街景图像偏好数据作为下一步机器学习构建评价预测模型的训练样本,以此获得大规模的街道空间品质主观评价。

10.3.1 街道空间主观感知数据搜集途径选择

在搜集儿童对于街道空间品质的主观感知数据时,需要先解决儿童认知表达能力不足的问题。传统的问卷访谈多通过文字媒介对用户进行调研,感知数据问题设置多为等级评分等封闭式问题,或为满意度调查等半定量问题,容易造成儿童的理解误差。

本研究利用图片配对比较的方式进行图像赋分,以二维图像取代文本,通过视觉方式呈现选项,让儿童更直观地感受和比较不同街道空间。相比于纯文本描述,图片比较的方式可以增加问卷趣味性,吸引儿童注意力,提升儿童的兴趣与参与度。最后,对于复杂的现实街道场景,图片能更精确地传达细节信息,减少文字描述不准确导致的理解差异。

在算法选择上,基于图像配对比较的用户偏好信息搜集模式在各领域中已有涉及。叶宇等采用Elo算法将街景照片的两两对比结果转化为样本照片的量化分值[1];尼基尔·奈克等利用TrueSkill算法对配对比较的照片进行赋值[2],以上两者的思路都是把图像作为参赛者,利用较为成熟的竞技场匹配或排名算法赋予图像一个较为稳定的分数,以此实现量化的目的。类似的算法还有Glicko Rating System、BHR、MMR等,但由于本次图像PK不涉及多参赛者对战、团队合作、能力提升等复杂情况,计算简单、直观易懂的Elo系统就能胜任图像赋分的工作。

在市场领域也有相关的算法,如MaxDiff选择模型。受访者被要求从一组选项中选择他们认为最重要的一个和最不重要的一个。通过反复比较和统计分析,MaxDiff可以量化每个选项相对于其他选项的重要性或喜好度。但不同于Elo算法输出的是反映个体能力的单一数值,MaxDiff算法通过最大化差异的选择提供的是各个选项之间排序和权重的数据。因此,为获得更符合街景图像自身品质的量化分数,最终选择Elo作为图片配对比较赋值的算法模型。

---

[1] 叶宇,张昭希,张啸虎,等.人本尺度的街道空间品质测度:结合街景数据和新分析技术的大规模、高精度评价框架[J].国际城市规划,2019,34(1):18-27.

[2] Naik N, Philipoom J, Raskar R, et al. Streetscore: Predicting the Perceived Safety of One Million Streetscapes[C]// 27th IEEE Conference on Computer Vision and Pattern Recognition (CVPR), Columbus, 2014.

10.3.2 基于 Elo 系统的主观偏好数据搜集平台搭建

Elo 系统基于统计学模型，首先赋予每张图像一个基本分，再通过比较图像间的对比结果来更新其评分。当一个高分图像战胜低分图像时，高分图像得分增长较少，当一个高分图像输给低分图像时，高分图像得分下降较多；反之亦然。

问卷平台利用 Python 进行搭建，首先赋予每张街景图像 Elo=1 500 的基准值，从 200 个样本街景图像中随机抽取 2 张进行配对比较，根据双方当前的 Elo 分数来预测各自赢得比赛的概率即预期胜率。对于 A 图像，预期胜率 $E_A=1/(1+10^{(R_B-R_A)/400})$，对于 B 图像，预期胜率 $E_B=1/(1+10^{(R_A-R_B)/400})$，其中，$R_A$ 和 R_B 分别代表 A、B 两张图像当前的 Elo 评分。

接着通过图像匹配对比进行 PK，问卷设置界面如图 10-9 所示。当儿童点击">"时，左侧图像 A 获胜，记 $S_A=1$，点击"<"时，左侧图像 A 失败，记 $S_A=0$，点击"="时，左侧图像 A 平局，记 $S_A=0.5$，对应的右侧图像 B 的得分 S_B 为 S_A 的补数，即 $S_B=1-S_A$。最后根据实际比赛结果与预期胜率之间的差异，计算并更新每位玩家的新 Elo 分数，A 图像的新 Elo 分数 $R'_A=R_A+K\times(S_A-E_A)$，B 图像的新 Elo 分数 $R'_B=R_B+K\times(S_B-E_B)$，其中 K 是一个常量系数，决定了 Elo 积分变化的幅度，这里设置 K 为 64。当每张照片被比较 12 次左右后，其 Elo 值趋于稳定，由此实现图像的量化。

图 10-9 基于 Elo 系统的主观感知数据搜集平台

来源：作者绘制和拍摄

10.3.3 街道空间主观感知数据统计与处理

研究团队随机邀请研究对象社区中的共计 47 位适龄儿童参与图像比较，分别针对安全性、舒适性、导向性及总品质四个层面设置问题，每个层面独立进行图像配对比较，平均每张街景图像参与对比次数为 12.76 次，具有统计学意义。

在安全性、舒适性、导向性三个维度及总品质层面中，安全性相对于其他三个维度存在一定客观的考量。由于儿童对街道安全性的认知可能存在缺漏，本研究邀请了 20 位经过道路安全知识训练的高校学生针对街道空间安全性维度进行补充调研，将其结果作为儿童视角下街道空间安全性评价的对照与补充。将主观打分进行归一化处理后统计结果如表 10-5 所示，可以看到街道品质主观评价量化数据呈现正态分布，符合认知规律。

表 10-5　街道空间主观感知数据统计

	高分样本	均分样本	低分样本	分数分布区间图
安全性	 0.89	 0.44	 0.04	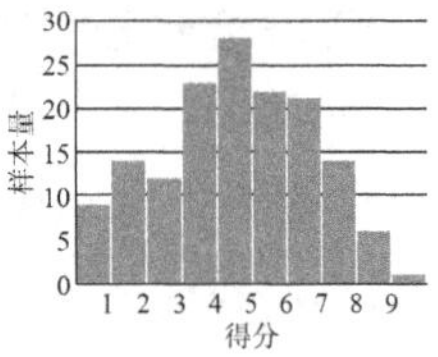 分布区间
舒适性	 0.96	 0.43	 0.00	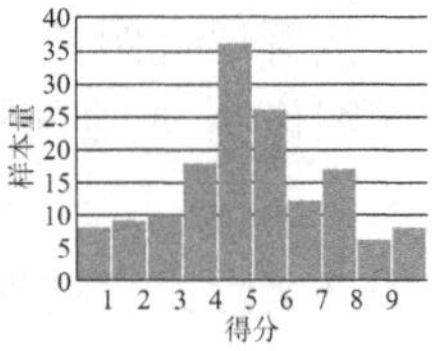 分布区间
导向性	 0.93	 0.47	 0.00	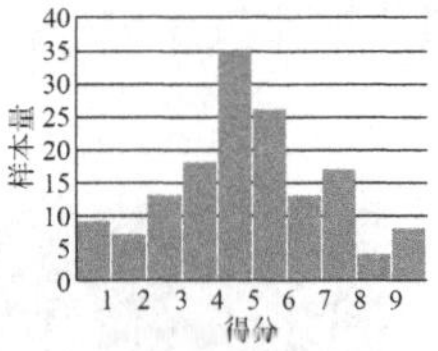 分布区间
总品质	 0.97	 0.50	 0.00	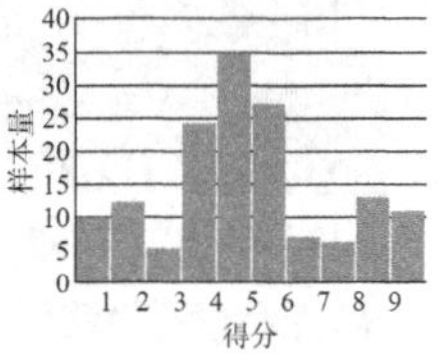 分布区间

来源：作者绘制和拍摄

10.4　街道空间品质评价及量化数据预处理与分析

10.4.1　数据预处理与分析

首先，对现有的 200 个测点样本的量化数据进行数据清洗，检查并处理缺失值、异常值和重复值，并以平均值作为替代进行填补。其次，由于语义分割量结果与色彩氛围度、视觉熵等量化结果处于不同尺度，因此要对数值特征进行归一化处理，将其统一在[0, 1]的区间，以便不同尺度的特征可以公平比较。最后，利用箱型图（图 10-10）观察数据集中变量之间的关系，并对离群点进行检查识别。

可以看到,绿视率、安全性、舒适性、导向性、总品质量化的结果之间分布区间差异较小,离散程度低,均在[0.3,0.7]之间,中位数在[0.4,0.6]之间,没有明显偏斜;天空可见度、行人指数、设施指数、车辆干扰度、界面围合度、色彩氛围度等指标分布区间较大,离散程度高,在[0,0.6]之间,中位数在0.2左右,整体数据向下偏斜。总体来看经过预处理的数据质量较好,不存在离群值。

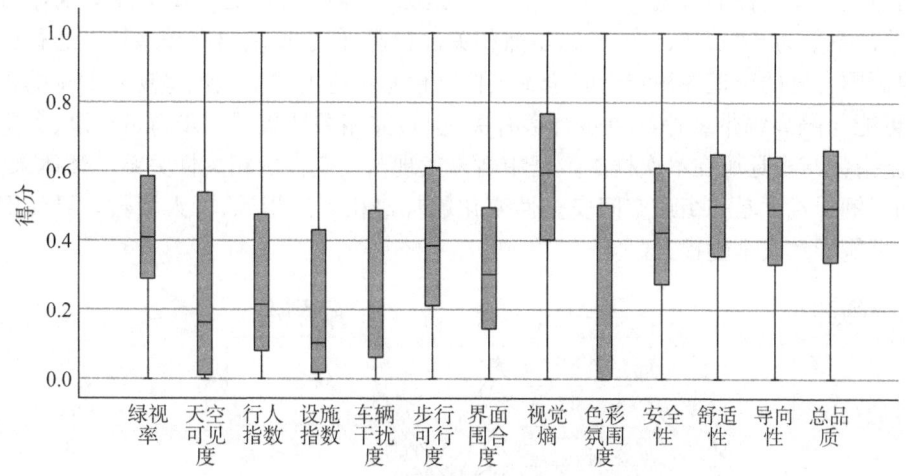

图 10-10　经预处理的各量化结果箱型图
来源:作者绘制

10.4.2　街道空间品质评价指标相关性分析

Pearson 相关性分析多用于衡量两个连续变量之间的线性关联强度和方向。这种分析基于皮尔逊相关系数来量化两个连续变量间的线性关联程度,能够反映变量之间是否存在正向、负向或者无关联的关系,以及这种关联的紧密程度。相关性系数 r 值介于 -1 到 $+1$ 之间,$|r|$ 越接近1表示相关性越强,这里定义 $|r| \geqslant 0.6$ 时,可认为两变量间高度相关;$0.4 \leqslant |r| < 0.6$,可认为两变量中度相关;$0.2 \leqslant |r| < 0.4$,可认为两变量低度相关;$|r| < 0.2$,可认为两变量基本不相关或微弱相关,同时需要满足显著性 p 值 $\leqslant 0.05$,即相关性显著时,该相关性具有统计学意义,而非因随机抽样误差导致。

在机器学习中,相关性分析是特征选择的重要依据,通过分析不同特征之间的相关性,可以识别出对目标变量影响较大且与其他特征关联较小的特征,这对于减少模型复杂度、防止过拟合以及提升模型性能至关重要。构建预测模型时,如果发现两个特征高度相关,那么视情况可以只保留其中一个特征。通过剔除冗余或者弱相关的特征,可以降低计算复杂度,提高模型训练速度,并有可能提高模型的泛化能力。

经过数据清洗和预处理,利用 SPSS 软件对所获得的儿童视角下街景图像的量化数据与街道品质主观评价量化数据进行双变量 Pearson 相关性分析(完整结果见附录 E)。现基于 Pearson 相关性分析结果对机器学习特征,即本篇 10.1 章节初步建立的街道空间品质评价指标体系进行分析与检验。

（1）与目标变量的相关性检验

如表 10-6 及图 10-11 所示，在安全性层面，绿视率与安全性呈现显著正相关，相关性系数为 0.425，可见具有良好绿化水平的街道往往安全性评分也更高。车辆干扰度与安全性呈现显著负相关，相关性系数为 -0.524，可见随着行驶中的车辆与路边停车增多，儿童步行于街道空间的安全体验也会降低，以上两个指标与安全性的相关性系数较高，是关系着街道空间安全性品质的重要因素。行人指数和界面围合度与安全性呈现显著负相关，相关性系数为 -0.266、-0.331，虽然相关性较弱，但也反映出有较多行人通行或具有较高界面围合度的街道往往步行安全感较低。色彩氛围度与安全性呈现 0.194 的正向弱相关，可能与隔离绿带或棕红色步行道有关，但整体相关性较弱。步行可行度、天空可见度、设施指数与视觉熵在本次样本数据中暂未发现与安全性的相关性关系。整体来看，绿视率和车辆干扰度是与街道空间安全性变化趋势最相近的指标，行人指数与界面围合度的降低可能导致安全性提升。

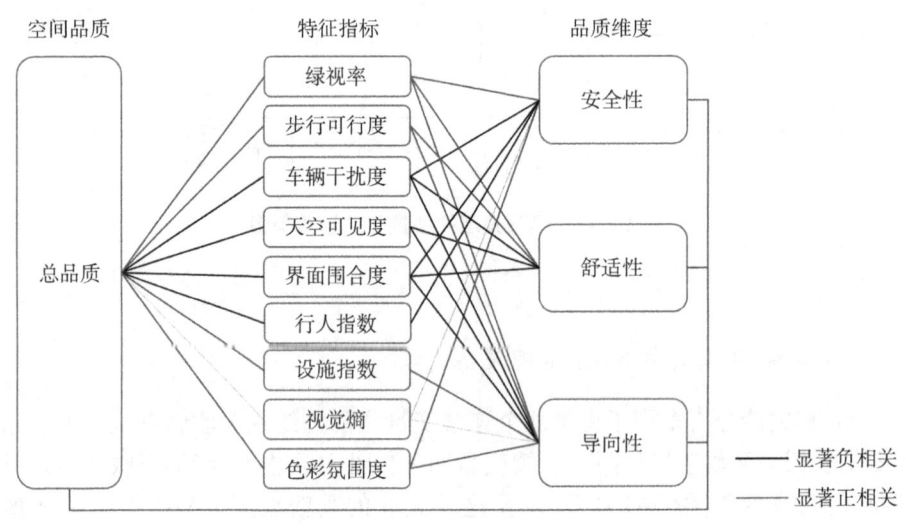

图 10-11 相关性分析关系图

来源：作者绘制

在舒适性层面，绿视率以 0.684 的相关系数与舒适性呈现显著强相关关系，绿化水平成为影响街道空间舒适性的最重要因素。界面围合度、车辆干扰度与舒适性呈现显著负相关，相关性系数分别为 -0.406、-0.235，较为逼仄的街道空间和过多的车辆会减少儿童在街道空间活动的舒适感。天空可见度与舒适性也呈现显著负相关，天空可见度反映了街道空间垂直向开敞程度，由于主观数据采集时间在夏季，开敞程度越高意味着太阳直射遮挡越少，夏季无遮蔽环境影响了街道行为活动的舒适感知。总的来看，绿视率的提升能增加街道空间舒适性，而天空可见度和界面围合度往往会削弱儿童在街道空间活动的舒适体验。

在儿童导向性层面，绿视率与导向性呈现显著正相关，相关性系数为 0.548，可见亲近自然是儿童的天性和本能，绿色植物不仅对提升视觉舒适度有着重要作用，树荫遮蔽也为儿童提供了接触自然的机会，带来更加舒适的步行和活动环境，缓解身体压力和情绪

表 10-6 街道空间品质评价指标与目标变量的 Pearson 相关性分析

		绿视率	天空可见度	行人指数	设施指数	车辆干扰度	步行可行度	界面围合度	视觉熵	色彩氛围度
安全性	相关性	0.425**	-0.016	-0.266**	0.059	-0.524**	0.201	-0.331**	-0.108	0.194**
	显著性	0.000	0.845	0.001	0.474	0.000	0.087	0.000	0.089	0.020
舒适性	相关性	0.684**	-0.336**	0.004	-0.012	-0.235**	0.192*	-0.406**	0.111	0.020
	显著性	0.000	0.000	0.957	0.880	0.004	0.019	0.000	0.177	0.810
导向性	相关性	0.548**	-0.231**	0.008	0.197*	-0.229**	0.176*	-0.286**	0.135	0.217**
	显著性	0.000	0.000	0.918	0.041	0.005	0.032	0.000	0.099	0.008
总品质	相关性	0.564**	-0.246*	-0.217*	0.164*	-0.346**	0.183*	-0.356**	0.157	0.198**
	显著性	0.000	0.045	0.034	0.039	0.000	0.024	0.000	0.085	0.024

**：在 0.01 级别（双尾）相关性显著。　　*：在 0.05 级别（双尾）相关性显著。

来源：作者绘制

表 10-7 街道空间品质评价指标之间的 Pearson 相关性分析

特征指标		绿视率	天空可见度	行人指数	设施指数	车辆干扰度	步行可行度	界面围合度	视觉熵	色彩氛围度
绿视率	相关性	1.000	−0.285**	−0.097	−0.094	−0.210**	−0.263**	−0.297**	−0.092	0.070
	显著性		0.000	0.240	0.254	0.010	0.001	0.000	0.261	0.393
天空可见度	相关性	−0.285**	1.000	−0.277**	0.148	−0.137	0.079	−0.078	−0.159	0.104
	显著性	0.000		0.001	0.071	0.094	0.336	0.344	0.052	0.206
行人指数	相关性	−0.097	−0.277**	1.000	−0.121	0.142	−0.241**	0.073	0.278**	−0.026
	显著性	0.240	0.001		0.139	0.083	0.003	0.377	0.001	0.756
设施指数	相关性	−0.094	0.148	−0.121	1.000	−0.165*	0.044	−0.048	0.139	−0.074
	显著性	0.254	0.071	0.139		0.044	0.596	0.563	0.090	0.366
车辆干扰度	相关性	−0.210**	−0.137	0.142	−0.165*	1.000	−0.145	−0.002	0.246**	0.020
	显著性	0.010	0.094	0.083	0.044		0.077	0.985	0.000	0.805
步行可行度	相关性	−0.263**	0.079	−0.241**	0.044	−0.145	1.000	−0.266**	−0.299**	−0.023
	显著性	0.001	0.336	0.003	0.596	0.077		0.001	0.000	0.778
界面围合度	相关性	−0.297**	−0.078	0.073	−0.048	−0.002	−0.266**	1.000	0.133	−0.156
	显著性	0.000	0.344	0.377	0.563	0.985	0.001		0.105	0.056
视觉熵	相关性	−0.092	−0.159	0.278**	0.139	0.246**	−0.299**	0.133	1.000	−0.049
	显著性	0.261	0.052	0.001	0.090	0.000	0.000	0.105		0.550
色彩氛围度	相关性	0.070	0.104	−0.026	−0.074	0.020	−0.023	−0.156	−0.049	1.000
	显著性	0.393	0.206	0.756	0.366	0.805	0.778	0.056	0.550	

**：在 0.01 级别（双尾）相关性显著。 *：在 0.05 级别（双尾）相关性显著。

来源：作者绘制

紧张。其他指标如天空可见度、界面围合度、步行可行度、车辆干扰度等在儿童导向性层面呈现与舒适性层面相似的相关性,但整体相关性系数比舒适度层面的系数略低。在儿童导向性层面色彩氛围度、设施指数与导向性呈现显著正相关,系数为 0.217、0.197。丰富的街道色彩能提升街道空间的视觉活力,增强街道空间对于儿童群体的吸引力与导向;街道家具与设施能为儿童活动提供媒介与场所,是引导儿童进行活动与交流的重要因素。

在街道空间总品质集合层面,除了视觉熵外的所有特征指标都与总品质显著相关,其中绿视率、车辆干扰度、界面围合度这几个二级指标呈现中度相关,系数分别为 0.564、-0.346、-0.356,天空可见度、行人指数、色彩氛围度、设施指数和步行可行度与总品质为弱相关,系数分别为 -0.246、-0.217、0.198、0.164、0.183,视觉熵指标与总品质之间在 0.1 级别存在相关性,基于 10.1.2 章节对视觉熵的分析,推测视觉熵与空间品质感知存在非线性的影响关系,需进一步探讨视觉复杂程度是否有更合理的量化手段及其是否与总品质相关。

(2) 特征之间的相关性检验

从绿视率、天空可见度、行人指数等 9 个特征互相之间的相关性分析结果(表 10-7)可以看到,每个特征之间的相关性绝对值在[0,3]区间,关系为不相关或显著弱相关,不存在高度相关情况,各项特征之间的共线性较弱,可见特征选择定义清晰,不需要对这 9 个特征进行剔除与合并处理。综上,绿视率、车辆干扰度等 9 个指标都与总品质相关,彼此之间不存在高度相关性,适合作为街道空间品质评价指标,且不同指标在安全性、舒适性和导向性三个维度各有侧重,可通过三个维度的细化分析发现街道空间品质的现状问题与更新方向。

10.5 儿童视角下社区街道空间品质评价模型训练

10.5.1 回归模型选择

为实现从儿童视角大规模对社区街道空间进行有效量化与评价,需要构建一个能够广泛应用在不同街道环境下的基于儿童主观感知数据的街道空间品质评价模型。由于已有的街景量化与主观评价量化数据都为数值型数据,涉及多项特征参数,拟选用回归方法来进行建模。

常用的回归方法主要有统计学回归、机器学习回归,其中统计学回归方法包含线性回归、逻辑回归、多项式回归等,原理是通过建立数学模型来描述一个或多个自变量与因变量之间的关系,并估计自变量如何影响因变量的平均变化,统计学回归方法更易于理解和解释。但是,对于非线性关系、高维数据、多重共线性等情况适用性差,如果特征过多或者存在高度相关的变量,容易导致过拟合。同时,大多数传统回归方法不具备内置的特征选择机制,需要人为筛选或设计实验来确定哪些特征最重要。考虑到现有量化数据特征较多,且多个特征间存在弱相关性,并涉及多元非线性回归,因此,统计学回归在本次建模中适用性较差。

不同于传统统计学回归方法,机器学习回归不仅能通过正则化回归技术有效地缓解过拟合问题,自动选择特征明确其重要性,而且可以通过核函数或神经网络等手段处理非线性关系,并通过集成多个回归器进一步提高模型的预测性能和泛化性能。当然,机器学习回归也存在一些弊端,除了过程烦琐、计算资源需求高的问题之外,最大的不足在于可解释性较弱。诸如神经网络等复杂的机器学习模型虽然性能优越,但因其内在机制高度复杂且缺乏透明性,往往难以提供直观的解释,不利于理解模型内部机制以及每个特征的重要性。

综合考虑,本次建模选用具有良好泛化性能且具有一定解释性的浅层机器学习模型进行回归模型搭建,通过特征重要性排序为社区更新与建设提供有效参考。常见的机器学习回归模型算法有决策树回归、随机森林回归、Adaboost 回归等 11 种,其适用场景及优缺点如表 10-8 所示。

表 10-8　常见机器学习回归模型算法

算法	适用场景	优点	缺点
决策树回归	适用于数据易于解释、特征之间存在明显分割规则的问题	直观易理解,可以处理非线性关系和特征交互	容易过拟合,对连续值预测时可能不平滑
随机森林回归	适合大规模、高维度及包含复杂交互作用的数据	集成多个决策树降低过拟合风险;能够评估特征重要性	不适用于含有大量无关特征的数据集
Adaboost 回归	适用于需要通过多次迭代改进预测准确性的场景	通过加权弱学习器提高整体性能	对于异常值敏感,若基础模型选择不当,易导致过拟合
GBDT 回归	在非线性、非平稳数据的预测中表现较好	可以捕捉复杂的非线性关系;可以评估特征的重要性	对超参数敏感
ExtraTrees 回归	类似于随机森林	构建决策树时引入了更多的随机性	由于额外的随机性可能影响准确性
CatBoost 回归	适用于特征中含有较多类别变量的数据集	处理类别特征能力强,内置特征重要性评估和组合生成	训练时间较长
K 近邻(KNN)回归	小到中等规模的数据,局部结构比较明显的数据集	可用于非线性回归问题	距离度量的选择和 K 值的选择会影响性能
BP 神经网络回归	适用于解决复杂的非线性回归问题	能逼近任何非线性关系,有很强的拟合能力和泛化能力	训练过程可能出现梯度消失或爆炸问题
支持向量机(SVR)回归	适用于非线性关系且需要保持预测边界光滑的情况	能够有效处理小样本;泛化能力较强	参数选择对模型性能敏感
XGBoost 回归	在竞赛和工业界有着广泛应用	正则化控制手段好	参数众多,调参复杂
LightGBM 回归	适用于处理大规模数据集和高性能要求的回归预测任务	内存使用率低,处理大规模数据时表现出色	处理小数据集的优势不明显

来源:作者绘制

10.5.2　机器学习回归模型搭建与训练

(1)模型框架搭建

模型的整体结构如下:以绿视率等 9 个街景量化特征指标为输入要素,以安全性、舒适性、导向性三个品质维度以及总品质共计四个评分为输出变量进行模型框架搭建。将已有数据输入模型框架中进行模型训练。

(2) 数据划分

模型的质量往往与其所接触的训练数据量息息相关,更多的训练数据通常能促使模型获得更优的性能表现。在传统的训练过程中,数据集通常被划分为训练集、验证集和测试集三部分。先通过学习训练集的数据规律完成模型的初步训练,接着利用验证集对模型的表现进行评估以实现模型选择与优化,再据此调整模型结构及参数设置以筛选出最优模型配置。最后,利用独立的测试集对调优后的模型进行性能检验,确保模型具有良好的泛化能力。

由于本次训练数据样本较小,再将其进行划分会使得训练集数据不足,影响模型性能,因此引入十折交叉验证的方法划分数据并进行迭代训练与验证。十折交叉验证是将样本数据集的 200 组数据随机划分为 10 个大小相近的子集,每个子集包含 20 组数据。在训练过程中保留一个子集作为验证集,其余 9 个子集合并作为训练集,利用训练集训练模型,并使用当前轮次的验证集对模型进行评估。接着换另一个子集为验证集,其余 9 个子集作为训练集再次训练,共重复 10 次,记录每次的模型数据,由此实现数据集样本数据的充分利用,让样本量较小的数据集也能较为准确地评估模型在未知数据上的表现能力,减少过拟合或欠拟合风险。

(3) 超参数调优

在模型训练中还需要根据经验和性能对模型参数进行调整,以实现模型性能优化。本次训练中通过遗传算法对模型进行超参数调优,即随机生成一种超参数组合进行模型训练并通过适应度函数评估每组超参数对应的模型性能,再根据适应度函数评价结果选择优秀的个体进入下一代,通过不断调整参数迭代进化以找到参数最优组合,并用这些参数重新训练模型,从而获得高性能的机器学习模型。

(4) 模型训练与评估

在机器学习模型优化过程中,可以用损失函数来度量模型预测结果与实际观测值之间的差距(表 10-9)。MSE 和 MAE 都是常用的损失函数,多用在一些要求预测精度较高且不允许出现较大误差的场景中。由于 MAE 相较于 MSE 具有较好的鲁棒性,故将 MAE 作为首要性能指标来判断模型的准确性。考虑到样本数据中存在较多的近零数据,MAPE 可能会因为其百分比性质而异常放大错误,所以可参考性较低。R^2 可以用来评估模型是否能够捕捉数据趋势,也是评判模型性能的重要指标。综合来看,本次模型性能对比以 MAE 值为主,以 R^2、MSE、RMSE 为辅,综合考虑并比较模型性能。

表 10-9 模型性能评估指标

指标	原理	优点	缺点
MSE (均方误差)	预测值与实际值之差平方的期望值,取值越小,模型准确度越高	有助于突出模型在大误差上的表现	对异常值敏感
RMSE (均方根误差)	是 MSE 的平方根,取值越小,模型准确度越高	结果更易于解释	对异常值敏感
MAE (平均绝对误差)	计算预测值与真实值之差的绝对值的平均数,取值越小,模型准确度越高	能反映预测值误差的实际情况	存在梯度消失问题

续表

指标	原理	优点	缺点
MAPE（平均绝对百分比误差）	表示预测误差占真实值的百分比的平均数，取值越小，模型准确度越高	适用于不同规模的数据比较	在真实值接近零时不可用或不稳定
R^2（决定系数）	描述模型预测值与实际观测值之间的相关程度，结果越靠近1，模型准确度越高	简洁清晰	不能反映模型是否过拟合

来源：作者绘制

分别用决策树回归、Adaboost 回归等 12 种算法以十折交叉验证和遗传算法寻优进行模型训练，记录并汇总每种算法在交叉验证过程中的性能指标，通过比较这些指标来判断这 12 个模型的性能与泛用性。

以安全性预测模型为例，表 10-10 是各算法在交叉验证过程中的性能指标。随机森林回归算法、ExtraTrees 回归算法以及 LightGBM 回归算法显现出较为明显的性能优越性，三者 MAE 的值皆在 0.2 以下，MSE 皆在 0.06 及以下，决定系数 R^2 皆在 0.4 及以上。按照以 MAE 值为主，以 R^2、MSE、RMSE 为辅的比较原则，最终选择随机森林回归模型作为评价模型（代码见附录 C）。

表 10-10　各机器学习回归模型算法性能评估结果

算法	MSE	RMSE	MAE	MAPE	R^2
决策树回归	0.120	0.346	0.261	183.910	−0.408
随机森林回归	0.035	0.188	0.140	40.088	0.478
Adaboost 回归	0.082	0.287	0.213	1 501.225	0.312
GBDT 回归	0.079	0.281	0.217	277.552	0.189
ExtraTrees 回归	0.060	0.244	0.195	238.424	0.400
CatBoost 回归	0.079	0.282	0.221	9 567.324	0.264
K 近邻（KNN）回归	0.078	0.279	0.210	1 183.657	0.344
BP 神经网络回归	0.073	0.271	0.213	360.242	0.444
支持向量机（SVR）回归	0.078	0.279	0.216	532.828	0.159
XGBoost 回归	0.071	0.267	0.210	686.310	0.289
LightGBM 回归	0.058	0.242	0.198	312.108	0.537
线性回归	0.077	0.278	0.209	367.673	0.296

来源：作者绘制

（5）过拟合优化

在安全性模型的训练过程中，初次模型部分参数与指标如表 10-11 所示，当对最大深度、决策树数量等参数没有限制时，测试集与交叉验证集的性能指数对比训练集有非常明显的降低，说明优化前的安全性评价模型出现了过拟合情况，会降低模型的泛化能力，影响特征重要性结果的可信度。因此需要通过增加树的数量限制、调整树的深度、尝试获取更多的训练数据等方式缓解过拟合现象。现对树的深度和决策树数量进行调整优化,得到表10-12的参数和结果,可以看到MSE、RMSE、MAE、R^2四个指标得到了明显的优化,不仅数值上有所下降,而且测试集、交叉验证集和训练集的指数差距明显减小,过拟合问题得到解决。

表10-11 优化前随机森林模型评估结果

模型参数	参数值	模型性能	训练集	交叉验证集	测试集
训练用时	30.851 s	MSE	0.010	0.080	0.046
数据切分	0.7	RMSE	0.102	0.275	0.213
交叉验证	10	MAE	0.081	0.226	0.176
树的最大深度	10	MAPE	79.643	415.921	1 635.047
决策树数量	100	R^2	0.904	0.257	0.550

来源:作者绘制

表10-12 优化后随机森林模型评估结果

模型参数	参数值	模型性能	训练集	交叉验证集	测试集
训练用时	5 min 36 s	MSE	0.019	0.028	0.035
数据切分	0.7	RMSE	0.139	0.166	0.188
交叉验证	10	MAE	0.112	0.135	0.140
树的最大深度	3	MAPE	30.376	34.964	40.088
决策树数量	40	R^2	0.630	0.421	0.478

来源:作者绘制

10.5.3 模型解释与结果分析

按照上述逻辑,对安全性、舒适性、导向性、总品质分别进行模型训练和评估,最终发现随机森林回归模型都获得了最好的模型性能。随机森林模型由多个决策树结合而成,而决策树的基本原理是通过一系列规则将数据集分割成越来越纯净的子集,直到满足预设的终止条件。决策树通过信息增益等作为指标,筛选出能够最大程度上减少不确定性的特征作为内部节点分支依据,并依次进行递归分割,直到满足停止条件。因此也能通过特征分支选择次序来体现该特征对于预测模型的重要性。随机森林模型不仅通过决策树的组合避免了决策树中复杂的剪枝操作,提高了模型的稳定性和泛化能力,而且同样能够评估各个特征的重要性(图10-12)。

表10-13是安全性、舒适性、导向性三个维度及总品质的评价模型的训练结果。可以看到,四者测试集的损失函数MAE值分别为0.140、0.168、0.149、0.175,取值都比较小,可见模型的预测值与实际值的差距较小,模型的准确度较高。决定系数R^2分别为0.478、0.468、0.410、0.458,皆在0.45左右,整体预测结果与实际结果趋势较一致,模型对变量变化的解释力较好。通过训练集、验证集、测试集的数值对比,可以看到没有异常

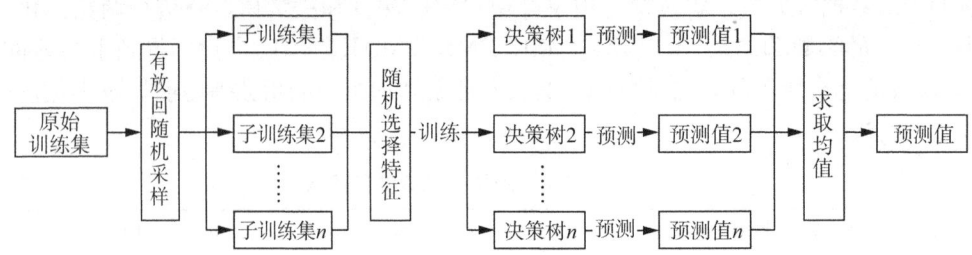

图 10-12　随机森林回归原理

来源：作者绘制

数值出现且三者之间差距较小，因此不存在明显的过拟合现象。总体来看，评价模型的各项指标较合理，结果是高度可靠的。

特征重要性分析可用于解释模型的预测机制，一定程度上可以模拟儿童对于三个维度和总品质的决策逻辑。通过对特征重要性的分析可以得到基于街景图像的街道空间环境要素对街道空间品质的影响程度，并为更新和建设策略的制定提供科学依据。在资源有限的情况下，也可以根据这些特征指标的重要性来优先关注和优化那些具有显著影响力的空间特征，从而更高效地使用人力、物力和技术资源。

在安全性层面，车辆干扰度是评价街道空间品质的最重要因素，重要性占比48.2%，减少步行空间的车辆行驶与停放成为增强街道空间安全性的第一要务。绿视率以15.3%的重要性占比位居第二，界面围合度以10.7%的重要性占比位居第三，可见车辆、绿化、围合界面成为儿童判断街道空间安全性的最主要考虑因素。行人指数、设施指数、视觉熵等因素分别以5.1%、4.6%、4.6%位居重要性占比的第三到第五位，但占比相对前三位有明显下降。

在舒适性层面，街道环境中的自然要素成为评判街道空间舒适性的重要因素。绿视率以51.3%的重要性占比成为影响儿童舒适性判断的首要因素。天空可见度重要性占比为11.9%，位居第二位，说明街道空间通行与活动的舒适度主要受到自然环境要素的影响。车辆干扰度和视觉熵以8.8%、7.5%的重要性占比位居第三和第四位，车辆的停放和视觉层面的街道环境复杂程度也会影响儿童的视觉舒适感。

在儿童导向性层面，街道空间自然要素仍旧是导向性评判的主要依据，绿视率和天空可见度以42.6%、16.9%的重要性占比成为吸引儿童活动的优先因素。步行可行度、色彩氛围度和行人指数以8.3%、7.1%、6.5%的占比位居第三到第五位，充足的活动空间、丰富的色彩环境和人群的聚集程度成为儿童判别街道空间是否适合其活动和交互的重要条件。

在总品质层面，绿视率和车辆干扰度是街道空间品质评判的主要依据，重要性占比为40.1%和17.1%，天空可见度、设施指数、行人指数位于第三到第五位，重要性占比分别为7.9%、7.3%、6.3%，皆远低于前两位的重要性占比，可见其对于评判街道空间品质的决策过程影响较低。

10.6 基于特征相关性与重要性的空间品质影响因素研究

特征相关性分析有助于理解 9 个指标与目标变量的关系强度和趋势一致性，增加模型结果的可解释性，重要性分析有助于研究各指标在街道空间品质决策中的影响力大小。因此，通过对特征相关性与重要性分析结果的解读，可以研究各特征指标对空间品质及其三个维度的影响机制，结论如下。

(1) 自然类、社会行为类要素是影响儿童视角下街道空间品质的主要因素

在导论 2.2.4 章节中将街道环境要素分为自然类、空间类、设施类、社会行为类要素，排除体现街景图像属性的色彩氛围度和视觉熵，其他量化自街景语义的 7 个指标都能以环境要素为类别进行分类。其中，代表自然类环境要素的绿视率与天空可见度是影响舒适性和导向性的主要因素，皆在特征重要性分析结果中处于前两位，总占比在 60% 左右，可见自然环境的好坏是儿童判断街道空间舒适性与导向性的最主要依据。根据相关性分析，绿视率与舒适性、导向性呈现正相关，天空可见度与其呈现负相关，可见提高绿视率、降低空间垂直方向的开敞度是提升儿童街道空间步行舒适性和趣味导向性的优先关注方向。

代表社会行为类要素的行人指数与车辆干扰度是影响街道空间安全性的最主要因素，处于重要性排序的第一和第四位，总重要性占比在 50% 左右，两者皆与安全性呈显著负相关。可见减少行驶和停放的车辆、控制陌生行人数量是提高儿童街道安全感的优先关注方向，这与简·雅各布斯等人的观点一致。

从总品质层面看，自然类环境要素和社会行为类环境要素是影响街道空间品质的主要因素，重要性占比分别为 48%、23.4%，代表设施类要素的设施指数和代表空间类要素的界面围合度和步行可行度重要性占比较小，共占 18.7%。可见从视觉层面来看，通过自然类要素和社会行为类要素的更新来提升儿童视角下的街道空间品质具有更高的优先级，空间类和设施类环境要素在儿童评判街道空间品质时不作为主要决策要素。

(2) 界面围合度本身对于街道空间品质的影响不大

从表 10-4 可以看到，界面围合在街景图像中占比较高，平均值为 28.56%，仅次于绿化占比的 29.75%，且表 10-6 也显示界面围合度与总品质呈显著负相关，相关性系数为 −0.356，绝对值大小仅次于绿视率 0.564，但在重要性占比中（表 10-13）界面围合度却占比较低，除安全性的 10.7% 以外均在 5% 左右。说明作为街道空间骨架要素之一的侧界面本身在视觉层面对街道空间品质的影响作用不明显，这与简·雅各布斯的街道活力论等理论研究存在一定偏差。初步推测有两个原因：第一，本次研究是基于二维图像而非实际场景，无法还原街道界面围合对儿童空间感知的影响；第二，界面围合度这个单一指标无法还原街道侧界面对于街道空间品质的影响机制，如界面围合度无法反映侧界面商业业态，无法反映建筑连续性、贴线率等，需从别的量化方法入手，对街道空间侧界面的量化机制进行完善。

(3) 儿童与成人对于安全性的认知存在差异

之所以在安全性评价采集中基于专业知识与经验选取儿童和成人安全性评分的平均值作为最后的安全性量化结果，是因为通过儿童视角和成人视角的街道空间安全性认知

对比分析,可以发现两者在多指标上均存在差异。将成人的安全性认知作为补充参数,有助于填补儿童对街道空间安全性的认知缺漏。

表 10-13 随机森林回归模型训练结果

性能指标		训练集	验证集	测试集	测试数据预测图	特征重要性统计图
安全性	MSE	0.019	0.028	0.035		车辆干扰度 48.20%; 绿视率 15.30%; 界面围合度 10.70%; 行人指数 5.10%; 视觉熵 4.60%; 设施指数 4.20%; 步行可行度 4.20%; 天空可见度 4.10%; 色彩氛围度 3.10%
	RMSE	0.139	0.166	0.188		
	MAE	0.112	0.135	0.140		
	MAPE	30.376	34.964	40.088		
	R^2	0.630	0.421	0.478		
舒适性	MSE	0.018	0.025	0.040		绿视率 51.30%; 天空可见度 11.90%; 车辆干扰度 8.80%; 视觉熵 7.50%; 行人指数 5.00%; 界面围合度 4.80%; 步行可行度 4.20%; 设施指数 3.40%; 色彩氛围度 2.60%
	RMSE	0.133	0.154	0.200		
	MAE	0.103	0.120	0.168		
	MAPE	21.885	24.467	36.071		
	R^2	0.621	0.436	0.468		
导向性	MSE	0.028	0.041	0.036		绿视率 42.60%; 天空可见度 16.90%; 步行可行度 8.30%; 色彩氛围度 7.10%; 行人指数 6.50%; 车辆干扰度 3.80%; 设施指数 5.10%; 视觉熵 4.10%; 界面围合度 3.40%
	RMSE	0.132	0.196	0.191		
	MAE	0.107	0.153	0.149		
	MAPE	18.747	35.893	29.491		
	R^2	0.841	0.429	0.410		
总品质	MSE	0.010	0.052	0.045		绿视率 40.10%; 车辆干扰度 17.10%; 天空可见度 7.90%; 设施指数 7.30%; 行人指数 6.30%; 视觉熵 6.30%; 步行可行度 5.90%; 界面围合度 5.50%; 色彩氛围度 3.60%
	RMSE	0.098	0.222	0.212		
	MAE	0.079	0.186	0.175		
	MAPE	20.416	40.073	38.163		
	R^2	0.662	0.510	0.458		

图表说明:
- MSE(均方误差):预测值与实际值之差平方的期望值。取值越小,模型准确度越高。
- RMSE(均方根误差):为 MSE 的平方根,取值越小,模型准确度越高。
- MAE(平均绝对误差):绝对误差的平均值,能反映预测值误差的实际情况。取值越小,模型准确度越高。
- MAPE(平均绝对百分比误差):是 MAE 的变形,它是一个百分比值。取值越小,模型准确度越高。
- R^2:将预测值跟只使用均值的情况下相比,结果越靠近 1,模型准确度越高。

来源:作者绘制

图 10-13 和图 10-14 分别是成人视角和儿童视角下社区街道空间品质安全性维度的影响指标重要性统计图。通过对比可以看到,成人视角中车辆干扰度是决定街道空间安全性的最主要因素,占比 59.8%,绿视率和界面围合度共占比 26.8%,影响着成人对于街

道空间安全性的判断与感知；儿童视角中，除了占比41.9%的车辆干扰度外，绿视率和色彩氛围度也是影响儿童决策的重要指标，共占比39.6%。通过成人视角与儿童视角的对比，可以发现尽管车辆干扰度和绿视率都是影响街道空间安全感知的最主要因素，但绿视率对儿童起到更大的影响作用。除此之外，界面围合度继绿植和车辆之后成为成人判断安全性的第三因素，儿童的第三因素为色彩氛围度，说明成人判断街道空间安全性时更侧重于关注街道界面空间要素，儿童更侧重于关注街道的色彩环境丰富性。

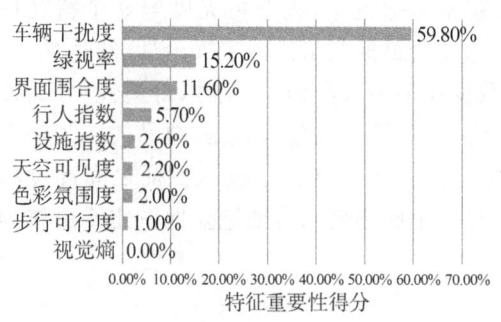 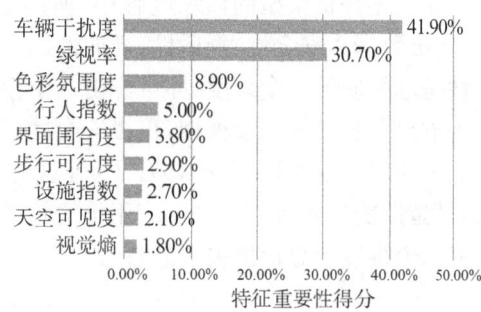

图 10-13　成人视角下安全性影响指标重要性统计图　　图 10-14　儿童视角下安全性影响指标重要性统计图
来源：作者绘制　　　　　　　　　　　　　　　　　来源：作者绘制

表10-14是儿童和成人视角下社区街道空间的安全性评价与各特征指标的Pearson相关性分析结果。可以看到，在色彩氛围度层面，儿童视角与安全性呈现显著正相关，成人视角则不存在相关性，说明街道中丰富的色彩环境对儿童情绪和心理具有更为显著的暗示与影响，明亮且对比鲜明的颜色更容易吸引儿童的注意力，有助于激发活力和热情，营造出安全、和谐的氛围。而在步行可行度层面，成人视角与安全性呈显著正相关，儿童视角则不存在相关性，可见成人在安全性层面对于步行空间的尺度更为关注，认为狭窄的人行道存在诸多安全隐患。而儿童对于步行道的关注度则较弱，不仅仅是因为儿童体格较小，对于街道空间的尺度要求较低，也是因为儿童活动轨迹具有随机性、不确定性、多变性，更容易忽视步行空间的边界。对比发现，儿童对于车辆及步行边界的安全性判断与认知需要得到提升和强化。

表 10-14　基于儿童和成人视角的街道空间安全性与各指标 Pearson 相关性分析

特征指标		绿视率	天空可见度	行人指数	设施指数	车辆干扰度	步行可行度	界面围合度	视觉熵	色彩氛围度
儿童视角安全性	相关性	0.412**	−0.013	−0.348**	0.178	−0.473**	0.155	−0.305**	−0.082	0.243**
	显著性	0.000	0.874	0.001	0.079	0.000	0.176	0.000	0.321	0.003
成人视角安全性	相关性	0.392**	−0.018	−0.197**	0.054	−0.529**	0.216*	−0.328**	−0.123	0.163
	显著性	0.000	0.831	0.002	0.252	0.000	0.049	0.000	0.135	0.056

来源：作者绘制

总的来看，儿童对于街道空间环境的安全性认知往往基于视觉感性，绿化水平较高、色彩氛围较好的街道会从视觉上给儿童一种安全感，所以儿童视角的绿视率、色彩氛围度两个指标在安全性模型训练中呈现的重要性占比相较于成人视角更高。成人对于街道空间安全性的判断往往基于视觉理性,更多考虑来往车辆、空间开敞情况对街道安全的影响。因此,车辆干扰度、界面围合度的重要性占比更高。

儿童视角下的街道空间品质是儿童对于街道空间及环境要素的感知与评定,在安全性维度不仅需要依托于儿童的主观感知,也需要考虑儿童群体相对欠缺的理性判断。因此,将成人视角的安全性评定作为权衡要素加入最终的安全性评估具有必要性。

(4)导向性是儿童感知街道空间品质的最重要维度

在上述评价模型的训练过程中,所用输入数据为绿视率、天空可见度等9个特征指数,输出数据为安全性、舒适性、导向性、总品质这4个目标变量。由于安全性、舒适性、导向性是总品质的三个维度,亦可先由9个特征数据作为输入数据,安全性、舒适性、导向性作为输出数据训练一级模型,再由安全性、舒适性、导向性作为输入数据,总品质作为输出数据训练二级模型(图10-15)。尽管这样训练出的二级模型由于输入特征之间高度相关,模型性能较差,误差较大,应用价值较低,但是其生成的输入特征重要性占比或可作为研究三个维度与总价值关系的参考。

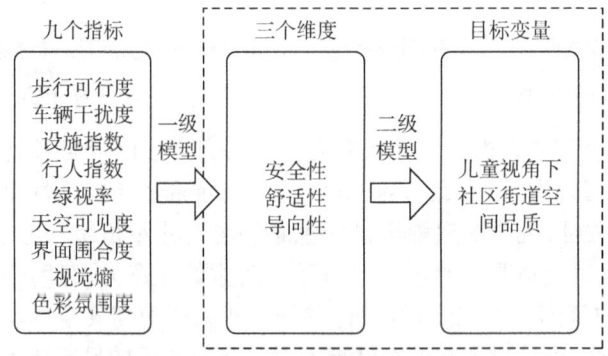

图 10-15　二级评价模型训练逻辑图
来源:作者绘制

通过三个维度的重要性占比(表10-15)与相关性分析(表10-16)可以发现,导向性是儿童感知街道空间品质的最重要维度,其重要性占比及其与总品质的相关性系数都处于三个维度的第一位。安全性维度在重要性占比与相关性系数层面都是最低的,进一步说明在视觉层面街道空间品质中的安全性维度易被忽视。

表 10-15　二级随机森林回归模型训练结果

	性能指标	训练集	验证集	测试集	测试数据预测图	特征重要性统计图
总品质	MSE	0.020	0.033	0.028		导向性 47.50%
	RMSE	0.142	0.176	0.166		舒适性 30.70%
	MAE	0.113	0.146	0.132		安全性 21.80%
	MAPE	25.532	31.711	30.570		
	R^2	0.661	0.429	0.673		

来源:作者绘制

表 10-16 一级指标与街道空间总品质的相关性及重要性占比

		安全性	舒适性	导向性	总品质
安全性	相关性	1.000	0.510**	0.531**	0.569**
	显著性		0.000	0.000	0.000
舒适性	相关性	0.510**	1.000	0.604**	0.721**
	显著性	0.000		0.000	0.000
导向性	相关性	0.531**	0.604**	1.000	0.730**
	显著性	0.000	0.000		0.000
总品质	相关性	0.569**	0.721**	0.730**	1.000
	显著性	0.000	0.000	0.000	

来源：作者绘制

"一米视角"下社区街道空间品质测度 /11

　　本章旨在对儿童视角下的社区街道空间品质评价模型进行实证研究,洞察并剖析南京市社区街道的空间品质特征与不足。首先,对研究对象社区的选取原则、社区概况进行阐述,明确研究范围。然后,将街景图像的量化数据与测点坐标关联,从九个特征指标的构成特点与空间分布特征入手,对社区的街道空间进行分析与研究。利用评价模型对社区街道的总品质及三个维度进行大规模评分,再利用聚类算法对所有测点进行分类,揭示各类别空间的共性特点与空间分布规律。最后,归纳总结社区街道的空间品质现状及突出问题。

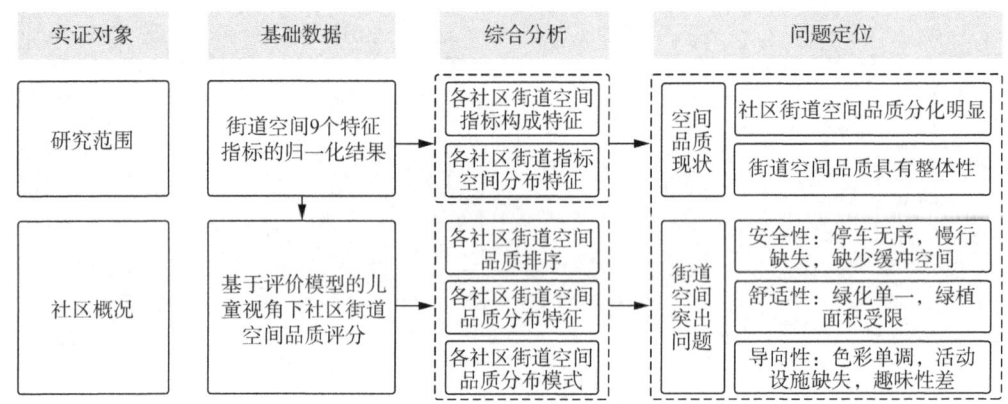

图 11-1　社区街道空间品质实证研究框架图
来源:作者绘制

11.1　研究范围与对象

11.1.1　研究范围

　　下篇研究对象为对城市开放且允许机动车通行的社区街道,包括社区本身及社区周边面向城市开放的道路。在上篇挑选的爱达花园社区、西堤国际社区、锁金村社区、唱经楼社区四个典型社区的基础上,增加了建于20世纪80年代的成熟社区南湖社区和位于南部新城的2017年建成的万科九都荟社区,以期获得更加全面的数据信息。六个社区均以住宅为主,十分钟生活圈中覆盖幼儿园或小学,基础设施建设完善且具备儿童活动的现实条件和环境基础,基本涵盖了南京建成社区的现有类型,具有全面性和代表性。社区内部或周边存在对城市开放的街道空间,满足研究对象要求。同时,这些社区分处南京新老城区,在区位选址、建设年份、开放程度、沿街业态、容积率等方面存在明显差异,有利于进一步地类比与对比研究(表 11-1)。

表 11-1　样本社区街道空间现状

社区	信息		沿街功能	卫星图	人视图
爱达花园	建成年份	2005 年	以住宅为主,存在生活性街道;功能较单一		
	开放程度	开放式小区			
	容积率	1.45			
西堤国际	建成年份	2010 年	街道功能多为通过性道路;功能单一		
	开放程度	封闭式小区			
	容积率	2.23			
锁金村	建成年份	1982 年	内部存在生活性街道;功能较丰富		
	开放程度	半开放小区			
	容积率	1.40			
唱经楼	建成年份	1988 年	沿街建筑包括商场、餐饮、零售;功能丰富		
	开放程度	开放式小区			
	容积率	5.12			
九都荟	建成年份	2017 年	街道功能多为通过性道路;功能单一		
	开放程度	封闭式小区			
	容积率	2.81			
南湖	建成年份	1982 年	内部存在生活性街道;功能较丰富		
	开放程度	开放式小区			
	容积率	1.38			

来源:作者绘制和拍摄

11.1.2 社区概况

爱达花园社区、西堤国际社区、锁金村社区、唱经楼社区的基本情况详见上篇 6.1.2，本章不再赘述。九都荟社区位于雨花台区，建成于 2017 年，北接南京南站，东临双龙大道，以高层住宅为主，是南京典型的中高端新建住区。社区内部街道对城市不开放，因而选取社区外侧道路作为研究对象，包含博爱街、民权路、民生路、民和路、开明街、诚信街、创新街、金阳东街、明城大道、宏运大道十条街道。民和路和明城大道两侧分布有业态多样的商业，主要面向社区居民及社区西侧证大喜马拉雅的城市人群，其他街道以社区围墙为主，沿路口设有社区商业。教育设施有大都会幼儿园、雨花外国语小学、百家湖小学、雨花台中学，位于社区的东南两侧，向民权路和民生路开设出入口。

南湖社区位于南京建邺区，建成于 1982 年，北接水西门大街、莫愁湖公园，东临南湖公园，南面为集庆门大街，以多层住宅为主，由育英村、康福村、车站南村等多个住区构成。社区内部对行人和非机动车开放，外部道路对城市开放，故选取蓓蕾街、南湖路、南湖东路、文体西街、玉塘东街、育英街、沿河街、玉塘街、文体路、水西门大街共十条城市街道作为研究对象。街道两侧多为便民商业，业态丰富，社区中部有南湖中心广场面向城市开放。教育设施有南京市蓓蕾幼儿园、育英幼儿园、第五幼儿园、南京市第二小学等。

11.2 社区街道空间品质各指标特征

11.2.1 社区街道空间各环境要素指标特征

通过对六个社区街道共计 1 446 组街景图像进行量化和归一化可以得到表 11-2 的指标数据。从原始数据均值看，绿视率达到了 30.12%，参照大野隆造的研究结论，当绿视率低于 15% 时，环境易给人以强烈的人造感；在 15% 至 25% 区间内，则认为环境较为自然；若绿视率超过 25%，则环境被视为既舒适又利于健康[①]。据此判断，研究对象社区整体绿化水平较高，对儿童身心健康有积极作用。相比之下，设施指数、行人指数、天空可见度、车辆干扰度的原始数据和归一化数据都较低，说明设施、行人、车辆、天空在街道环境要素中占比少，出现频率低，受离散值影响较大。考虑到侧界面与底界面构成了街道空间的基本框架，界面围合度与步行可行性的原始数据与归一化数据呈现出较高的数值，与预期认知相符。从色彩氛围度的原始数据可以看到，对儿童具有吸引力的鲜艳色彩在主导色中的出现频率为 8.672%，处于较低水平，可见六个社区的街道空间色彩环境存在活力不足的问题。

---

① 大野隆造,小林美纪. 人的城市:安全与舒适的环境设计[M]. 余漾,尹庆,译. 北京:中国建筑工业出版社,2015.

表 11-2　社区街道空间环境要素指标

		绿视率	天空可见度	行人指数	设施指数	车辆干扰度	步行可行度	界面围合度	视觉熵	色彩氛围度
爱达花园社区	原始数据	0.246 2	0.070 9	0.023 9	0.014 6	0.054 6	0.237 2	0.285 4	7.433	9.429 8
	归一数据	0.317 2	0.291 1	0.062 3	0.154 6	0.233 1	0.421 3	0.411 8	0.444 8	0.251 5
西堤国际社区	原始数据	0.426 5	0.032 7	0.014 4	0.014 8	0.013 4	0.284 4	0.232 7	7.528 3	13.668 7
	归一数据	0.549 4	0.134 2	0.037 6	0.160 0	0.057 1	0.525 1	0.335 7	0.544 5	0.364 5
锁金村社区	原始数据	0.325 7	0.035 9	0.042	0.019 8	0.065 2	0.301	0.193 6	7.560 9	5.208 3
	归一数据	0.419 6	0.147 4	0.109 6	0.213 5	0.278 4	0.446 6	0.279 3	0.578 6	0.138 9
唱经楼社区	原始数据	0.197 4	0.025	0.062 5	0.008 5	0.082 4	0.199 6	0.387 6	7.756 4	6.851 0
	归一数据	0.254 6	0.103	0.163	0.095 7	0.351 7	0.361	0.559 2	0.783	0.182 7
九都荟社区	原始数据	0.338 2	0.075 2	0.008 2	0.017 6	0.045	0.250 1	0.264 2	7.633 5	9.326 4
	归一数据	0.435 6	0.308 7	0.021 3	0.190 2	0.192 2	0.484 4	0.381 2	0.654 5	0.248 7
南湖社区	原始数据	0.273 0	0.043 6	0.054 7	0.013 5	0.059 8	0.232 4	0.293 2	7.697 1	7.547 7
	归一数据	0.351 7	0.178 9	0.142 7	0.145 6	0.255 2	0.421 5	0.424 1	0.721	0.201 3
平均值	原始数据	0.301 2	0.047 3	0.034 3	0.014 2	0.053 4	0.240 8	0.276 2	7.601 5	8.672
	归一数据	0.388	0.194	0.089 4	0.153 3	0.228	0.436 8	0.398 6	0.621 1	0.231 3

来源：作者绘制

将各社区的归一化数据进行雷达图统计（图 11-2），从整体看南湖社区的各特征指标与平均特征指标拟合度较高，其街道环境现状在很大程度上反映了南京市研究对象社区街道的平均水平。南湖社区、唱经楼社区、锁金村社区作为 1980 年代建成的传统社区，展现出相似的雷达图特征，具有低步行可行度、低色彩氛围度、高视觉熵等共性。西堤国际社区和九都荟社区作为新建的中高品质住区，在雷达图上也呈现出一定相似之处，表现为高绿视率、低行人指数、低车辆干扰度。相较于以上社区，爱达花园在雷达图上展现出一定的特殊性，其视觉熵显著低于其他五个社区，可见爱达花园社区街道在视觉层面较为简单。综上所述，各社区雷达图特征与实地调研所获得的认知相一致，准确反映了各自街道空间的实际情况。

从绿视率角度看，西堤国际社区和九都荟社区这两个建成年份较近的中高端住区的绿化水平明显高于 2000 年之前建设的传统社区。其中，西堤国际社区以 0.55 的归一化评分、42.65% 的绿视率水平远超绿视率 25% 的舒适标准，可见其绿化程度和生态环境质量达到了较为理想的状态，有利于促进居民特别是儿童的身心健康，提升社区空间品质。九都荟作为一个建成年份较近（2017 年）、绿植年龄较低的社区，以 0.44 的归一化评分、33.82% 的绿视率水平居于第二位，可见其绿化基础建设较为系统和完善，随着绿植的生长，绿视率也会到达一个较高的水平。爱达花园社区、南湖社区、锁金村社区的绿视率分别为 24.62%、27.30%、32.57%，能带给儿童舒适的体验。唱经楼社区的绿视率为

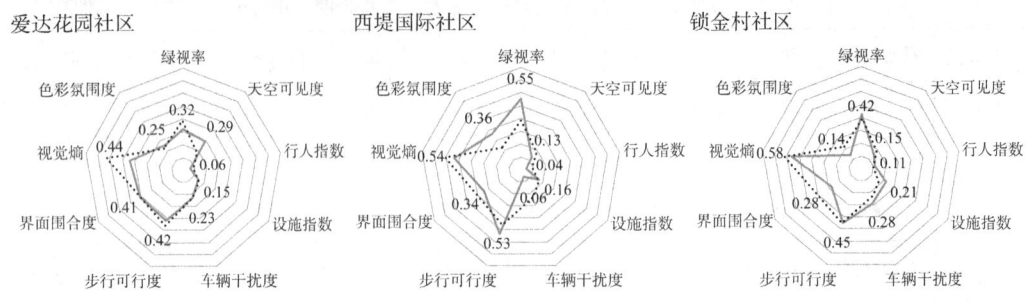

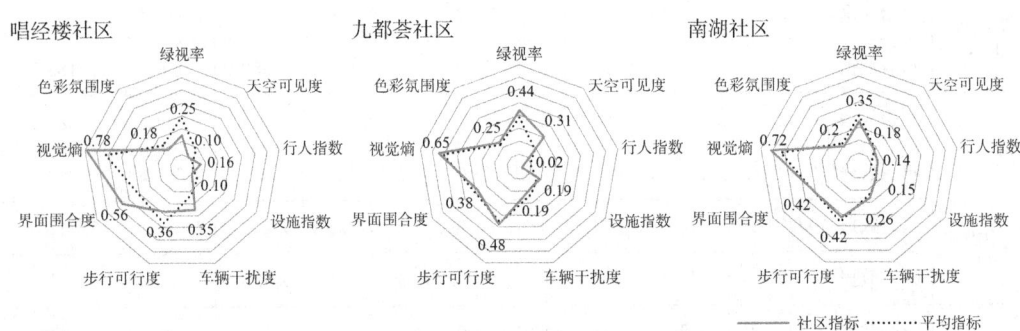

图 11-2　社区街道各特征指标归一化结果统计图
来源：作者绘制

19.74%，远低于平均水平，其绿化提升应是城市更新和儿童友好建设的重点关注方向。总的来看，由于街景图像采集时间正值盛夏，处于一年中绿视率最高的季节，六个社区的绿化现状都较为理想。

从天空可见度角度看，九都荟社区和爱达花园社区显著高于平均水平，归一化结果分别为0.31、0.29，可见这两个社区在垂直方向都较为开敞，天空视域开阔。作为2000年后新建的社区，九都荟、爱达花园以及西堤国际的建筑密度较其他传统住区更低，因此天空不容易被高密度建筑物遮挡。但西堤国际社区街道由于行道乔木覆盖率较高，天空受到树冠遮挡，导致可见度不高。在三个传统社区中，唱经楼社区天空可见度归一化结果为0.1，远低于其他社区，考虑到唱经楼社区0.56的界面围合度，狭窄闭塞的街道空间及建筑遮挡成为其低天空可见度的主要因素。

从行人指数角度看，2000年以后建成的爱达花园社区、西堤国际社区、九都荟社区归一化数据分别为0.06、0.04、0.02，显著低于锁金村社区、南湖社区、唱经楼社区的0.11、0.14、0.16。受到人口结构、配套设施、交通布局、社区规模等因素的影响，传统社区街道比起现代住区更具有生命力，正如雅各布斯所认为的那样，传统社区街道往往功能复合，沿街界面丰富，不同区域间连接性强，能吸引人们在户外活动，促进儿童玩耍、邻里交流以及各种自发性的社会交往，往往更具活力。

从设施指数看,锁金村社区和九都荟社区指数相对较高,归一化结果为0.21和0.19,活动设施和街道家具等基础设施建设较好。锁金村社区自建成以来一直是南京社区建设的示范单位,先后获得国家和省市级荣誉200多项,因此锁金村社区的更新与建设一直保持着高质量和高水平,随着市民广场、儿童主题口袋公园的落地,锁金村社区的整体基础设施建设达到了较高标准。九都荟社区作为2017年建成的新建社区,整体基础设施建设完善,塑造了较好的物理和人文环境。相反,唱经楼社区的设施指数显著低于其他社区,街道家具缺失,活动设施不足,需作为重点更新方向。

从车辆干扰度看,西堤国际社区街道归一化结果为0.06,远低于其他社区,较好地实现了人车分流,交通布局合理。锁金村社区、南湖社区、唱经楼社区由于建成年份较早,街道尺度狭小,停车空间紧缺,车辆在视线中占比较多,车辆干扰度普遍较高,分别为0.28、0.26、0.35。其中唱经楼社区的车辆干扰度达到平均值的1.5倍,可见该社区街道中车辆对行人的干扰较大,街道空间品质易受人车混行的影响。

从步行可行度看,唱经楼社区显著低于其他社区,归一化结果为0.36,结合车辆干扰度数据可以推测唱经楼社区的步行空间受到路边停车的侵占与挤压,步行系统建设不完善,存在较大的安全隐患。西堤国际社区和九都荟社区步行可行度略高,分别为0.53、0.48,道路交通与步行系统规划较为有序,步行空间宽广舒适。南湖社区、锁金村社区、爱达花园社区步行可行度较低,分别为0.42、0.45、0.42,趋于平均水平。

从界面围合度看,唱经楼社区显著高于其他社区,归一化结果为0.56,显示其街道空间开敞度较低。这样的街道格局有利于邻里交往和社区凝聚力的形成,但随着时代变迁和机动车辆增多,狭窄的街道可能难以满足现代交通流量需求,容易提升人车混行的风险,造成安全隐患。锁金村社区和西堤国际社区界面围合度相对较低,分别为0.28、0.34,街道空间较为开敞,具有更大的空间利用潜力,可用于承载丰富的非正式活动,如集市贸易、儿童游戏、邻里交流等。

从视觉熵角度看,唱经楼社区以0.78的归一化结果远超其他社区,可见唱经楼社区的街道空间场景更加复杂多变,街道视觉信息密集且多元。相反,爱达花园社区的视觉熵显著低于其他社区,归一化结果为0.44,可见其视觉元素较为简单,环境要素变化较少。唱经楼社区和爱达花园社区的视觉熵差异主要和街道性质相关,所研究的唱经楼社区街道向城市开放,建成环境复杂,而爱达花园社区的街道主要服务社区居民,定位为内向型街道,建成环境更加简单、协调。尽管在相关性分析中未能发现视觉熵和品质评价的显著相关性,但在特征重要性分析中视觉熵仍占据5%—10%的比例,可见视觉熵对空间品质的评判具有非线性的影响逻辑,值得进一步分析与研究。

最后,从色彩氛围度看,西堤国际社区以0.36的归一化结果远超其他社区,整体色彩相对明亮活泼,能够吸引儿童的注意力,激发他们的兴趣与好奇心。锁金村社区和唱经楼社区的色彩氛围度整体较低,分别为0.14和0.18,色彩环境相对沉闷、厚重,较难让儿童感到亲切,对其产生吸引力。通过主导色的罗列也能清晰看到六个社区的色彩环境现状(图11-3)。

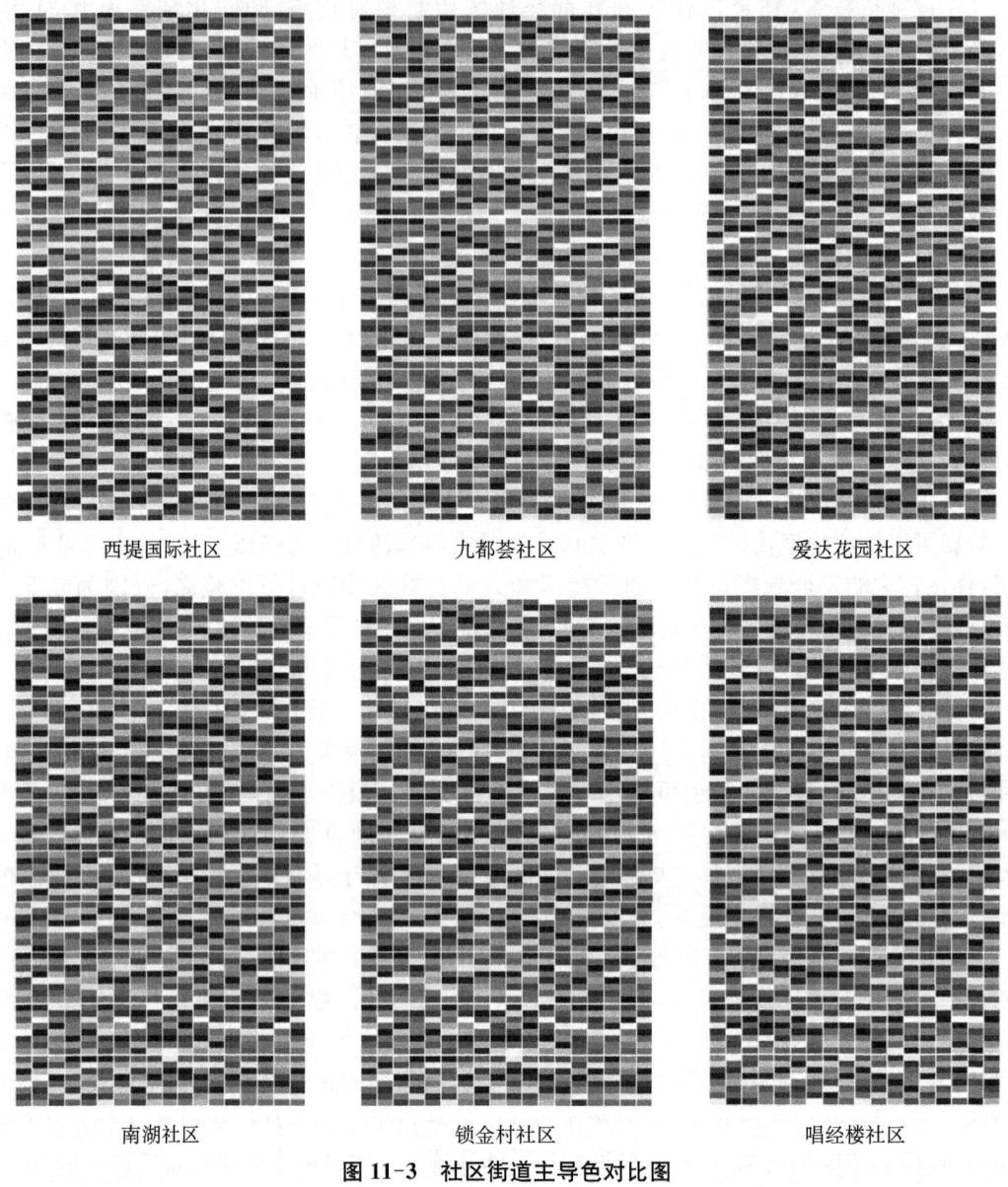

图 11-3 社区街道主导色对比图
来源：作者绘制

11.2.2 社区街道空间品质各指标的空间分布特征

将各测点的空间指标特征量化结果通过街景图像的地理坐标信息与 ArcGIS 中的路网信息相关联，实现测点数据的空间化转变，最终获得各测点指标的可视化空间分布图像。通过研究空间分布特征对建成环境现状进行结构化解读。

（1）绿视率

在绿视率层面，不同数值的点呈现聚集分布和连续分布两种分布形态（图 11-4）。在爱达花园社区中，高绿视率的点多为聚集分布，主要分布于北部滨水侧；在西堤国际社区、九都荟社区、南湖社区、锁金村社区中,高绿视率的测点多呈现连续分布,主要集中在车行道两侧;低绿视率的点多连续分布于狭窄的街巷或支路,这些尺度相对狭小的街道绿化面积受限,整体绿视率较低。总的来看,连续分布的绿视率测点多与城市道路的统一绿化建设有关,道路等级越高,绿化建设越好。聚集分布的绿视率测点多与活动场地设置有关,尽管爱达花园社区的绿视率为0.32,在六个社区中排名第五,但在整体低绿视率的情况下有较为突出的集中绿地供儿童休闲和活动,这可成为街道空间受限的传统社区的一个绿化提升方向。

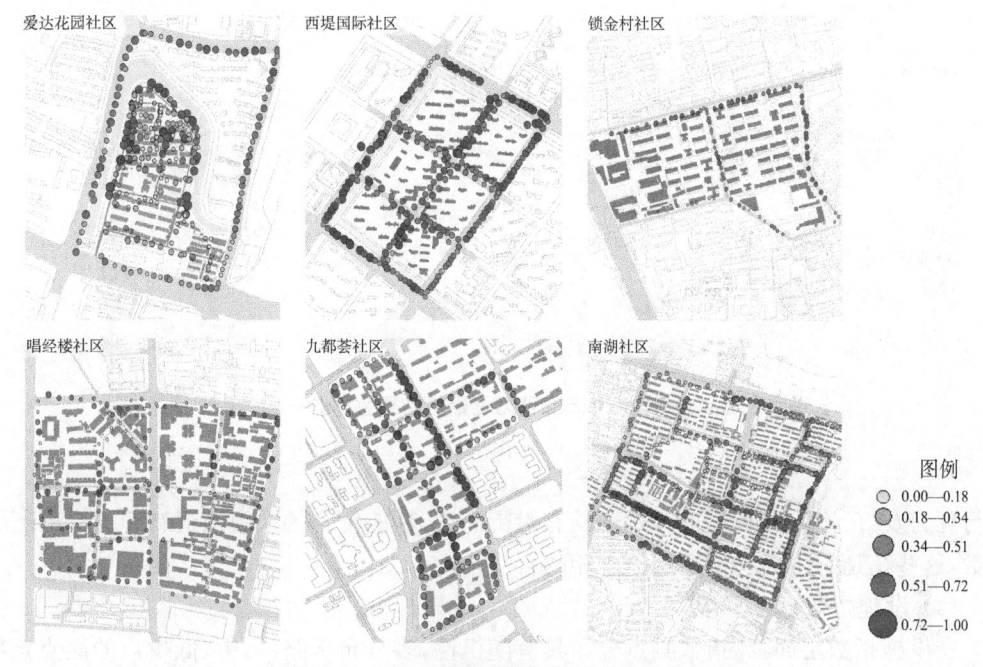

图 11-4 街道绿视率量化结果空间分布图
来源:作者绘制

(2) 天空可见度

在天空可见度层面,高可见度的点主要分布于路口,中、低可见度的测点连续分布于街道中段或次要街巷(图 11-5)。街道路口往往遮蔽物较少,空间开敞,视线通达,较高的天空可见度有助于提升儿童对周围环境的感知能力,减少视觉盲区导致的交通事故风险。而中部路段及次要街巷往往尺度较小,遮挡较多,相对闭塞。天空可见度较低的街道适合作为夏季的步行街道,由于太阳直射较少,这类街道往往能营造较为舒适的步行微气候,吸引儿童聚集。

(3) 行人指数

在行人指数层面,高行人指数的测点分布具有随机性,没有明显的分布规律,但总的来看,有沿街商业的街道行人指数往往高于交通性街道,次级街道的行人指数往往高于城市道路(图 11-6)。以锁金村和唱经楼社区为例,锁金村北部的锁金北路、中部的锁金中路、唱经楼西部中山路、南部珠江路都具有丰富的沿街商业,步行出行的行人较多,街道更具活力。而在交通结构层面,次级街道往往开设住区的人行出入口,车流量适中,对步行

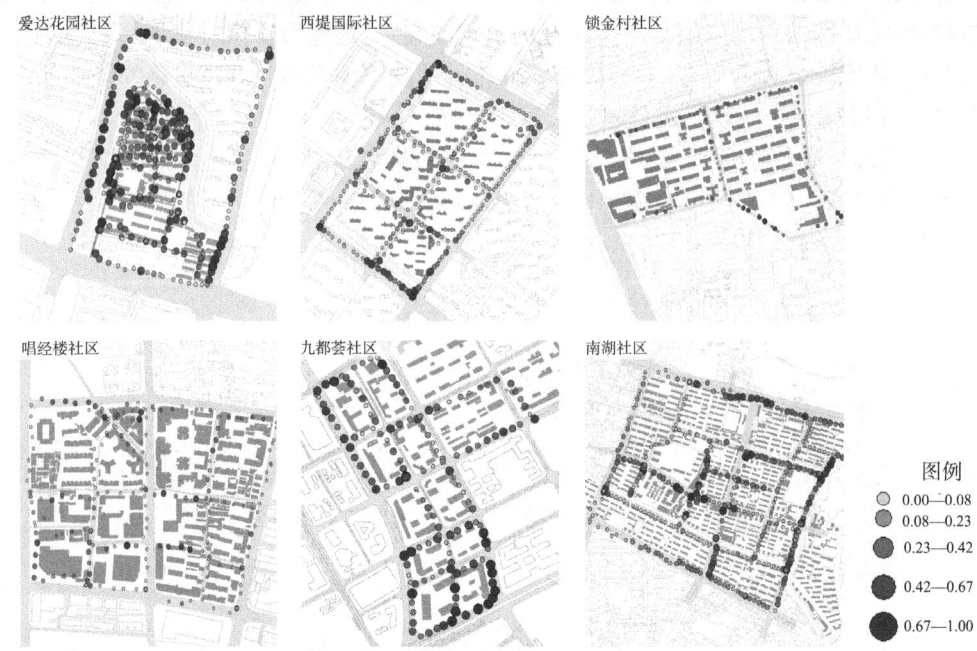

图 11-5　街道天空可见度量化结果空间分布图
来源：作者绘制

出行更为友好。基于以上分析，发现具有沿街商业、功能复合的次级街道有着更高的行人指数，这些街道与生活性街道的概念相吻合。

（4）设施指数

在设施指数层面，高指数测点分布具有随机性，多分布于路口，中、低指数的测点连续分布于街道中段或次要街道（图11-7）。街道路口往往集中设有交通信号灯、交通标志等设施，极大程度提升了设施指数，这也从侧面反映设施指数中交通设施占比较大，街道家具、构筑小品等活动设施布置不足，无法满足儿童的活动需求。在道路结构中，主要街道往往较为开阔，有足够的空间布置街道家具、开辟活动广场，如西堤国际社区南部奥体大道和西部庐山路的步行空间较为充裕，沿路设置休息座椅，为儿童提供交流和活动的物质环境，而次要街巷往往空间局促，无法满足设施布置要求。

（5）车辆干扰度

车辆干扰度层面的测点分布特征与道路交通结构有关（图11-8），如西堤国际社区和九都荟社区步行体系建设完善，较好地实现了人车分流，其车辆干扰度整体较低，分布具有连续性。而锁金村社区、南湖社区则体现出了不同街道间的干扰性指数分异，如锁金北路、锁金东路人车分流明确，整体车辆干扰度较低，锁金中路存在路边停车和人车混行现象，整体车辆干扰度较高。唱经楼社区整体交通结构混乱、路边停放车辆较多，因此不同数值的测点分布混乱随机，缺少统一规划。总的来看，车辆干扰度的整体高低与基础交通系统建设有关，连续的测点分布说明街道交通规划合理，而混乱的测点分布则说明街道交通可能处于失序状态，需重点关注行驶车辆与沿街停车对于儿童步行活动的影响和潜在

图 11-6　街道行人指数量化结果空间分布图
来源：作者绘制

图 11-7　街道设施指数量化结果空间分布图
来源：作者绘制

图 11-8　街道车辆干扰度量化结果空间分布图
来源：作者绘制

的安全风险。

(6) 步行可行度

在步行可行度层面，不同数值的测点分布特征与绿视率相似，也呈现聚集分布和连续分布两种分布形态（图 11-9），与交通结构以及活动场地布置紧密相关。在爱达花园社区中，高可行度测点多聚集分布于滨水侧，这是爱达花园沿河布置步行道和活动广场所导致的。在西堤国际、锁金村、九都荟和南湖社区中，高可行度测点多连续分布于主要车行道两侧，低可行度点多连续分布于狭窄的街巷或支路，这与城市步行体系规划与建设现状一致。唱经楼社区中不同数值的测点分布较为混乱且没有明显规律，这与步行空间的违规占用有关。通过对步行可行度的空间分布特征进行研究，可以对街道步行空间的建成现状和使用现状有较为初步的判断，如主要通学街道是否有完善的步行体系建设，是否存在步行空间被侵占导致步行可行度骤降等问题。

(7) 界面围合度

在界面围合度层面，不同数值的测点在连续分布的基础上略有变化，主要城市街道的围合度明显低于次级街道（图 11-10）。南湖社区、锁金村社区、唱经楼社区这三个传统社区密集的建筑群和墙体形成了较为封闭的街巷空间，这种相对独立、适度围合的街道可引导儿童的视线并使其产生探索的兴趣。爱达花园北部、西堤国际北部、九都荟北部街道开阔的活动场地及绿地形成了更加开放、视线通透的街道空间，有利于儿童活动及社会交往的开展。通过对界面围合度的空间分布进行研究与分析，有助于针对不同的儿童活动需求对空间围合现状进行灵活调整与更新。

11 "一米视角"下社区街道空间品质测度

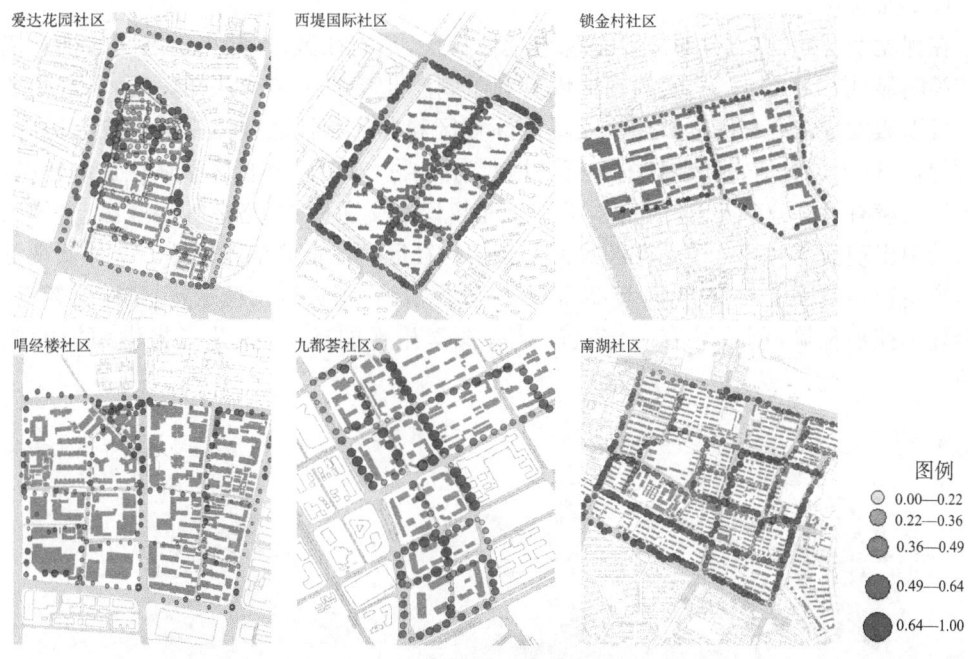

图 11-9 街道步行可行度量化结果空间分布图
来源：作者绘制

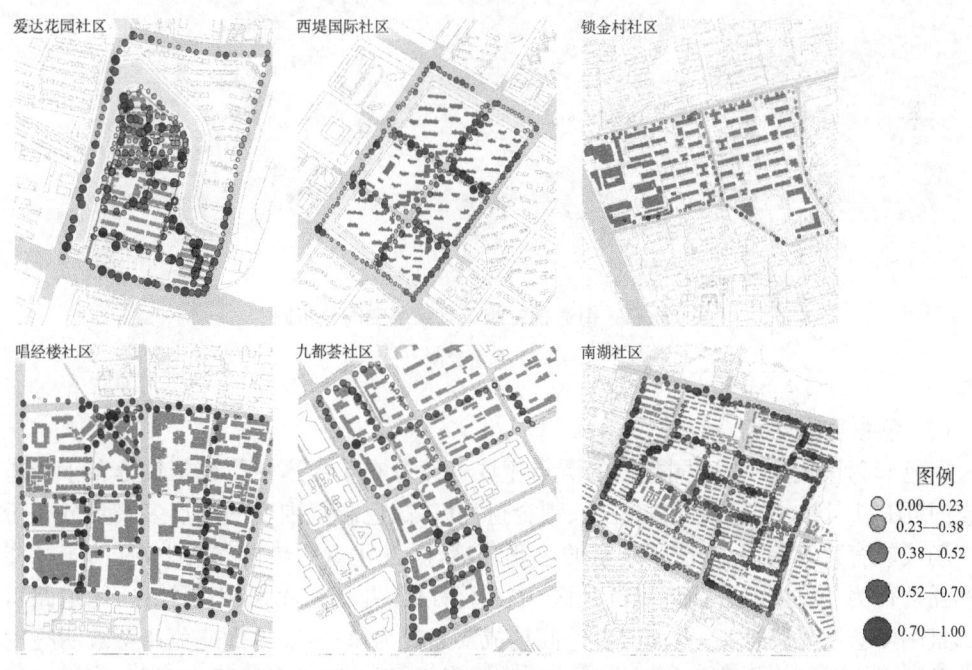

图 11-10 街道界面围合度量化结果空间分布图
来源：作者绘制

（8）视觉熵

在视觉熵层面，测点分布主要呈现连续性特征，不同社区、不同街道之间的视觉熵差异较为明显（图11-11）。适度的视觉熵有利于刺激儿童的感知与认知发展，丰富的视觉元素可以激发好奇心和探索欲望。西堤国际社区和九都荟社区整体视觉熵较为适中，分布均匀，营造了具有活力和趣味的步行环境。南湖社区和唱经楼社区整体视觉熵较高，过高的视觉熵有可能分散儿童注意力，不利于儿童识别交通标志、路标等关键信息，导致其在活动中出现安全问题。爱达花园社区和锁金村社区的视觉熵整体较低。这种低视觉熵环境表明街道空间变化较少，环境要素规整，边界清晰、视觉线索稳定，但整体比较乏味，需合理调控视觉熵，创造既有一定秩序又有探索乐趣的环境，为儿童提供积极的成长环境。

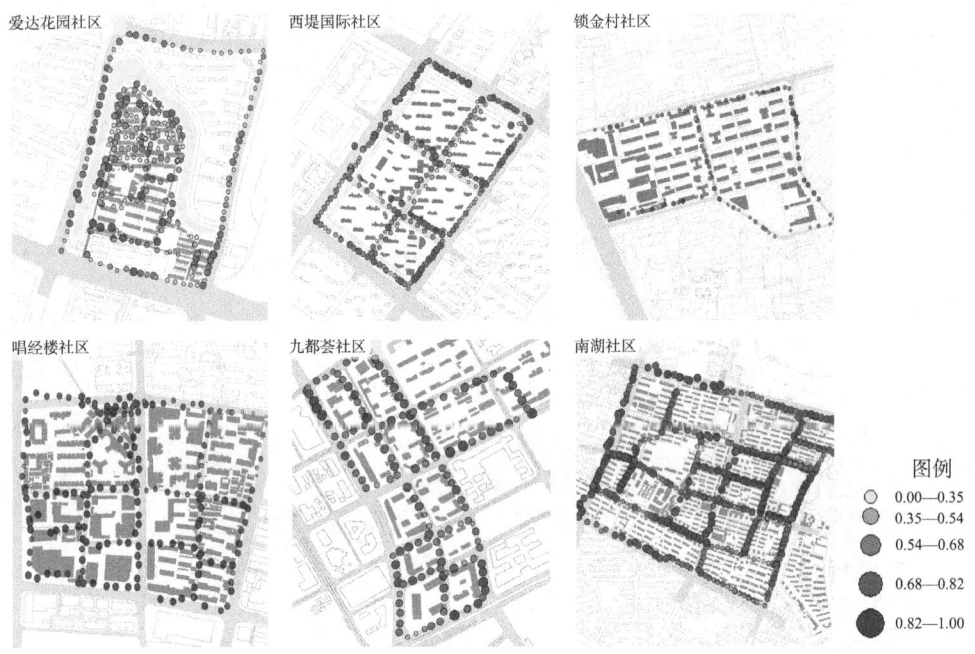

图 11-11　街道视觉熵量化结果空间分布图
来源：作者绘制

（9）色彩氛围度

在色彩氛围度层面，不同数值的测点主要连续分布于街道中段或聚集分布于街道节点空间（图11-12）。在爱达花园社区、锁金村社区，高色彩氛围度的测点多聚集分布于活动广场或教育建筑周边，营造了丰富的色彩环境，激发儿童的热情和活力，有助于社交活动和互动行为的发生。在西堤国际社区、唱经楼社区、九都荟社区、南湖社区，街道路口的色彩氛围度会明显降低，一方面路口空间构成要素较为单一，一方面避免儿童被明亮的颜色分散注意力造成安全隐患。而存在沿街商业的街道往往色彩氛围度更高，如唱经楼社区西部中山路、南部珠江路，九都荟社区中部民和路，这些色彩丰富的环境可以刺激儿童的视觉感官，引发儿童的好奇心和探索欲望。

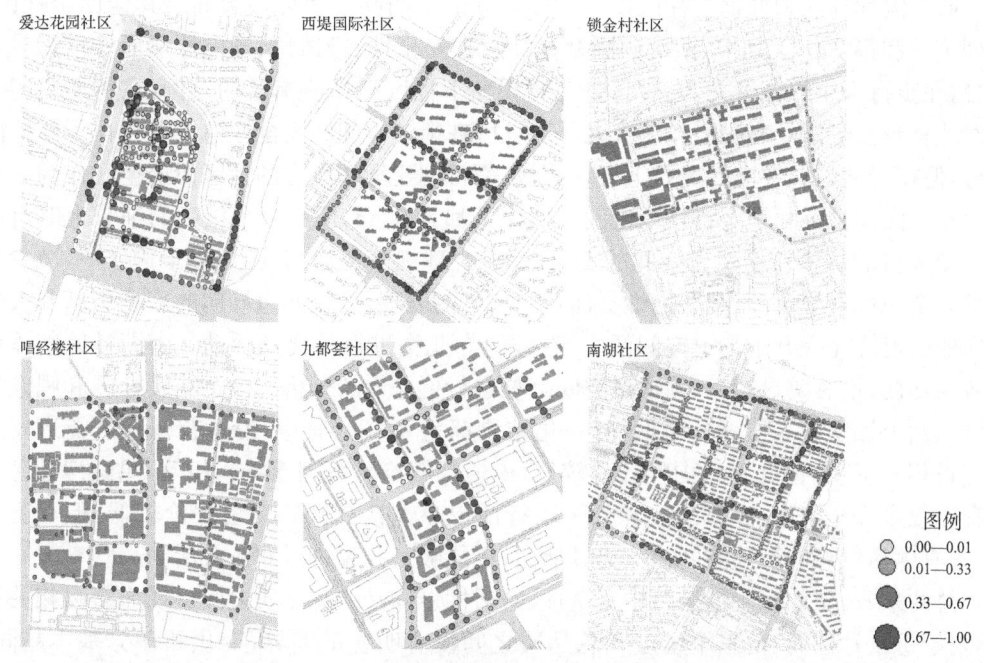

图 11-12　街道色彩氛围度量化结果空间分布图

来源：作者绘制

11.3　社区街道空间品质总体特征

11.3.1　社区街道空间品质总体特征

利用机器学习模型基于九个街道环境要素指标进行社区街道空间品质的大规模评估，将评估结果按社区进行统计，并按总品质得分升序排列，得到评价统计图 11-13。

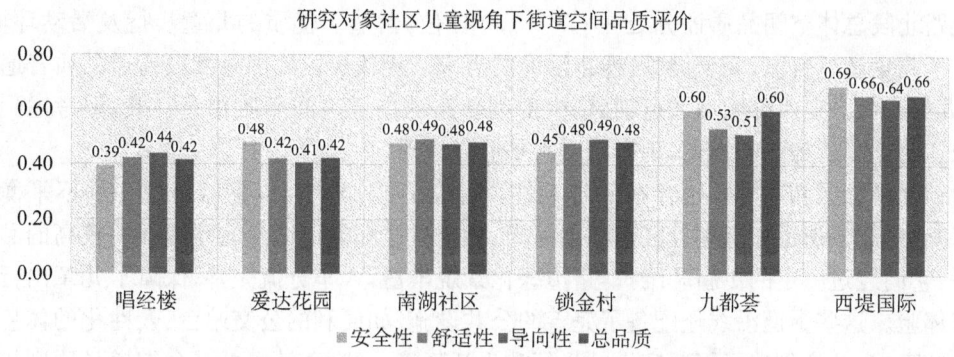

图 11-13　儿童视角下街道空间品质评价统计图

来源：作者绘制

西堤国际社区和九都荟社区以 0.66、0.60 的空间品质得分显著高于其他四个社区，位列第一和第二位。其中，西堤国际社区街道在安全性、舒适性、导向性层面皆取得较高评分，在步行安全性维度尤为突出，是儿童视角下社区高品质街道的范例，在物质空间层面对儿童身心健康具有积极作用。九都荟社区在街道空间的安全性建设上获得了较好的评分，但在舒适性和导向性建设上存在短板，需将创建舒适活力的社区街道空间作为主要着力点。南湖社区和锁金村社区空间品质评分都为 0.48，但在三个维度的细分上略有侧重。锁金村的短板在于街道空间的安全性，需合理规划交通结构，规范车辆停放，减少儿童的安全隐患，但其在儿童导向性层面具有较好的表现，通过儿童导向的广场更新和人本导向的街道优化提升了街道空间活力，有效引导儿童进行社交及活动。南湖社区整体评分较为均衡，没有明显短板，须通过空间落位进行更深入的分析。爱达花园社区和唱经楼社区在六个社区中品质评分较低，归一化结果都为 0.42。其中，爱达花园社区街道安全性建设相对突出，但儿童导向性评价较低，街道环境略显沉闷乏味。相反，唱经楼社区街道存在较多安全隐患，停车乱象和人车混行使得唱经楼社区安全性评价较低，但尺度宜人、富有生活气息的街巷空间往往更具活力，更能吸引儿童进行非正式活动。

总的来看，正如相关性分析中安全性、舒适性、导向性、总品质之间呈现显著强相关那样，对于每个社区而言，三个维度和总品质之间没有明显的差异，变化和评分基本趋同。3.6 章节分析得出，对于儿童而言，视觉层面的感性认知不仅影响舒适性、导向性的判断，对安全性的评定也起到重要作用。因此在三个维度和总品质的评分量化中很难将安全性与舒适性等维度完全拆分，最后品质评分的差距必然是由儿童基于整体感知判断的结果。这也意味着爱达花园社区、唱经楼社区这类低分社区不仅需要着重补足三个维度中的短板，而且需要对三个维度进行整体优化与更新，使全盘的空间品质有各方位的提升。

11.3.2 社区街道空间品质空间分布特征

将机器学习模型的总品质评价结果与 GIS 测点关联，得到图 11-14 的街道空间品质评价分布图。从空间分布图上也能明显看到西堤国际社区和九都荟社区整体空间品质处于领先位置，西堤国际社区的北部梦都大街绿道、西部庐山路、南部奥体大街，九都荟东部民生路北段总体空间品质评分处在 0.7—1.0 挡位，营造了优质的儿童步行及活动环境，满足了儿童亲近自然、安全健康、趣味活力的需求。相较于西堤国际社区街道品质普遍较好，九都荟社区在西部明城大道辅路、中部创新路的街道空间品质相对一般，但考虑到这两条道路是车行为主的街道，现有品质水平差强人意。

锁金村社区和南湖社区存在一定共性，街道品质分异明显，整体呈现一种不平衡状态。其中，部分街道如南湖社区南部沿河街、锁金村北部街道锁金北路展现了较高的品质水平，它们经过一定的更新和维护，路边绿化景观丰富，人车分流完善，保障了儿童出行的良好体验。这些街道沿线还配备了完善的公共设施，如便利的公交站台、人性化的休息座椅和凉亭，为儿童创造了舒适宜人的步行和生活环境。然而，社区的其余街道品质则相对逊色，这部分街道由于年代久远或维护不足，存在尺度狭窄、车辆停放混乱、绿化缺失、清洁状况不佳等问题，不利于居民特别是儿童的日常出行。

爱达花园社区的街道空间品质总体上呈现出较低的水平，大部分街道品质现状较差，

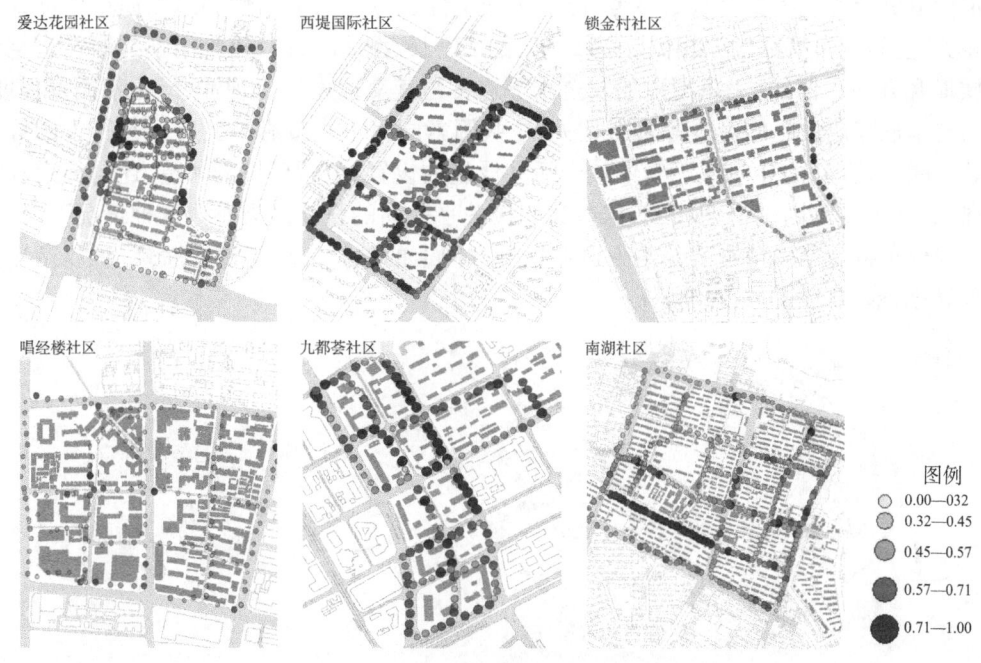

图 11-14　街道空间品质评价分布图
来源：作者绘制

南部街道在绿化维护、安全保障、设施建设、车辆停放方面的问题尤为突出，影响了儿童日常出行的便利性和安全性，社区整体建成环境的空间品质有待提升。不过值得一提的是，爱达花园社区西南休闲空间、东部活动场地的街道品质明显优于社区其他部分，呈现高品质测点聚集的现象，不仅为儿童提供了优质的活动空间，还增强了其作为社区活动中心的吸引力。这些区域的街道绿化水平较高，通过高差处理避免车辆占用，配套设施齐全，体现了社区对公共空间的重视和有效利用。这一独特的优势区域在一定程度上提升了爱达花园社区的整体空间品质反馈，为儿童提供了一个舒适的休闲、交流、活动场所，成了社区生活的一大亮点。但为了全面提升社区街道空间品质，仍需由点到面地将优势区域建设水平覆盖到整个社区，补足南部道路的空间品质短板，从而实现社区环境的整体改善和均衡发展。

唱经楼社区街道空间品质普遍较差，作为一个城市化进程中老旧住区与现代办公商业混合的特殊地带，人行道停车、卫生环境欠佳、公共设施匮乏且维护滞后、规划布局不合理、交通秩序混乱等问题成为街道空间品质提升的顽疾，很难为儿童营造较为舒适、安全的步行和活动环境，尽管按照雅各布斯的街道活力理论，这类功能混合、尺度适宜、风格多样的街道环境更具活力，但安全隐患和绿化水平所反映的街道空间品质仍是唱经楼社区亟待提升的短板。

11.3.3　社区街道空间品质构成模式

社区街道空间品质的空间分布特征可以快速识别各街道及节点的空间品质现状，为制定街道更新优先级提供数据参考,但由于安全性、舒适性、导向性和总品质呈中度或高度相关,空间分布特征较为相似(图11-15、图11-16、图11-17),较难用于判断街道空间品质提升方向。例如,一条街道的安全水平通常与其交通设计合理性、绿化带完善程度、行人与车辆隔离设施的设置等紧密相关,这些因素同时也直接影响到居民与行人的舒适体验。同样,良好的导向性不仅依赖于活动设施的设置、色彩环境的营造,还与街道环境的绿化、开敞度等因素密切相关,这些又间接关乎空间的整体品质感。这种情况下,仅依据空间分布特征难以精确区分各街道在提升方向上的独特需求与潜在瓶颈,难以指导实施差异化、精准化的更新策略。

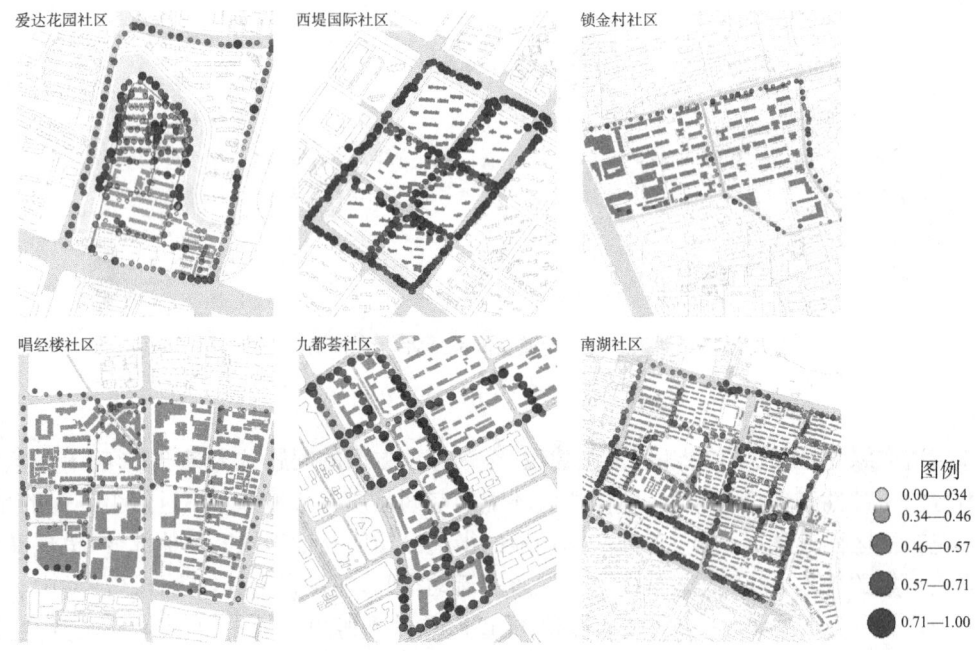

图 11-15　街道空间品质安全性维度分布图
来源:作者绘制

鉴于此,本节进一步对安全、舒适、导向这三个维度的构成模式进行深入剖析,揭示各街道在特定维度上的具体优势与不足。利用聚类算法对六个社区的街景图像进行分类,通过数学建模手段实现对测点特性的精准划分与问题定位,揭示潜在的空间分布规律与内在关联结构,为后续针对性的街道空间品质提升措施提供科学依据与决策支持。

在聚类特征的选取中,需要识别和选取对聚类过程最有贡献的变量,同时减少噪声和冗余,提高聚类结果的质量和可解释性。因此首先参考下篇10.4.2章节中表10-6的相关性结果,选取高度相关的特征以更好地反映数据集中的结构和模式,排除可能会引入噪声的不相关特征,同时检验各特征之间的相关性关系,剔除高度相关的冗余特征。其次参考下篇10.5.3章节中表10-13的特征重要性结果,选取较为重要的特征以保证特征对聚类区分能力的贡献度。最后优先选择具有明确物理意义或业务逻辑上重要的特征,以增强聚类结果的解释性(图11-18)。

图 11-16　街道空间品质舒适性维度分布图

来源：作者绘制

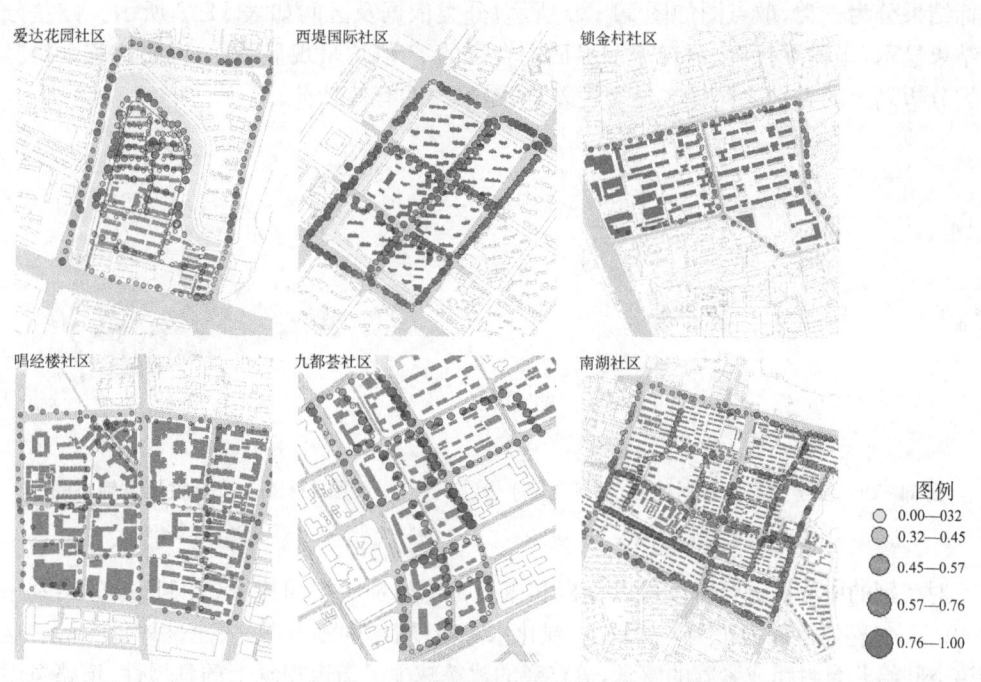

图 11-17　街道空间品质导向性维度分布图

来源：作者绘制

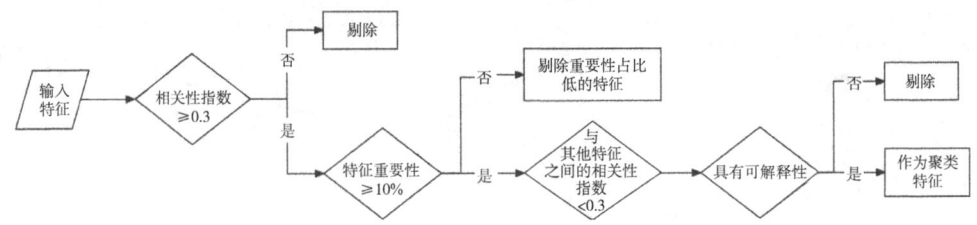

图 11-18 聚类特征选择逻辑图

来源:作者绘制

（1）基于安全性的空间特征聚类

在安全性维度,则以车辆干扰度、绿视率、界面围合度作为聚类输入特征。

在选择聚类数量 K 时,可利用肘部法则进行判断,如图 11-19,横坐标是聚类个数,纵坐标是 K-means 聚类的损失函数,即所有样本到类别中心的距离平方和,值越小说明聚类效果越好。可以看出当 K 值从较小的数值增加时,距离平方和会急剧下降,因为更多的簇使得数据能够更细粒度地被分割,从而降低聚类误差。但是,随着 K 值继续增加,每增加一个簇所带来的距离平方和减少会逐渐减缓。在这个过程中,图形曲线往往呈现出一种类似于肘部的形状,即有一个明显的转折点,这个点可作为最佳的类簇数量,达成聚类误差和聚类可解释性的平衡。

通过图 11-19 可发现 $K=3$ 是安全性聚类的最佳类簇数量,因此将六个社区的街景指标结果分为三类,散点图如图 11-20 所示,分类依据及区间如表 11-3 所示。方差分析的结果显示,车辆干扰度、绿视率和界面围合度的 P 值均呈现显著性,说明这三个指标在聚类分析划分的类别之间存在显著性差异,是聚类的有效特征。

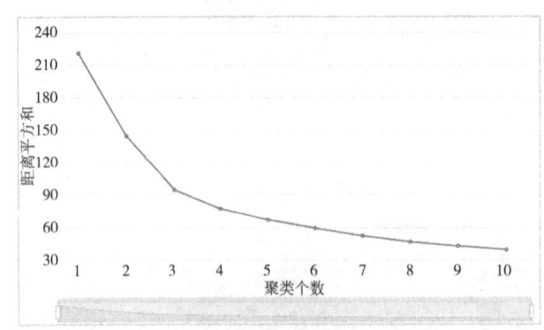

图 11-19 安全性聚类数对比图(肘部法则)

来源:作者绘制

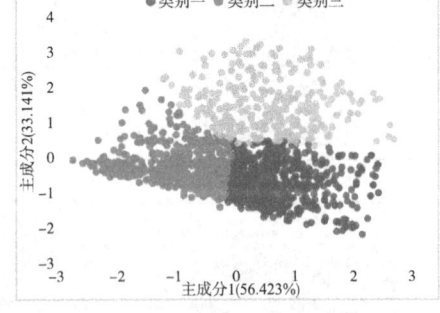

图 11-20 安全性聚类散点图

来源:作者绘制

对类别的中心值进行解读可以分析和概括每个类别的空间特征(表 11-4)。类别一占比 40.95%,整体特征为车辆干扰较少,绿化水平较低,空间不开敞,安全性评价一般。这类街道空间给儿童封闭或紧凑的感觉,道路旁的建筑减少了街道视觉上的延展性,道路宽度的局限也导致街道两侧的绿地、步行道等空间不足。这种街巷式的街道空间往往更适合步行,因此车流量较小,车速较慢,虽然存在一定安全隐患,但不会对儿童造成过大的安全威胁。这类街道空间能激发儿童的探索欲,但受限于空间体量,更新模式多为街道空间微更新。

表 11-3 安全性聚类字段差异性分析

指标	聚类类别(平均值±标准差)			F	P
	类别一($n=654$)	类别二($n=617$)	类别三($n=326$)		
车辆干扰度	0.153±0.125	0.096±0.108	0.606±0.161	1 878.921	0.000***
绿视率	0.24±0.128	0.57±0.162	0.305±0.159	839.576	0.000***
界面围合度	0.565±0.157	0.268±0.123	0.372±0.162	668.559	0.000***

注：***代表10%的显著性水平
来源：作者绘制

表 11-4 安全性聚类分析

聚类种类	指标	平均值	雷达图	中心值图像	特征描述
类别一 占比 40.95%	车辆干扰度	0.153 0			少车辆 少绿化 空间封闭 安全性一般
	绿视率	0.240 2			
	界面围合度	0.564 5			
	安全性	0.470 0			
类别二 占比 38.64%	车辆干扰度	0.096 4			少车辆 绿化水平高 空间开敞 较为安全
	绿视率	0.570 0			
	界面围合度	0.268 3			
	安全性	0.630 0			
类别三 占比 20.41%	车辆干扰度	0.606 0			车辆多 绿化一般 空间开敞 较不安全
	绿视率	0.305 5			
	界面围合度	0.371 9			
	安全性	0.380 0			

来源：作者绘制和拍摄

类别二占比38.64%，整体特征为车辆干扰较少，绿化建设较为完善，空间开敞，整体安全性评价较高，这类街道空间给儿童宽敞自由的感觉，道路两侧的建筑布局适度，为儿童步行和骑行留足了活动和缓冲的空间，有足够的安全距离来避免意外的发生。丰富的绿化不仅增加了街道的美观性，为儿童创造一个更加舒适宜人的室外活动环境，也对儿童活动范围有一定限制和引导的作用，提高了他们的道路交通安全系数。这一类街道空间很适合开展儿童活动和非正式游戏，具有较多的发展可能。

类别三占比20.41%，行驶和停放的车辆较多，绿化水平一般，空间较为开敞，整体安全性评价较低。这类街道空间更倾向于车行导向型街道，尽管街道空间开敞，但如果绿化不足，缺乏足够的缓冲区域，那么在防护措施有限的情况下很难及时阻止危险发生。高车辆干扰度意味着路边停车现象普遍存在或车流量较大，不仅可供儿童安全玩耍和活动的空间被压缩，而且儿童在穿越街道或在路边玩耍时被车辆撞伤的风险也会提升。这类街道空间如果出现在儿童高频活动街道，会大幅度降低儿童在街道上的安全性，引发较为突出的安全问题。

将不同类别的测点与GIS地理信息坐标进行关联，可得到图11-21的空间分布图。

在爱达花园社区中，有一半的测点安全性类别为类别一，分布于宅间路及南部应天大街，这些街道空间不属于儿童主要活动区域，因此街道安全水平尚可接受。类别二的测点占比30.53%，主要分布于沿湖步行道和外部城市道路，这些街道步行安全性较高，为儿童创造了安全的活动与步行环境。类别三的测点占比22.11%，安全性较差，分布于社区入口道路及东北部的地面停车场附近，这些区域是儿童的主要通行场所，但人车混行给儿童带来了极大的安全威胁，提升这些街道空间的安全性刻不容缓。

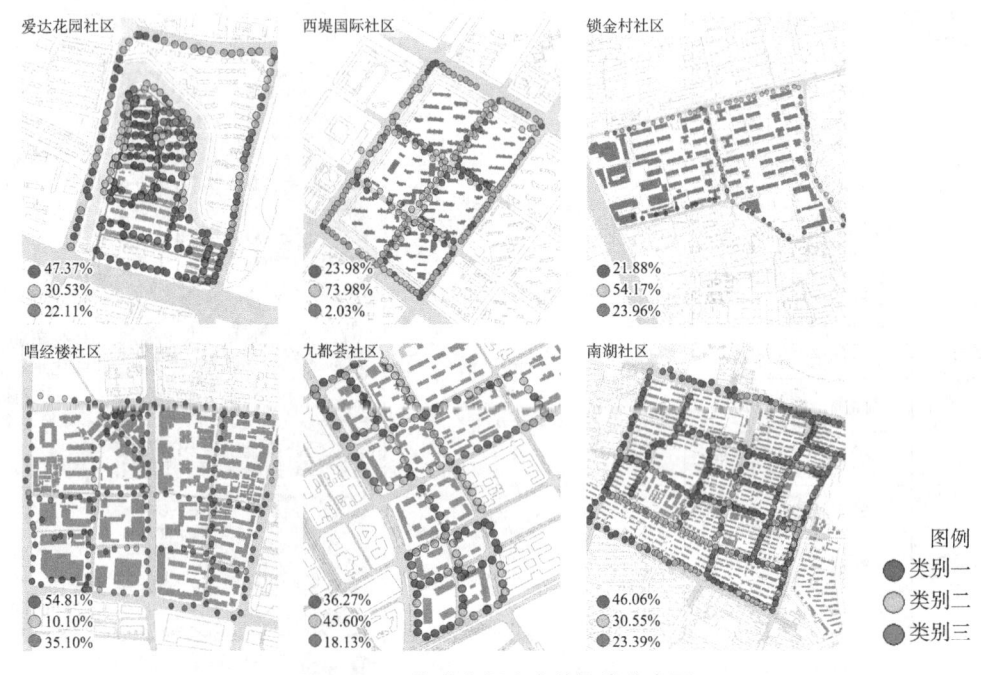

图11-21　街道空间安全性聚类分布图
来源：作者绘制

在西堤国际社区中，类别二的测点占比73.98%，覆盖了西堤所有的街道，可见西堤国际社区街道普遍较为安全、绿化建设完善、步行空间宽敞、人车分流明确。占比23.98%的类别一测点主要分布在中部的牡丹江街，这条街道的步行道相对较窄且住区围墙为实墙，围合感较强，同时其绿化维护现状不太理想，可在必要时针对街边灌木进行复种和维护。

在锁金村社区中，三种不同类别的测点在各个街道上的分布呈现出显著的差异性特征。类别二的测点分布于锁金北路和锁金东路，锁金北路是锁金村的主要生活性街道，沿街商业多元、绿化配置丰富、步行空间充裕，通过绿化带及街道家具的分隔实现人车分流，具有浓郁的生活气息；锁金东路空间开敞，街道两边设有休闲设施，为老人和儿童提供了宜人的休闲环境,这两条街道都具有较高的安全性,适合儿童活动及交往行为的发生。类别三的测点分布于锁金中路,锁金中路开设有两个住区的出入口,车流量较大,路边停车较多,绿化空间受限,须通过微更新进一步提升空间品质。类别一的测点分布于锁金南路,界面围合感强,但街道空间有限,街边绿化较为不足,安全缓冲空间较少,安全性差。

在唱经楼社区中,类别一和类别三的测点占比总计89.91%,整体安全性较差。类别一的测点分布于各个次级街巷,街道尺度有限,基础绿化缺失,有低速车辆通行;类别三的测点分布于主要城市街道及次级街道路口,这里车流量大,车辆停放量多,缺少绿化缓冲空间,安全性差,但却是儿童主要通行的街道空间,需针对儿童群体进行最基本的安全性提升。类别二的测点占比10.10%,显著少于其他社区,主要分布于高层办公的集散广场周边,这些广场活动空间充裕,有基础的绿化建设,成为唱经楼社区中最适合儿童活动及交往行为发生的街道场所。

在九都荟社区中,测点的分布与住宅的分区建设有关,类别一的测点主要分布于南部的万科都荟南苑A区和B区,这两个地块最晚建成,绿化植被移植时间较短,树木、灌木、草坪等尚未充分生长茂盛,导致整体视觉上的绿色感受不明显,其四周围墙以实墙为主,围合感较强,整体给儿童的安全感较为一般,但随着建设完善,会逐步达到理想状态。类别三的测点呈随机分布,具有偶然性,与步行道停车相关。类别二的测点主要集中于民生路,周边都为九都荟一期住区,建设完善,植被已生长到理想状态,步行空间充裕,步行安全性较高。

在南湖社区中,三种不同类别的测点也同锁金村一样,在各个街道上的分布呈现出显著的差异性特征。类别二的测点集中在南部沿河路和集庆门大街,人车分流明确,基础设施及绿化建设完善,安全性高;类别一的测点集中分布在东西向街道;类别三的测点集中分布于南北向街道,由于南湖社区的主要车行出入口都开设于南北向街道,因此南北向街道车流量较大,路边停车较多,整体安全隐患较高,对于这类测点需提高安全性建设的优先级。

总的来看,西堤国际社区、九都荟社区、锁金村社区是类别二测点主导型社区,整体安全性较高,为儿童提供了活动与交往的基本安全保障。爱达花园社区、唱经楼社区、南湖社区是类别一测点主导型社区,街道尺度偏小,空间围合感强,安全性较为一般。类别三的测点由于对儿童群体的安全威胁较大,需提高其在社区更新中的优先级,及时排除安全隐患。

(2)基于舒适性和导向性的空间特征聚类

将舒适性和导向性以绿视率、天空可见度作为聚类输入特征进行K-means聚类。

通过图11-22可发现K=3是安全性聚类的最佳类簇数量,因此将六个社区的街景指标结果分为三类,散点图如图11-23所示,分类依据及区间如表11-5所示。方差分析的结果显示,绿视率和天空可见度的P值均呈现显著性,说明这两个指标在聚类分析划分的类别之间存在显著性差异,是聚类的有效特征。

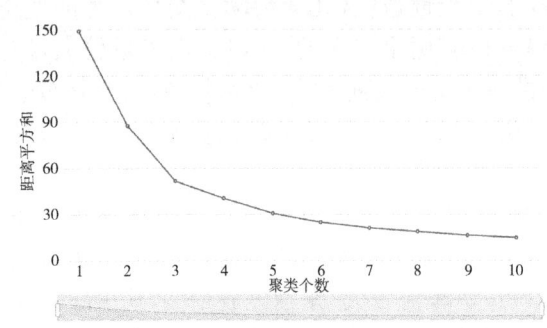

图 11-22　舒适、导向性聚类数对比图(肘部法则)

来源：作者绘制

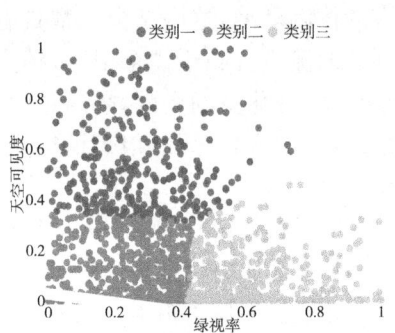

图 11-23　舒适、导向性聚类散点图

来源：作者绘制

表 11-5　分类依据及区间

指标	聚类类别(平均值±标准差)			F	P
	类别二($n=674$)	类别三($n=573$)	类别一($n=350$)		
绿视率	0.247±0.121	0.602±0.139	0.278±0.144	1 250.09	0.000***
天空可见度	0.111±0.104	0.085±0.098	0.54±0.176	1 802.818	0.000***

注：*** 代表 10% 的显著性水平

来源：作者绘制

对类别的中心值进行解读可以分析和概括每个类别的空间特征(表 11-6)。类别一占比 21.92%，整体特征为绿化水平较低，天空开阔，步行体验不舒适，趣味性差。这部分街道空间呈现出较为明显的绿化匮乏特征，无法为儿童提供有效的遮阴和步行舒适感。街道的空间布局略显单调，缺少多样化的景观元素和休闲设施，进一步降低了街道的宜人性。天空虽然开阔，但由于缺乏足够的街头绿化，炎热季节的阳光直射会使儿童感到不适，不利于活动与交往的开展。

表 11-6　舒适、导向性聚类分析

聚类种类	指标	平均值	条形图	中心值图像	特征描述
类别一占比 21.92%	绿视率	0.277 9			少绿化 天空开阔 较不舒适 较为乏味
	天空可见度	0.539 9			
	舒适性	0.40			
	导向性	0.38			
类别二占比 42.20%	绿视率	0.246 5			少绿化 天空遮蔽 较不舒适 较为乏味
	天空可见度	0.110 9			
	舒适性	0.43			
	导向性	0.43			

续表

聚类种类	指标	平均值	条形图	中心值图像	特征描述
类别三 占比 35.88%	绿视率	0.602			绿化好 天空遮蔽 较舒适 较为有趣
	天空可见度	0.084 9			
	舒适性	0.64			
	导向性	0.63			

来源:作者绘制和拍摄

类别二占比 42.20%,整体特征为绿化水平较低,天空遮蔽,步行体验不舒适,趣味性差。这部分街道空间绿化程度较低,行道树稀少,街头绿地面积有限,使得整个街道的环境显得乏味、缺少生机。由于周边建筑物密集,高层建筑林立,导致天空被大面积遮蔽,街道采光可能不足,给儿童一种压抑的感觉。

类别三占比 35.88%,整体特征为绿化建设完善,天空遮蔽,步行体验舒适,具有趣味性。这部分街道空间绿化覆盖率较高,绿荫如盖,具有适度的遮阳效果,而非消极的封闭感,营造出舒适的步行环境。这些自然元素也极大地提升了儿童步行的趣味性和吸引力,让他们在行走的过程中得以接触自然、感知环境、激发探索欲望,为儿童活动及交往提供舒适有趣的街道环境。

将不同类别的测点与 GIS 地理信息坐标进行关联,可得到图 11-24 的空间分布图。

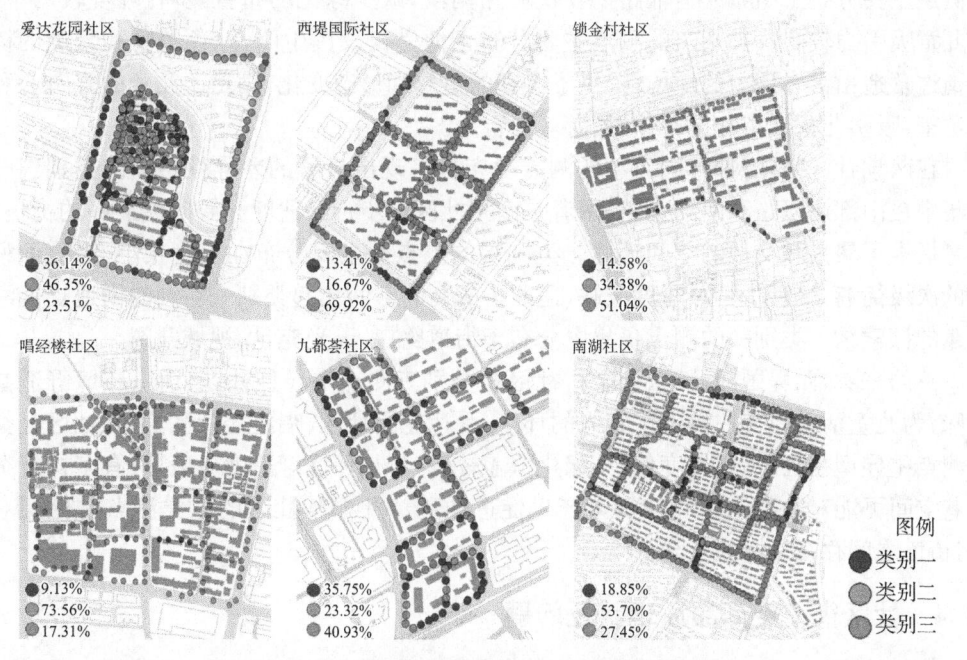

图 11-24　街道空间舒适、导向性聚类分布图

来源:作者绘制

在爱达花园社区中,类别一的测点分布具有随机性,仅在东部长虹路南段和西部西城路中段有明显聚集,这两段街道空间都属于车行为主的街道,无绿化覆盖,视域开阔。类别二的测点分布于南部入口街道及宅间路,道路尺度狭窄,受住宅遮挡因而天空遮蔽,绿化水平较低,整体氛围单调压抑,对儿童没有吸引力。类别三的测点主要分布于西侧活动场地,这里绿化建设水平较高,树木荫蔽,为儿童创造了舒适活力的活动场地。

在西堤国际社区中,类别一的测点主要分布于路口,这些空间天光充足、视野开阔,有利于司机和儿童对交通状况进行判断,减少绿植等要素对注意力的分散。类别二的测点主要分布于牡丹江街,比起其他街道,牡丹江街的灌木维护现状较差,整体绿化品质有所降低。类别三的测点分布于西堤国际所有街道,占比近70%,反映了西堤国际社区街道空间步行环境舒适宜人、富有生机和活力的特点。

锁金南路相比锁金中路街道尺度更大,沿街多为商铺,天空面域遮挡小。锁金中路则位于住区的山墙面,天光受建筑遮挡,天空面域较小。然而,这两条街道绿化面积都不充裕,步行舒适度较低,对儿童吸引力较弱。锁金北路和锁金东路绿化配置丰富、树荫浓密,街道家具设置合理,是老人和儿童聚集活动和交流的主要场所。

在唱经楼社区中,类别一的测点占比不足10%,分布随机,类别二的测点占比73.56%,分布于社区的几乎所有街道,反映了唱经楼社区天空遮蔽、绿化较少、乏味单调的街道特点。类别三的测点主要分布于几个开放住区的出入口街道,绿植环绕、树木荫蔽,容易吸引居民及儿童聚集,促进交往及活动的发生。

在九都荟社区中,类别一的测点主要分布在路口,视域开阔,以车行为主导。类别二的测点主要分布于明城大道辅路以及民和路南段,缺少绿化的布置,步行环境较为单调,对儿童吸引力较弱。类别三的测点主要分布于博爱街及民生路,绿色植物和繁茂的树木为街道营造出富有活力的环境,提供了丰富的色彩和形态变化,满足了儿童的好奇心和探索欲望,吸引儿童聚集并进行休闲、游戏等行为。

在南湖社区中,三种不同类型的测点分布也呈现出显著的差异性特征。类别三的测点集中在南部沿河路和南湖东路,两者是南湖社区中步行舒适度和导向性最好的街道,为儿童提供了聚集和交往的空间环境。类别二的测点则主要分布在尺度狭小、绿化面积受限的次级街巷,尽管步行舒适度欠缺,但曲折的街巷空间比起类别一空阔的街道更能激发儿童的探索欲。类别一的测点仍集中分布于街道路口,天光充足、视域开阔。

总的来看,西堤国际社区、锁金村社区是类别三测点主导型社区,街道环境舒适富有趣味,为儿童活动与交往提供了宜人的环境;爱达花园社区、唱经楼社区、南湖社区是类别二测点主导型社区,街道尺度偏小,绿化覆盖较低,步行环境舒适度一般,只有多样复杂的街巷空间可能对儿童的游戏与探索产生促进作用。九都荟社区的三类测点占比相对平衡,街道之间存在一定的差异。

11.4 社区街道空间品质现状及问题

通过对特征指标量化结果及街道空间品质评分的比较和空间落位分析,本书将对六个社区的整体现状作出分析和解读,并利用空间分布特征定位低分街道和节点,精准识别社区街道的突出问题。

11.4.1 社区街道空间品质现状

(1) 街道空间品质在新老社区及社区不同类型的街道之间分异明显

社区街道空间品质分异主要体现在新老社区之间以及社区内部各街道的分异。在空间品质层面,西堤国际和九都荟 2 个现代社区评分分别为 0.66、0.60,锁金村、南湖和唱经楼 3 个传统社区的评分则在[0.42,0.48]区间,评分最高的西堤国际社区街道比最低的唱经楼社区均评分高 57%,可见从空间品质评价均值来看,新老社区整体差异悬殊;在指标构成层面,传统社区具有低步行可行度、低色彩氛围度、高视觉熵等共性,现代社区则具有高绿视率、低行人指数、低车辆干扰度等相似处,新老社区街道的环境构成差异较大。

不仅是社区之间,社区内部不同街道之间的空间品质也存在较大差别。如爱达花园社区西部街道的品质评分在[0.71,1.00]区间,而南部入口街道的空间品质仅在[0.00,0.32]区间,南湖社区沿河街品质评分也在[0.71,1.00]区间,北部街巷的品质也仅处于[0.00,0.32]区间。因此,定位低品质街道,明确社区空间品质短板是提升社区街道儿童友好度的重要措施。

社区街道空间品质的分化一部分受到建设年份、规划设计理念、基础设施建设与维护等固有因素的影响,一方面受到社区更新与改造进程的影响。对于新老社区之间的街道空间品质分异,需要针对性地提出改善意见,基于建成环境、现状条件及更新潜力,打造差异化的高品质街道空间环境,为儿童打造舒适、安全、有趣的活动及交往场所。对于社区内部不同街道空间品质的分异,则需由点及面,将高品质街道的建设模式覆盖低品质街道,避免儿童活动场所孤岛化倾向,打造整体化、系统化的儿童友好街道网络。

(2) 街道空间品质在不同环境要素及不同维度之间联系紧密

街道空间品质的最终评价是各类街道环境要素相互作用的结果,具有鲜明的整体性特征,主要体现在各指标特征和品质维度的相关性以及空间分布的相似性。在街道空间指标特征层面,绿视率、车辆干扰度等指标在安全、舒适、导向性三个维度中都具有较高重要性占比,可见街道空间品质是多要素共同作用下的产物。已有的研究中有的基于不同的一级指标对二级指标进行分类,如将绿视率和天空可见度归于步行舒适度,将人行道像素占比、车辆占比归于步行安全性。但正如绿视率是安全性模型中重要性占比排名第二的指标,作为绿化带的绿植也是保护儿童安全的重要防线,街道空间品质是相互关联的整体,每一个指标的变化都会带动诸多结果的变化,因此对于空间品质的提升要有整体思维、全局视角。

在三个维度层面,尽管在儿童不同空间需求的基础上,将空间品质细分为安全、舒适、导向三个维度,但皮尔森相关性分析证明这三个维度彼此之间高度相关,三个维度评分的空间分布也呈现相似性,这些维度相互关联又各有侧重,共同构成了街道空间品质的整体性评价。因此,在社区街道空间品质提升时,必须兼顾各维度的协同提升,以实现街道空间品质的整体优化。

11.4.2 社区街道问题总结

(1) 停车无序,慢行缺失,儿童活动缺少缓冲空间

在安全性评价模型中重要性占比超过 10% 的特征有车辆干扰度、绿视率、界面围合

度，可见车流量、路边停车、绿化带、缓冲绿地、步行空间尺度等都会影响儿童对社区街道空间安全性的评价，通过评价数据的分析及空间落位的研究，发现研究对象社区在安全性维度具有以下突出问题。

首先是人车混行，交通秩序混乱。这类问题主要集中在传统社区的次级街道，可定位到安全性聚类中的类别一测点。这些传统社区往往在规划初期并未严格区分人行与车行区域，道路宽度有限，人行道与车行道界限模糊。这种布局导致行人与车辆在有限的空间内频繁交错，形成人车混行的局面，对居民尤其是儿童、老人等弱势群体的步行安全造成严重威胁。由于视线受阻、速度差异、反应时间等因素，机动车驾驶员往往难以及时发现并避让突然出现在道路中的行人，尤其是活泼好动、活动轨迹难以预测的儿童。

其次是无序停车问题严重，街道步行空间被侵占挤压。这类问题也往往发生在传统住区中，可定位到安全性聚类中的类别三测点。传统社区内部道路网络曲折、分支较多，不合理的停车位设置会导致车辆在小区内迂回行驶、临时停放，进一步增加了人车交会的节点和频次。有些乱停放的车辆占据人行道、盲道甚至部分车行道，迫使儿童不得不在狭窄的剩余空间内行走，甚至不得不走上机动车道。这种情况下，儿童与过往车辆的距离大幅缩小，遭遇交通事故的风险显著增加。

（2）绿化层次单一，绿化面积受限，儿童无法与自然直接交互

在舒适性评价中重要性占比超过10%的特征为绿视率和天空可见度，可见绿化覆盖率、太阳光直射等都会影响儿童对社区街道空间舒适性的评价。通过评价数据的分析及空间落位的研究发现社区在舒适性方面具有以下突出问题。

首先是绿化丰富度低。从舒适性空间分布图或者绿视率空间分布图中可以发现，主要城市街道的舒适性显著高于次级街道，亲近自然的步行环境营造对行道树较为依赖。但对于以乔木为主要绿化的街道往往存在绿化种类单一、丰富度低的问题，如安全性聚类的类别三测点。这类绿化通常位于道路两侧，与人行道之间有一定的距离，儿童难以直接触及、亲近，儿童的身高也不足以和高大乔木进行接触，这都限制了儿童与自然环境的亲密互动。

表11-7 儿童视角下南京市研究对象社区街道问题总结

维度	主要影响指标	突出问题	测点落位	典型街道	街景示例
安全性	车辆干扰度 绿视率 界面围合度	人车混行 交通秩序混乱	类别一测点（安全性聚类）	唱经楼—大石桥街 唱经楼—吉兆营 南湖—蓓蕾街 锁金南路	
		无序停车 街道步行空间被侵占挤压	类别三测点（安全性聚类）	爱达—南部街道 锁金中路 唱经楼—同仁西街 南湖—文体西街	

续表

维度	主要影响指标	突出问题	测点落位	典型街道	街景示例
舒适性	绿视率 天空可见度	绿化丰富度低	类别三测点 （安全性聚类）	爱达—南部街道 锁金中路 唱经楼—同仁西街 南湖—文体西街	
		部分街道绿化面积受限	类别一测点 （安全性聚类）； 类别二测点 （舒适性聚类）	爱达—南部街道 锁金中路 唱经楼街道 南湖—文体西街	
导向性	绿视率 天空可见度 色彩氛围度	街道色彩单调 主要靠自然要素提供亮色	类别一和类别二测点（导向性聚类）	爱达—南部街道 唱经楼街道 南湖—文体西街 南湖—蓓蕾街	
		街道家具缺失 趣味性差	—	唱经楼街道 锁金中路 爱达—南部街道 九都荟—民生路	

来源：作者绘制和拍摄

其次是部分街道绿化面积受限。尽管从绿视率平均值看，这六个社区街道的绿化建设大多保持在较高水平，但通过对绿视率或舒适性的空间落位可以发现，传统社区的次级街道空间往往由于绿化面积受限而舒适度较低，如安全性聚类中类别一的测点和舒适性聚类中类别二的测点。对于这类街道，应积极探索在有限空间内增加绿化的方法，尽可能为儿童创造接近自然、有利于身心健康的居住和活动环境。

（3）色彩单调，活动设施缺失，街道无法对儿童产生吸引力

在导向性评价中，特征重要性占比排在前几位的是绿视率、天空可见度、色彩氛围度，可见绿化、天空等自然要素及色彩环境都会影响儿童对社区街道空间导向性的评价，通过评价数据的分析及空间落位的研究，发现研究对象社区在导向性方面具有以下突出问题。

首先是街道色彩单调，主要靠自然要素提供亮色。如导向性聚类中的类别一和类别二测点，这类街道空间的整体视觉效果呈现出单一化、缺乏变化的特点，建筑物外墙、路面铺装、公共设施等人工元素的色彩选择相对保守、重复，缺乏鲜明个性与张力，难以引起儿

童的兴趣,导致街道空间显得平淡乏味,缺乏活力与吸引力。

其次是街道家具缺失,趣味性差,无法促进儿童非正式活动。从设施指数及其空间分布图可以看到,六个社区的设施中交通设施占比较高,街道家具缺失,这意味着儿童失去了许多重要的户外活动支持与安全保障设施,直接影响其在公共场所的游玩、学习与社交体验。除了锁金北路、爱达花园西部等已进行更新的街道,其他街道均在不同程度上存在这个问题。

儿童友好型社区街道的空间品质优化策略 / 12

前文总结了研究对象社区街道空间的量化指标现状及品质分布特点，利用聚类算法对测点进行分类，实现低分街道的精准识别和空间问题的高效定位，由此构建了一条从机

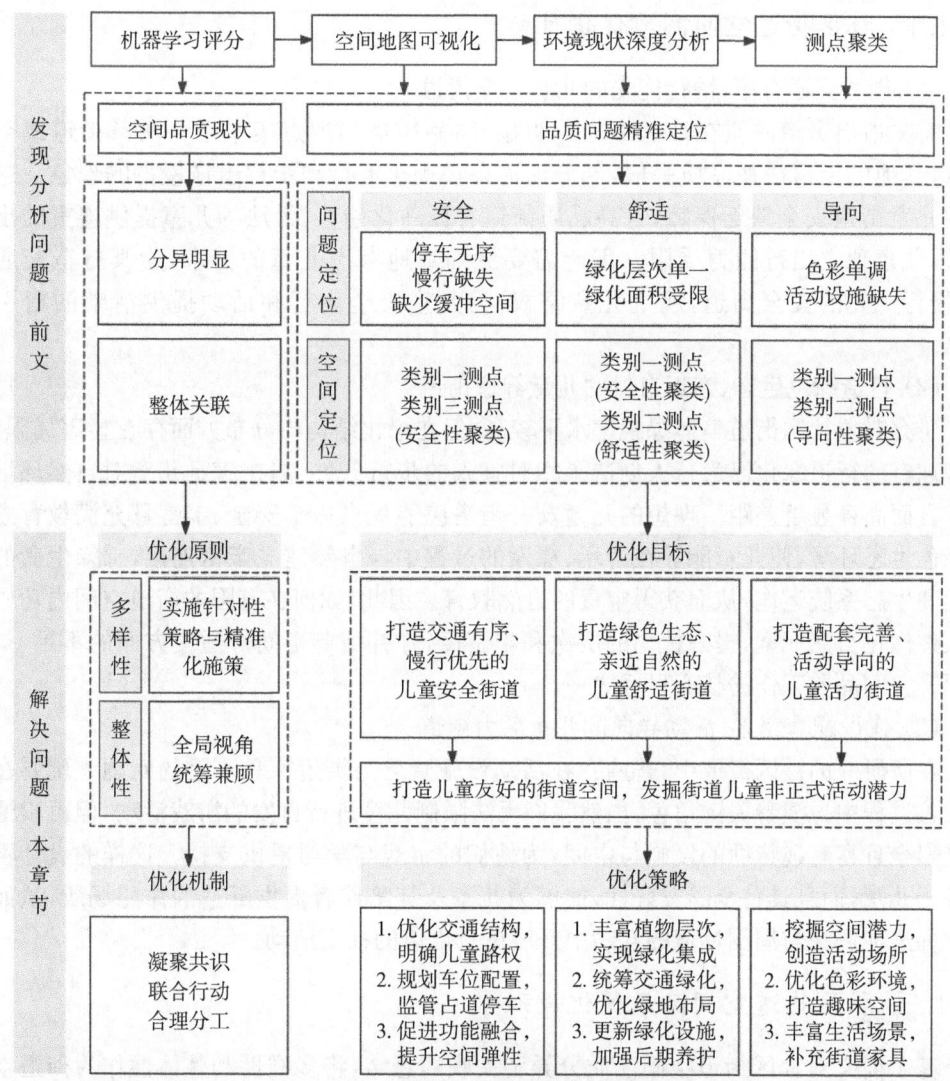

图 12-1　社区街道空间品质优化框架
来源：作者绘制

器学习评分到空间地图可视化,再至环境现状深度分析,最终实现品质问题精准定位的完整问题发现与分析路径。本章基于问题发现与分析建立一个完整的儿童视角下社区街道空间品质优化框架,并针对安全性、舒适性、导向性三大维度制定精细化提升策略。

12.1 社区街道空间品质优化目标及原则

游戏是儿童的天性,沈瑶等在研究冒险游戏场时指出,儿童被长期限制在非常安全的环境中可能会缺失对于危险的感知,降低对周围人的存在感受[①]。因此,儿童友好的街道空间提升不是为了创造一个绝对安全的室内游戏场或是步履匆匆的单一交通空间,而是唤回街道的社交属性,通过安全、品质及儿童导向的提升为儿童划分更有吸引力的非正式游戏空间,提供一个让儿童感受世界、自由游戏的空间容器。

12.1.1 社区街道空间品质优化目标

(1) 创建交通有序、慢行优先的儿童安全街道

前文指出街道品质在社区中分异明显,高品质空间测点集中于一两条街道或空间节点,其他的街道往往品质一般,部分街道存在人车混行和步行道被侵占的现象。这都说明儿童街道安全缺乏保障,且高品质街道有孤岛化趋势,无法为儿童提供连贯的出行体验,儿童独立出行能力受限。因此需要更细致地考虑儿童的需求,为其打造交通有序、慢行优先的安全街道,明确儿童路权,为儿童安全出行和活动提供清晰的指引和保障。

(2) 打造绿色生态、亲近自然的儿童舒适街道

研究对象社区街道整体绿视率水平较高,但在绿化结构与分布方面存在显著局限性。尽管现有的行道绿化已为行人创造了相对宜人的步行条件,但在满足儿童对自然环境的需求方面尚存显著差距。理想的儿童友好街道应能提供一个安全、丰富且充满教育意义的绿色生态环境,使儿童能够在游玩、探索的过程中与自然建立亲密连接,感知生命的多样性和生态系统运作,从而获得宝贵的自然教育。因此,如何在有限的街道空间内巧妙地引入并优化自然元素,提升植物的层次和丰富度,弥补街巷空间舒适度方面的不足,是当前提升空间品质工作的核心目标之一。

(3) 建设配套完善、活动导向的儿童活力街道

在所研究的社区街道中,普遍存在活动设施匮乏与街道家具不足的问题。玩耍在儿童成长过程中扮演着关键角色,虽然我们无法限制儿童进行自发的游戏活动,但可以通过创造安全且富有趣味性的设施与空间,为他们的游戏与学习提供支持。这样的设计不仅服务于儿童,而且具备全龄友好性,能够为儿童及其陪伴者提供舒适的休憩场所,从而有力地促进他们在与周围环境的互动中开展更具价值的社交活动。

12.1.2 社区街道空间品质优化原则

基于前文对社区街道空间品质分异和关联的总结,将多样性和整体性作为街道空间

---

① 沈瑶,刘赛,赵苗萱. 冒险游戏场的起源、实例与启示[J]. 国际城市规划,2021,36(1):30-39.

的优化原则,确保各环境要素保持紧密联系与协调统一,实现街道空间品质的整体提升。在多样性方面,通过定位空间品质短板,实施针对性提升策略,利用测点分布图像实现精准化施策,梳理儿童多元诉求,明确多样化策略优先级。在整体性方面,全局审视街道环境的现状,充分考虑各指标特征之间的关联性与互补性,合理配置资源,确保提升策略的连贯与协调。

(1) 多样性原则:实施针对性策略,进行精准化施策

实施针对性策略并进行精准化施策是在充分考虑儿童的多元化需求、街道空间环境及品质现状的基础上,通过精准定位、高效分析实现街道空间品质的差异化提升。首先,利用评价模型和 ArcGIS 可视化呈现精准识别街道空间品质的短板,如街道活动设施不足、绿化层次单一、安全防护缺失、人性化设施欠缺等具体问题,为后续策略制定提供依据。其次,基于上述问题制定一系列针对性更新策略,例如增设适合各年龄段儿童的活动设施,丰富绿化层次与物种多样性,优化街道家具布局以提供充足休息与互动空间,设置安全警示标识与交通缓冲设施等。再次,借助测点聚类及测点分布图像对街道空间进行精细化管理,通过数据分析精确评估各区域的现状特征、存在的问题及改进效果,指导精准化施策,最大限度地提高资源利用效率。最后,对各类需求进行科学评估与合理排序,明确多样化策略的优先级,在有限的资源条件下,优先解决儿童最紧迫、最重要的需求,如安全性、活动设施多样性等,同时兼顾其他需求的规划落实,确保街道空间品质优化全面回应儿童友好目标。

(2) 整体性原则:保持全局视野,统筹资源配置

在进行空间品质优化时要始终保持全局视野,充分考虑街道空间各环境要素之间的联系,认识到街道空间作为一个复杂系统,各环境要素相互依赖、相互影响,共同构成儿童感知、体验、成长的外部环境。这种全局视野有助于避免局部改善导致的整体失衡,确保空间品质提升的系统性与长效性,维系街道与周边社区、公共设施、自然环境的互动关系。在空间维度上要合理配置资源,确保提升策略的连贯性与协调性,避免"碎片化"更新;在时间维度树立合理改造的价值观,兼顾更新前后对街道空间环境的影响,对优化结果进行预评估,避免由于单一化更新对其他环境要素造成负面影响,出现新的问题。总的来看,整体化原则既要从宏观层面把握街道更新的整体方向与目标,又要从微观层面精细化管理各环境要素的更新与优化。通过全面分析、整体提升、协同更新、多方参与等策略,实现街道空间品质的全面提升,构建满足儿童多元化需求、充满活力的儿童友好街道环境。

12.2 指标分级优化策略

12.2.1 安全性维度优化策略

(1) 优化交通结构,明确儿童路权

首先需要在生活性街道等以步行为主的道路确立慢行优先的基本原则,保障步行和非机动车如儿童自行车、滑板车的优先地位(图 12-2)。通过规划合理的步行道和自行车道,确保其宽度、平整度、连续性,避免与机动车道混行。在儿童活动频繁的区域需设定适

宜的街道限速，通过减速带、红绿灯、小街区、限速墩、缩小路缘半径等"交通稳静"措施改造道路，强制车辆减速行驶。

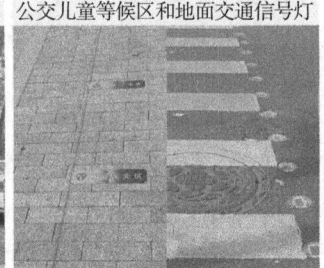

图12-2　深圳百花儿童友好街道儿童安全保障措施
来源：作者绘制和拍摄

其次是设置明显的儿童友好过街设施，如彩色斑马线、儿童身高视平线标识、闪烁警示灯、声音提示装置等，不仅增强了对儿童的视觉吸引力和易读性，让儿童更愿意遵守，也提高了驾驶员对儿童过街行为的警觉性。在公交站、学校附近设置标识明显的儿童专用等候区，这些区域设有符合儿童身高的座椅，确保儿童在等待公交车或家长接送时能够舒适且稳固站立或坐下，保障他们在候车过程中的安全（图12-2）。交通标识系统需考虑儿童识别能力，可沿途设置寓教于乐的交通安全标识、地面涂鸦、互动装置等，用生动有趣的方式加深儿童对交通规则的理解与记忆，实现寓教于乐的目的。

最后要明确儿童路权，有条件的街道可通过隔离措施，明确机动车、非机动车、行人的路权，从而有效保证儿童步行和骑行过程中的安全。在车行为主的街道，应避免设置行人与非机动车共道，防止儿童遭受自行车、电动车可能带来的碰撞危险，可采用高差隔离、设施隔离、材质区分等方式达到视觉和高差上的区分。对于空间较为紧凑的街道区域，可借助绿化带、地面标识划线，提升非机动车道和人行道的高度等手段，确保机动车道与非机动车道及人行道的有效分离，从而在有限空间内最大限度地提高儿童出行的安全水平（图12-2）。

（2）规划车位配置，监管占道停车

首先，在车位优化布局层面，应避免在学校、幼儿园、公园、游乐场等儿童活动频繁区域的出入口直接设置路边停车位，以减少对于儿童的视线遮挡和安全隐患。对于现有停车位，可将部分影响较大的车位迁移至距离儿童活动区域一定安全距离的区域，或者改造成在上下学高峰时段禁停的限时停车位。在通学路段周边可设置临时接送区域和专用通道，如即停即走区域，减少车辆长时间停留，降低儿童穿越马路的风险。

其次，进行交通微改造，针对不同街道的实际情况进行精细化设计，如在通学道路设置护学通道、家长等待区等。或在学校附近的人行横道划定缓冲区，两侧增加安全距离，确保行人特别是儿童有足够的视野和安全过街空间。在非通学路段，可建设立体停车场或地下车库，缓解路面停车压力，同时释放更多公共空间供儿童安全活动。对于易构成安全隐患的停车区可在合适位置安装防护栏、绿化带等障碍物，既美化环境又能起到阻隔车辆的作用（图12-3）。

最后，加强对违法占道停车和占道经营行为的查处力度，运用智能交通管理系统，如电子监控设备抓拍违规停车行为，并予以处罚。通过定期巡查和不定期抽查，确保规定的停车区域得到合理使用，违规停车现象得到有效遏制。

图12-3 深圳桥头学校通学路段儿童安全保障措施

来源：作者绘制和拍摄

（3）促进功能融合，提升空间弹性

对于周边缺少专属游戏场或者绿地的社区或者学校路段，可在尽端路、短街道等通行压力较小的街道实施"共享街道"理念。经当地政府、交通部门及居民同意后，在特定时段关闭部分车行道，转化为临时游乐区、运动场或表演展示区，增加儿童活动空间，同时提升街道活力。当然，这些活动区域与车行空间之间需有物理性隔断来保护儿童免受车辆伤害。

在时间维度上，可以根据儿童活动规律和社区生活节奏，制定分时段的街道空间使用规则，如早晨和傍晚为儿童活动时间，白天为成年人通行和休闲时间，晚上为安静休息时间，实现街道功能的融合，提升空间弹性。

（4）安全性优化策略应用——以唱经楼社区为例

由于唱经楼社区在六个社区中街道空间品质评分最低，这里通过街道品质的空间分布可视化图像选取唱经楼社区中评分最低且承载通学路径的三条街道作为对象，尝试运用设计和管理策略优化街道空间安全性、提升儿童友好度。对于同仁西街，首先优化非机动车停车位布局，加强对车辆停放的监管；设置标识明显的儿童过街设施，提升驾驶员对儿童过街行为的警觉性；增设低矮绿植或树池，作为人车混行道路及危险电力设施与步行道的缓冲区和隔离设施。对于大石桥街，在东段街道通过高差、护栏或绿化带分离步行道路和非机动车道路，优化交通结构，实现人车分流；通过醒目标志及减速带等措施强制车辆减速通行；优化非机动车位布局，加强对车辆停放的监管，减少非机动车对步行空间的占据。对于卫巷，梳通现有步行体系，严格管控商户占道经营现象，对占道违建进行拆除，减小非机动车位进深，改为斜向停车，将原有1 m宽度的步行道扩建至1.5 m；在必要路段设置灌木或栏杆隔断，在通学路段设置护学通道。具体过程详见表12-1。

表12-1 儿童视角下社区街道安全性优化——以唱经楼社区为例

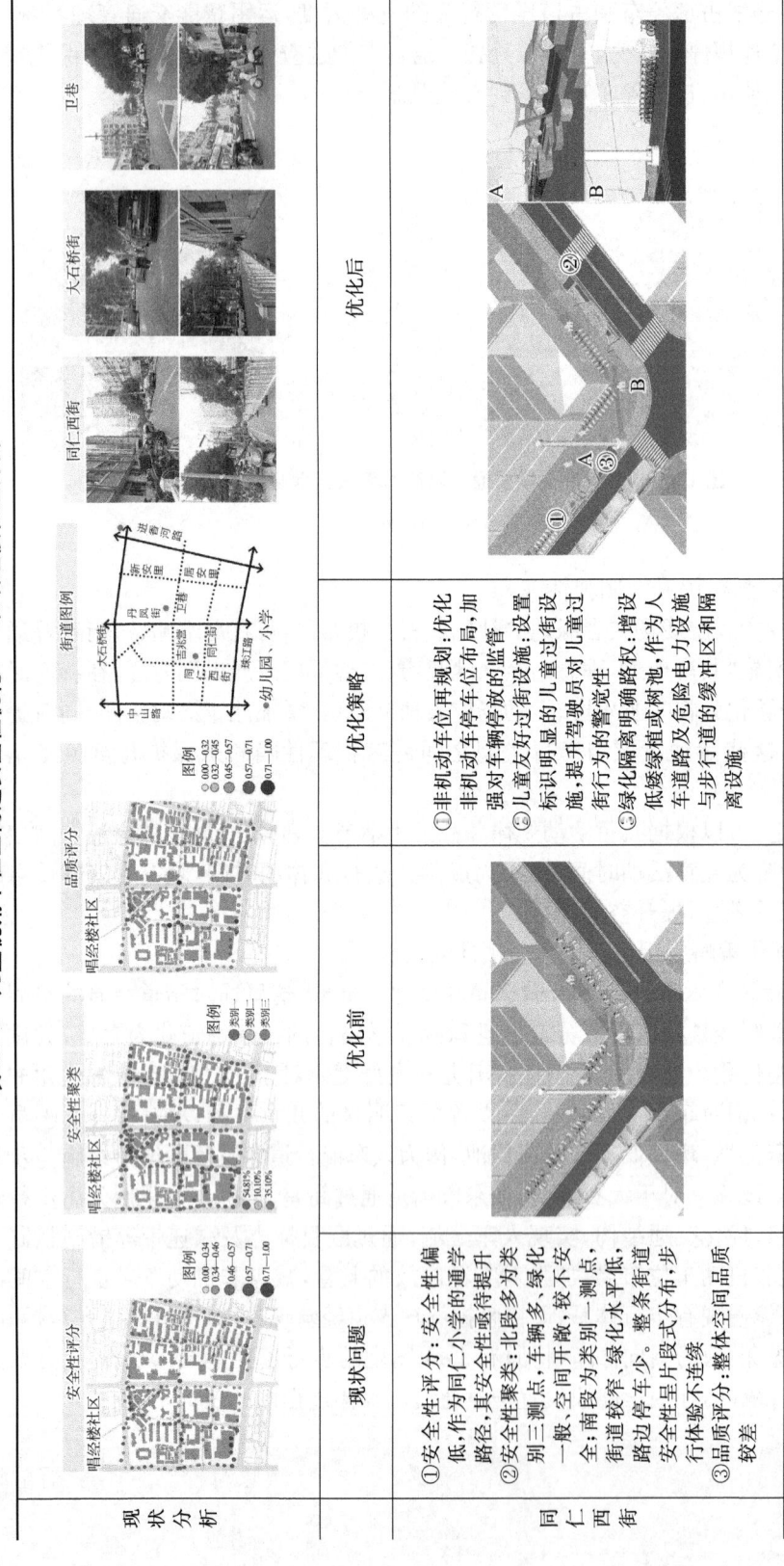

续表

	现状问题	优化前	优化策略	优化后
大石桥街	①安全性评分：安全性偏低，尤其是东段街道安全隐患多，作为路师附小的通学路径，其安全性亟待提升 ②安全聚类：西段测点呈片段式分布，路口广场处安全性较高，东段主要为类别一测点，街道较窄，绿化水平低，车辆较多，类别三测点，路口分异明显 ③品质评分：空间品质由西向东降低		①避免非机动车伤害：在东段街道通过高差、护栏或绿化带分离步行道路和非机动车道路，优化交通结构，实现人车分流 ②交通稳静措施：通过醒目标志及减速带等措施强制车辆减速 ③非机动车位再规划：优化非机动车位布局，加强对车辆停放的监管，减少非机动车对步行空间的占据	
卫巷	①安全性评分：安全性偏低，作为大地幼儿园的通学路径，其安全性亟待提升 ②安全聚类：类别一和类别三测点阶段性分布，绿化水平一般，车辆对儿童造成干扰，步行体验不连续，安全性差 ③品质评分：空间品质整体较低，靠近路口略有提升		①加强步行道管理：梳通现有步行体系，严格管控商户占道经营现象，对占道违建进行拆除 ②车位与步行空间再规划：减小非机动停车，将原有1 m为斜向停车的步行道扩建至宽度为1.5 m ③设置隔离措施：在必要路段设置灌木或栏杆隔断，在通学路段设置护学通道	

来源：作者绘制和拍摄

12.2.2 舒适性维度优化策略

(1) 丰富植物层次，实现绿化集成

多层次、立体化的植物配置既能为儿童创造舒适的街道环境，也能促进其与自然的深度互动，满足儿童亲近自然、接触自然的天性。丰富植物的层次需要构建乔木、灌木、地被植物及攀缘植物相结合的立体绿化结构。乔木层作为垂直空间的主要构成部分可以提供遮阴，有效降低路面温度，创造适宜儿童户外活动的微气候；灌木和地被层在空间上填补了乔木层与地面之间的空隙，丰富了绿地的垂直结构与视觉层次，满足儿童对色彩与形态探索的心理需求；攀缘植物依附于建筑物墙面、栏杆等硬质界面生长，是提高城市绿地率、拓展绿色空间的有效手段，它们不仅增加了绿地覆盖率，还为儿童展示了植物生长方式的多样性。

对空间有限的狭窄街道，须通过绿化集成的方式克服空间限制，同时确保绿化对街道环境的积极影响。首先，可以利用攀缘植物覆盖街巷两侧的墙壁，既增加了绿化面积，又美化了立面，还能吸音降噪、改善微气候。其次，鼓励居民或商业建筑在符合条件的屋顶种植耐旱、低维护的植物，形成空中花园，不仅增加了绿化总量，还有助于隔热保温，减少建筑能耗。亦可在街巷两侧的电线杆、路灯杆、建筑外立面上悬挂花箱，种植观赏性强的小型花卉或藤蔓植物。最后，对于有条件的街道可选择小型或中型的行道树，合理布局树池，既不影响通行，又能提供遮阴、美化环境（图 12-4）。

图 12-4 狭窄街道的绿化集成

来源：作者绘制和拍摄

(2) 统筹交通绿化，优化绿地布局

在优化绿地布局方面，可结合街道走向、建筑布局及人行流线，合理规划绿地空间。在儿童活动频繁的街道、广场、学校周边设置大面积集中绿地，提供宽敞的休闲、游戏场地或在街道转角、街头空地等处设置小型口袋公园或绿化节点，增加街道景观多样性。

在统筹绿地资源方面，可将绿地空间与儿童活动设施、休闲座椅、科普教育设施等相结合，形成多功能复合型绿地。如设置儿童友好型的种植园地、自然观察区、科普标识牌等，让儿童在接触自然、学习知识的同时，享受到户外活动的乐趣；或引入雨水花园、生物滞留池等生态设施，利用植物吸收、净化雨水，改善城市微气候，同时为儿童提供自然教育的场所。绿地边缘可设置生态边沟、生态护坡，增强绿地的生态功能，同时也为儿童提供观察昆虫、小动物的生活环境(图 12-5)。

在结合交通景观方面,可利用绿地内的开阔区域设置临时公交站、共享单车停放区等,实现土地资源的高效利用;或将慢行系统与绿地串联,形成"绿道"系统,鼓励儿童步行或骑行出行,增加与自然环境的接触机会。

街角儿童共享农场(百花)

街角绿地(百花儿童友好街道)

与自然亲密互动的架空步道(火瓦巷)

图 12-5 多功能复合型绿地

来源:作者绘制和拍摄

(3) 更新绿化设施,加强后期养护

首先要及时修剪树木枝叶,避免过高、过密影响视线,减少儿童因视线受阻而发生意外的风险。对于机动车道边缘,树木种植应确保其最低高度达到 4.5 m,以确保驾驶者在行驶过程中拥有充足的视野范围;对于非机动车道和人行道边缘,树木高度至少应为 2.5 m,使得骑行者及行人能够清晰观察到周边环境,防范潜在危险,同时也为街道整体营造出舒适宜人的步行及骑行空间;而对于交叉口的灌木,则应将其高度控制在 1 m 以下,保证行人和车辆获得足够的视觉信息。

在植物养护方面,应采用生物防治、物理防治等环保方法,减少化学农药的使用,保护儿童健康,并定期巡查,及时发现和处理病虫害问题,保持植物健康生长。在更新植物种类时,优先选择对儿童友好的植物,避免使用带有尖刺、有毒、易引发过敏反应的植物,营造安全、舒适、健康兼具的绿色环境。

(4) 舒适性优化策略应用——以唱经楼社区为例

同样地,这里仍然选取唱经楼社区中评分最低且承载通学路径的三条街道作为对象,尝试运用设计和管理策略优化街道空间舒适性、提升儿童友好度。对于同仁西街,首先增加灌木、树池等低矮绿植,作为隔离和缓冲空间的同时提升儿童与绿化的直接交互;鼓励有条件的商户用绿化装点门面或在裙房屋顶种植植物;现有乔木与建筑距离较近,树冠覆盖度高,采光不足,可适当修剪树枝。对于大石桥街,在住区围墙或围栏种植攀附植物,建立立体绿化,提升街道绿视率;鼓励有条件的商户用绿化装点门面或在裙房屋顶种植植物;梳理整合街道两边的闲置空间,进行街角绿地建设,增加街道两侧步行空间的绿地率。对于卫巷,梳理整合街道两边的闲置空间,进行街角绿地建设,增加街道两侧步行空间的绿地率;鼓励有条件的商户用绿化装点门面或在裙房屋顶种植植物;现有乔木树冠较大,对夜间采光遮挡严重,可适当修剪树枝。具体过程详见表 12-2。

表12-2 儿童视角下社区街道舒适性优化——以唱经楼社区为例

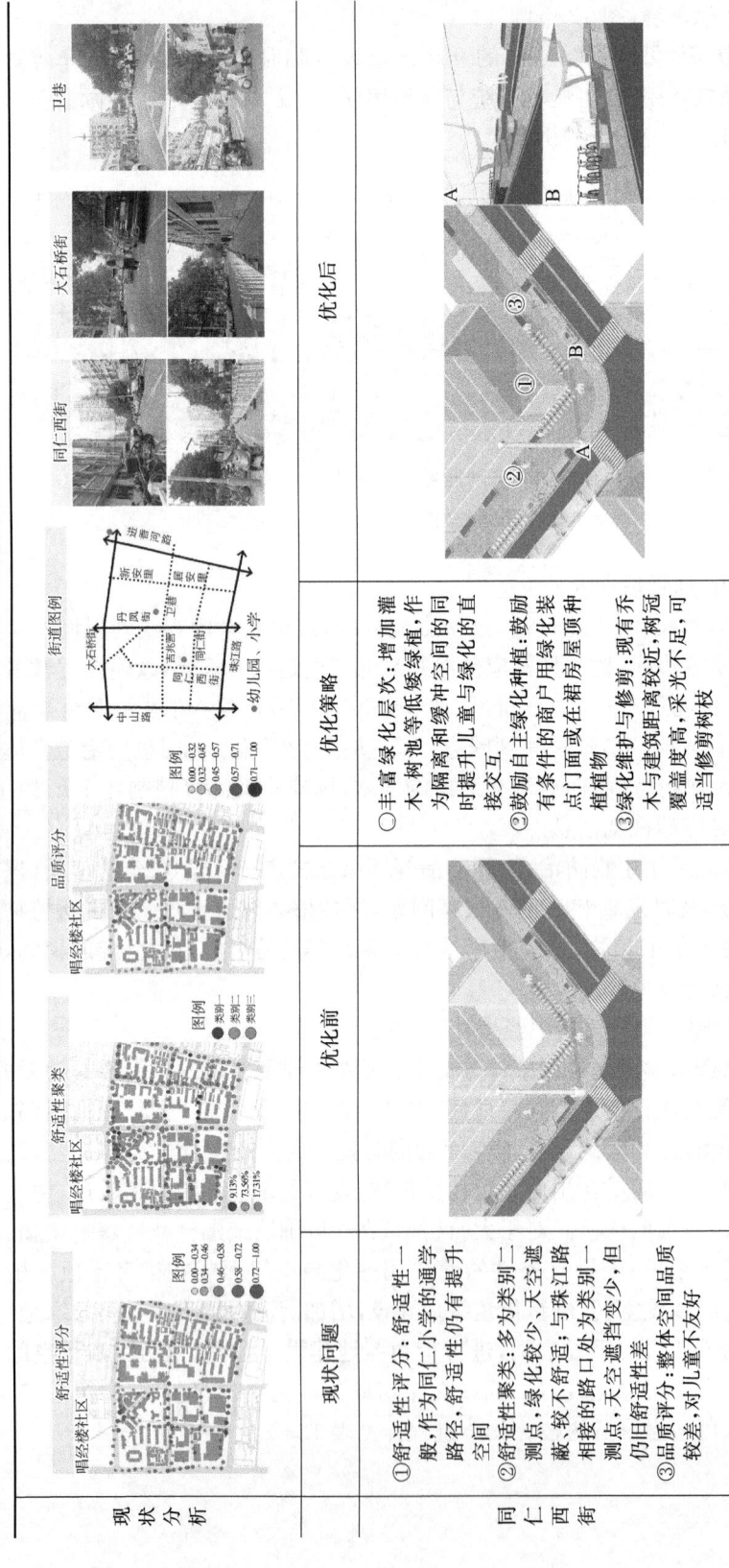

12 儿童友好型社区街道的空间品质优化策略

续表

	现状问题	优化前	优化策略	优化后
大石桥街	①舒适性评分：舒适性评分整体较低，西段街道略高，东段街道作为南师附小的通学路径为步行体验较差，亟待提升 ②舒适性聚类：多为类别二测点，绿化较少，天空遮蔽，灌木不舒适；西段街道随机散布类别一和类别三测点，步行体验富有变化 ③品质评分：空间品质由西向东降低		①绿化集成：在住区围墙或围栏种植攀附植物，建立体绿化，提升街道绿视率 ②鼓励自主绿化种植：鼓励有条件的商户用绿化装点门面或在裙房屋顶种植物 ③增加绿地率：梳理整合街道两边的闲置空间，进行街角绿地建设，增加街道两侧步行空间的绿地率	
卫巷	①舒适性评分：舒适性评分较低，作为大地幼儿园的通学路径，其舒适性略待提升 ②舒适性聚类：三个类别的测点随机散布，街道秩序性较差，但这种多变的步行体验和连续种类秋季整体也会激发儿童探索欲 ③品质评分：空间品质整体较低，靠近路口略有提升		①增加绿地率：梳理整合街道两边的闲置空间，进行街角绿地建设，增加街道两侧步行空间的绿地率 ②鼓励自主绿化种植：鼓励有条件的商户用绿化装点门面或在裙房屋顶种植物 ③绿化维护与修剪：现有乔木树冠较大，对夜间采光遮挡严重，可适当修剪树枝	

来源：作者绘制和拍摄

12.2.3 导向性维度优化策略

(1) 挖掘空间潜力,创造活动场所

在传统高密度社区中,由于人口密集、建筑紧凑,街道空间面积往往捉襟见肘,难以满足居民尤其是儿童群体对户外活动场所的需求。为了优化利用现有资源,提升社区活力与儿童吸引力,可以对街头巷尾、废弃空地、未充分利用的边角地块进行改造,通过清理、平整、绿化等手段,将其转化为多功能复合式儿童活动区,包括开放式草坪供儿童奔跑嬉戏,半封闭游戏屋用于角色扮演或安静阅读,以及配备沙池、秋千、平衡木等各类游乐设施的活动区。同时,可以融入雨水花园、生态种植等元素,既美化环境,又为儿童提供接触自然、了解环保知识的机会。周边配以休息座椅、遮阳设施及夜间照明,方便家长看护并鼓励全天候使用(图12-6)。而对于社区中常见的建筑退界空间、围墙内外侧等,可以在沿街墙体设立阅读角、涂鸦墙或科普展示区,让原本闲置的空间焕发活力。

图12-6 畸零空间的活化利用

来源:作者绘制和拍摄

(2) 优化色彩环境,打造趣味空间

通过优化街道空间的色彩环境,打造趣味出行空间,提升街道活力,增强空间的视觉吸引力,促使儿童发生社交及活动行为,并在潜移默化中促进儿童的想象力与创造力的发展。例如可以在街头公园、广场等开阔空间设置富有创意的公共艺术装置,通过这些具有鲜明视觉冲击力和趣味互动性的艺术装置,激发儿童的好奇心和探索欲望,促使他们在游玩中主动参与、体验和思考;亦可利用建筑物退线、临街空白外墙等墙面空间创作风格多样的壁画或涂鸦作品,既美化街道景观,又为儿童提供丰富的视觉教材。

在沿街绿地、人行道地面、通学路径及街道设施上可以运用色彩鲜明的铺装材料,如彩色橡胶地面、马赛克拼贴等,形成活泼生动的地面图案。同时,可以布置色彩丰富的花坛、花境,种植种类多样的观赏植物,营造富有生机活力的自然景观,使街道空间成为充满艺术气息与趣味性的儿童非正式活动场所(图12-7)。

(3) 丰富生活场景,补充街道家具

考虑到儿童的身心特点及我国普遍存在的隔代抚养现象,儿童与其主要看护者在户外活动时对休息设施具有突出需求。因此,要关注街道家具对于儿童、看护者特别是老年人群体的友好性与适用性,让他们能舒适地停留、休憩,并与周边环境产生更有意义的互动社交,如通过柱廊、雨棚、遮阳棚等为儿童及看护者提供停留休息交流的空间。

图 12-7 优化色彩环境打造趣味空间

来源：作者绘制和拍摄

街道家具应充分考虑儿童的身体尺寸与使用习惯，确保其高度、尺寸、材质等符合儿童人体工程学要求，保障使用安全。如设置矮凳、低矮饮水台、小型垃圾桶等，便于儿童自行使用。同时，家具边缘应圆润无锐角，表面处理应防滑耐磨，避免安全隐患。街道家具应根据儿童活动需求和街道空间特点进行灵活布局，如在宽敞区域设置大型游乐设施，在狭窄路段布置小型互动装置；在行人流量大的节点设置休息座椅，在安静角落设立阅读或绘画角落。此外，应合理安排家具间的距离，确保儿童活动空间充足，避免人流拥堵。

除了常规的座椅、垃圾桶、照明设施等，还应增设具有游戏、学习、交流等功能的家具，如攀爬架、秋千、摇椅、涂鸦墙、音乐互动装置、科普展示栏等。这些家具应鼓励儿童进行积极的身体活动、社交互动和创造性表达，提升街道的活力与趣味性（图 12-8）。

图 12-8 可停留的全龄友好的街道家具

来源：作者绘制和拍摄

（4）导向性优化策略应用——以唱经楼社区为例

同样地，这里仍然选取唱经楼社区中评分最低且承载通学路径的三条街道作为对象，尝试运用设计和管理策略优化街道空间导向性、提升儿童友好度。对于同仁西街，整合梳理现有非机动车停车空间，加设座椅等街道家具，作为家长和儿童活动与交流的场所；利用同仁小学侧门空地增设儿童等候区，配备休憩设施，分担南部入口交通压力；通过交通设施、通学路径铺地、社区外墙的材料更新，营造色彩丰富、充满活力的街道空间。对于大石桥街，通过交通设施、通学路径铺地、社区外墙的涂料更新，营造色彩丰富、充满活力的街道空间；利用社区围墙和退界空间设立教育科普展示区，利用街边空地设计儿童活动场地。对于卫巷，通过活动设施、色彩优化等手段将越时空通信广场打造为儿童活动广场；通过交通设施、通学路径铺地、社区外墙的涂料更新，营造色彩丰富、充满活力的街道空间。将畸零空间转化为沙坑、种植花园等具有儿童吸引力的活动区。具体过程详见表 12-3。

表12-3 儿童视角下社区街道导向性优化——以唱经楼社区为例

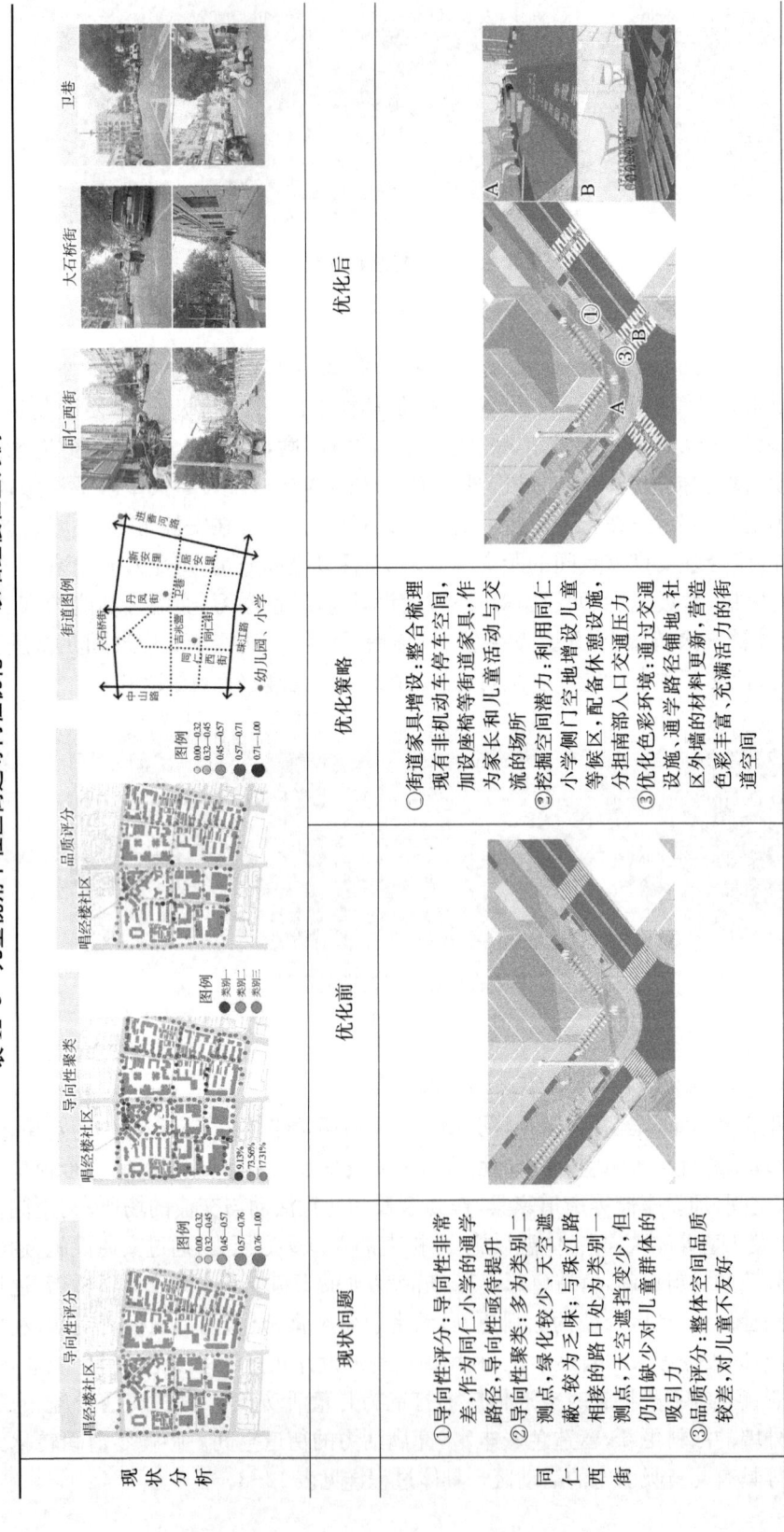

12 儿童友好型社区街道的空间品质优化策略

续表

	现状问题	优化前	优化策略	优化后
大石桥街	①导向性评分：导向性评分整体较低，在街道路口处略有提升，东段街道作为南师附小的通学路径没有明显的儿童友好导向元素 ②导向性聚类：多为类别二测点，绿化较少，天空遮蔽，较为无味；西段街道随机散布类别一和类别三测点，步行体验富有变化 ③品质评分：空间品质由西向东降低		①优化色彩环境：通过交通设施、通学路径路径铺地、社区外墙的涂料更新，营造色彩丰富、充满活力的街道空间 ②挖掘空间潜力：利用社区围墙和退界空间设立教育科普展示区，利用街边空地设计儿童活动场地	
卫巷	①导向性评分：导向性评分低，作为大地幼儿园的通学路径，缺少对儿童导向元素 ②导向性聚类：三个类别的测点随机散布，街道秩序性较差，但这种多变的步行体验也会激发儿童的探索欲 ③品质评分：空间品质整体较低，靠近路口略有提升		①趣味广场打造：对趣时空通信广场进行儿童友好更新，通过交通手段、色彩优化等打造充满活力的活动广场 ②优化色彩环境：通过交通设施、通学路径铺地、社区外墙的涂料更新，营造色彩丰富、充满活力的街道空间 ③活动区更新：将崎零空间转化为沙坑玩，种植花等具有儿童吸引力的活动区	

来源：作者绘制和拍摄

参考文献

学术著作

[1] 洛夫. 林间最后的小孩:拯救自然缺失症儿童[M]. 自然之友,王西敏,译. 北京:中国发展出版社,2014.

[2] 格利森,西普. 创建儿童友好型城市[M]. 丁宇,译. 北京:中国建筑工业出版社,2014.

[3] 弗里曼,特伦特. 儿童和他们的城市环境:变化的世界[M]. 萧明,译. 南京:东南大学出版社,2015.

[4] 刘视湘. 社区心理学[M]. 北京:开明出版社,2013.

[5] 上海市规划和国土资源管理局,上海市交通委员会,上海市城市规划设计研究院. 上海市街道设计导则[M]. 上海:同济大学出版社,2016.

[6] 沈磊,孙洪刚. 效率与活力:现代城市街道结构. [M]. 北京:中国建筑工业出版社,2007.

[7] 马歇尔. 街道与形态[M]. 苑思楠,译. 北京:中国建筑工业出版社,2011.

[8] 梅赫塔. 街道社会公共空间的典范[M]. 金琼兰,译. 北京:电子工业出版社,2016.

[9] 盖尔. 交往与空间[M]. 何人可,译. 北京:中国建筑工业出版社,2002.

[10] 阿利埃斯. 儿童的世纪[M]. 沈坚,朱晓罕,译. 北京:北京大学出版社,2013.

[11] 雅各布斯. 美国大城市的死与生[M]. 金衡山,译. 2版. 南京:译林出版社,2006.

[12] 马库斯,弗朗西斯. 人性场所:城市开放空间设计导则[M]. 俞孔坚,等译. 北京:中国建筑工业出版社,2001.

[13] 邓述平,王仲谷. 居住区规划设计资料集[M]. 北京:中国建筑工业出版社,1996.

[14] 林奇. 城市意象[M]. 方益萍,何晓军,译. 北京:华夏出版社,2001.

[15] 怀特. 城市:重新发现市中心[M]. 叶齐茂,倪晓晖,译. 上海:上海译文出版社,2020.

[16] 迈达尼普尔. 城市空间设计:社会—空间过程的调查研究[M]. 欧阳文,梁海燕,宋树旭,译. 北京:中国建筑工业出版社,2009.

[17] 王卫平,孙锟,常立文. 儿科学. [M]. 9版. 北京:人民卫生出版社,2018.

[18] 皮亚杰. 发生认识论原理[M]. 王宪钿,等译. 北京:商务印书馆,1981.

[19] 中国学生体质与健康研究组. 2019年中国学生体质与健康调研报告[M]. 北京:高等教育出版社,2022.

[20] 费孝通,刘豪兴. 社会调查自白:怎样做社会研究[M]. 上海:上海人民出版社,2009.

[21] 雅各布斯. 伟大的街道[M]. 王又佳,金秋野,译. 北京:中国建筑工业出版社,2009.

[22] 刘磊,雷越昌,任泳东,等. 儿童友好城市的中国实践[M]. 北京:中国建筑工业出版社,2022.

[23] 孙承咏. 环境学导论[M]. 北京:中国人民大学出版社,1994.

[24] 大野隆造,小林美纪. 人的城市:安全与舒适的环境设计[M]. 余漾,尹庆,译. 北京:中国建筑工业出版社,2015.

[25] 鲁思. 简捷图示儿童建筑环境设计手册[M]. 程瑾,译. 北京:中国建筑工业出版社,2003.

[26] 王江萍,姚时章. 城市居住外环境设计[M]. 重庆:重庆大学出版社,2000.

[27] 孙立,曹政,李铭. 走向共享社区:基于共享理念的社区更新之道[M]. 北京:中国建筑工业出版社,2021.

[28] 伯顿,米切尔. 包容性的城市设计:生活街道[M]. 费腾,付本臣,师帅,译. 北京:中国建筑工业出版社,2009.

[29] 美国全球城市设计倡议协会,美国国家城市交通官员协会. 全球街道设计指南[M]. 王小斐,胡一可,译. 南京:江苏凤凰科学技术出版社,2018.

[30] 凯尔博. 共享空间:关于邻里与区域设计[M]. 吕斌,覃宁宁,黄翊,译. 北京:中国建筑工业出版社,2021.

[31] Sheridan M D. From Birth to Five Years:Children's Developmental Progress[M]. London:Routledge,2007.

[32] Gibson J J. The Ecological Approach to Visual Perception:Classic Edition[M]. New York:Psychology Press,2014.

[33] Banerjee T,Lynch K. Growing up in Cities:Studies of the Spatial Environment of Adolescence in Cracow, Melbourne, Mexico City, Salta, Toluca, and Warszawa [M]. Cambridge:MIT Press,1977.

[34] Hillier B. Space is the Machine:A Configurational Theory of Architecture[M]. Cambridge:Cambridge University Press,1999.

[35] Rudofsky B. Streets for People:A Primer for Americans[M]. New York:Doubleday,1982.

[36] Benn S I, Gaus G F. The Public and the Private:Concepts and Action[M]. New York:St. Martin's Press, 1983.

期刊、会议论文

[1] 陈友华. 理性化、城市化与城市病[J]. 北京大学学报(哲学社会科学版),2016,53(6):107-113.

[2] 吕和武,王德涛. 日本儿童的体力活动及其启示[J]. 体育文化导刊,2015(12):84-87.

[3] 何玲玲,林琳.中国城市学龄儿童体力活动变化趋势[J].中国学校卫生,2016,37(4):636-640.

[4] 柴彦威,谭一洺,申悦,等.空间—行为互动理论构建的基本思路[J].地理研究,2017,36(10):1959-1970.

[5] 曹艳华.发展型社会政策视角下的少子化应对思考[J].探求,2020(4):85-97.

[6] 欧伯雷瑟-芬柯,吴玮琼.活动场地:城市——设计少年儿童友好型城市开放空间[J].中国园林,2008(9):49-55.

[7] 卞一之,朱文一.95 cm高的城市:伯纳德·范·里尔基金会及其城市95计划解读[J].城市设计,2019(6):38-47.

[8] 毛华松,詹燕.关注城市公共场所中的儿童活动空间[J].中国园林,2005(9):14-17.

[9] 丁宇.儿童空间利益与城市规划基本价值研究[J].城市规划学刊,2009(7):177-181.

[10] 沈瑶,木下勇,贺磊.高层居住小区儿童游戏空间发展特征与更新方向[J].人文地理,2015(3):28-33.

[11] 蒋玲,潘明率.儿童户外活动空间小尺度设计研究:从几例国外儿童户外活动场地设计实例中借鉴[J].华中建筑,2015(8):69-72.

[12] 沈瑶,张丁雪花,李思,等.城市更新视角下儿童放学路径空间研究:以长沙中心城区案例为基础[J].建筑学报,2015(9):94-99.

[13] 杨燊,高翔,李早.儿童放学后行动路径与社区空间结构的关联性研究[J].城市设计,2017(4):62-69.

[14] 孙霞,李早,李瑾,等.基于GPS技术的小学生放学路径调查与学区服务半径研究[J].南方建筑,2016(2):80-85.

[15] 魏琼,李早,胡文君.小学生放学后停留行为与游憩空间的关联性研究[J].中国园林,2017,33(1):100-105.

[16] 董慰,闫慧中,董禹.在游戏中成长:英国的儿童游戏环境营造经验[J].上海城市规划,2020(3):14-19,37.

[17] 何丰,朱隆斌.城市公共空间设计中的儿童参与[J].住宅科技,2019(12):20-24.

[18] 施雯,黄春晓.国内儿童友好空间研究及实践评述[J].上海城市规划,2021(5):129-136.

[19] 宋桐庆,朱喜钢.失落的城市街道空间[J].现代城市研究,2011(2):86-91.

[20] 方榕.生活性街道的要素空间特征及规划设计方法[J].城市问题,2015(12):46-51.

[21] 沈瑶,云华杰,赵苗萱,等.儿童友好社区街道环境建构策略[J].建筑学报,2020(S2):158-163.

[22] 齐君,董玉萍,提姆·汤森.可供性理论在西方环境规划设计中的应用与发展[J].国际城市规划,2019(6):100-107,114.

[23] 林芷珊,林广思.基于可供性理论的儿童友好型开放空间研究现状与展望[J].风景

园林,2022(2):71-77.

[24] 孟雪,李玲玲.城市住区空间环境儿童友好度评价体系研究:基于儿童照护者的视角[J].城市问题,2022(1):34-43.

[25] 易芬.居住区在儿童户外体力活动方面的可供性研究:以南京市奥体新城青桐园为例[J].建筑与文化,2016(6):151-153.

[26] 温锋华,王雅姝.儿童友好型社区健康空间需求与治理策略[J].北京规划建设,2020(03):25-29.

[27] 王世福,易智康,张晓阳.中国城市更新转型的反思与展望[J].城市规划学刊,2023(1):20-25.

[28] 沈瑶,刘赛,赵苗萱.冒险游戏场的起源、实例与启示[J].国际城市规划,2021,36(01):30-39.

[29] 沈瑶,刘晓艳,刘赛.基于儿童友好城市理论的公共空间规划策略:以长沙与岳阳的民意调查与案例研究为例[J].城市规划,2018(11):79-86,96.

[30] 刘磊,任泳东.面向儿童友好的公共服务体系构建与标准化研究[J].规划师,2023(7):48-55.

[31] 陈竹,叶珉.西方城市公共空间理论:探索全面的公共空间理念[J].城市规划,2009(6):59-65.

[32] 王博.建筑环境心理学在公共空间设计中的应用[J].建筑技术,2015(S1):153-155.

[33] 魏萍,蔺宝钢,张斌,等.基于SNA的城市周边乡村公共空间精准优化研究:以白鹿原地区车村为例[J].中国园林,2024(06):91-96.

[34] 汪淼,陈振杰,周琛.基于加权两步移动搜索法的城市绿色开敞空间可达性研究:以南京市中心城区为例[J].生态学报,2023,43(13):1-10.

[35] 徐宁.多学科视角下的城市公共空间研究综述[J].风景园林,2021(4):52-57.

[36] 叶宇,张昭希,张啸虎,等.人本尺度的街道空间品质测度:结合街景数据和新分析技术的大规模、高精度评价框架[J].国际城市规划,2019,34(1):18-27.

[37] 龙瀛,周垠.图片城市主义:人本尺度城市形态研究的新思路[J].规划师,2017(2):54-60.

[38] 王斐,赵渺希.城市滨水空间的活力测度及影响因素检验[J].中国园林,2023(3):66-71.

[39] 钮心毅,康宁.上海郊野公园游客活动时空特征及其影响因素:基于手机信令数据的研究[J].中国园林,2021(8):39-43.

[40] 仇志伟,周典,徐怡珊,等.基于GPS数据分析的城市社区老年人日常生活领域调查方法研究[J].建筑学报,2017(S1):59-62.

[41] 翟宇佳,吴承照.基于GPS数据与空间统计的城市森林公园景观偏好研究[J].中国园林,2020(6):45-50.

[42] 郑天晨,严岩,章文,等.基于社交媒体数据的城市公园景感评价[J].生态学报,2022(2):561-568.

[43] 张英,蔡伟.公众偏好视角下城市滨水区儿童游戏空间设计研究[J].园林,2023(7):126-135.

[44] 徐欣然,陈喆.乡村儿童友好型公共空间更新与设计策略[J].中外建筑,2022(8):81-85.

[45] 周扬,关经纯,钱才云.基于行为特征与心理需求的儿童友好型社区户外活动空间研究[J].中国园林,2022(7):115-120.

[46] 尚伟,吕桑,何聪,等.小学通学路径空间研究:以武汉南湖学区为例[J].中外建筑,2023(4):85-89.

[47] 沈瑶,朱红飞,石雅昕,等.城市建成环境对儿童独立出行能力的影响因素及规划对策研究[J].国际城市规划,2021(1):17-23.

[48] 谷晓丹,罗玲玲,陈红兵.环境设计概念的生态维度新理解:基于吉布森可供性理论的思考[J].东北大学学报(社会科学版),2020(4):14-20.

[49] 梁爽静,袁迪.荷兰代尔夫特市街区:儿童友好型街区的建设实践与启示[J].北京规划建设,2021(1):64-69.

[50] 朱霜杰.非正式游戏空间:城市公共空间再利用[J].上海教育,2023(20):31-33.

[51] 林瑛,周栋.儿童友好型城市开放空间规划与设计:国外儿童友好型城市开放空间的启示[J].现代城市研究,2014(11):36-41.

[52] 张雪诺,廖佳妹,刘子昂,等.一米高度立体感知街道:儿童友好型街道设计探索[J].上海城市规划,2022(6):119-125.

[53] 崔博庶,茅明睿,张云金.面向社区规划的智能工具箱研究与应用:以北京朝阳区责任规划师工作为例[J].北京规划建设,2020(S1):136-142.

[54] 龙瀛,唐婧娴.城市街道空间品质大规模量化测度研究进展[J].城市规划,2019(6):107-114.

[55] 贺慧,戴梦缘,李婷婷,等.儿童友好型城市生活性街道空间品质识别研究:以武汉市南京路与尚隆路为例[J].上海城市规划,2020(3):47-53.

[56] 滕尼斯.社区与社会[J].顾海萍,译.都市文化研究,2007(2):169-175.

[57] 王建国.基于人机互动的数字化城市设计:城市设计第四代范型刍议[J].国际城市规划,2018(1):1-6.

[58] 方榕,刘碧玉.生活性街道的形态规律及其动因研究:以南京为例[J].城市发展研究,2022(12):129-136.

[59] 周进,黄建中.城市公共空间品质评价指标体系的探讨[J].建筑师,2003(3):52-56.

[60] 司睿,林姚宇,肖作鹏,等.基于街景数据的建成环境与街道活力时空分析:以深圳福田区为例[J].地理科学,2021(9):1536-1545.

[61] 樊冰青,周波,成受明,等.拉萨街道空间品质测度及优化研究:以林廓环路为例[J].山地学报,2021(1):117-128.

[62] 陈神飞,林怡,姚其,等.城市夜景照明的色彩调和与视觉熵的相关性研究[J].照明

工程学报,2023(3):149-157.

[63] 关可汗,赵莹.基于街景图片的城市街道空间品质对比研究[J].地理空间信息,2021,19(11):131-135.

[64] 王一睿,周庆华,杨晓丹,等.城市公共空间感知的过程框架与评价体系研究[J].国际城市规划,2022(5):80-89.

[65] 樊钧,唐皓明,叶宇.街道慢行品质的多维度评价与导控策略:基于多源城市数据的整合分析[J].规划师,2019,35(14):5-11.

[66] 陈婧佳,龙瀛.城市公共空间失序的要素识别、测度、外部性与干预[J].时代建筑,2021(1):44-50.

[67] Magagula S,张谊.儿童友好型城市:从游乐场到街道[J].北京规划建设,2018(3):125-128.

[68] 蒋源,于儒海,曹壐,等.基于网络社交数据的城市情绪地图及空间优化探索:以成都为例[J].规划师,2023(9):56-62,77.

[69] 许恒玮,李力.基于深度学习的街景色彩的分析与生成研究[C]//2021年全国建筑院系建筑数字技术教学与研究学术研讨会暨DADA2021数字建筑学术研讨会.武汉,2021:112-118.

[70] 李念雅.基于POI数据的南京儿童商业活动空间分布研究[C]//2022/2023中国城市规划年会.武汉,2023:533-542.

[71] 刘金.空间感知维度下的城市公共空间情感化设计[C]//2022/2023中国城市规划年会.武汉,2023:1112-1120.

[72] 孟兆阳,张斌.欧洲儿童友好型社区空间对我国的启示[C]//2018(第十三届)城市发展与规划大会.苏州,2018:845-850.

[73] 彭川子,张贻生,徐惠农.基于儿童友好的学校周边道路安全评价及改善[C]//2017年中国城市交通规划年会.上海,2017:2200-2208.

[74] Gutkin T B. Ecological Psychology: Replacing the Medical Model Paradigm for School-Based Psychological and Psycho-educational Services [J]. Journal of Educational and Psychological Consultation,2012,22(1/2):1-20.

[75] Gibson J J. The Ecological Approach to Visual Perception: Classic Edition [M]. New York: Psychology Press,2014.

[76] Turvey M T. Affordances and Prospective Control: An Outline of the Ontology [J]. Ecological Psychology,1992,4(3):173-187.

[77] Turvey M T,Shockley K,Carello C. Affordance,Proper Function,and the Physical Basis of Perceived Heaviness[J]. Cognition,1999,73(2):B17-B26.

[78] Stoffregen T A,Affordances as Properties of the Animal-environment System[J]. Ecological Psychology,2003,15(2):115-134.

[79] Warren W H,Whang S,Visual Guidance of Walking Through Apertures: Body-scaled Information for Affordances[J]. Journal of Experimental Psychology:

Human Perception and performance,1987,13(3):371-383.

[80] Costall A. Socializing affordances[J]. Theory & Psychology,1995,5(4):467-481.

[81] Heft H. Affordances and the body: an intentional analysis of Gibson's ecological approach to visual perception[J]. Journal for the Theory of Social Behaviour, 1989,19(1):1-30.

[82] Maier J R, Fadel G M. Affordance based design: A relational theory for design[J]. Research in Engineering Design,2009,20(1):13-27.

[83] Kyttä M. Affordances of children's environments in the context of cities, small towns, suburbs and rural villages in Finland and Belarus[J]. Journal of Environmental Psychology,2002,22(1):109-123.

[84] Abu-Ghazzeh T M. Children's use of the street as a playground in Abu-Nuseir, Jordan[J]. Environment and Behavior,1998,30(6):799-831.

[85] Heft H. Affordances of Children's Environments: A Functional Approach to Environmental Description[J]. Children's Environments Quarterly,1988,5(3):29-37.

[86] Kyttä M. The Extent of Children's Independent Mobility and the Number of Actualized Affordances as Criteria for Child-Friendly Environments[J]. Journal of Environmental Psychology,2004,24(2):179-198.

[87] Hartson H R. Cognitive, physical, sensory, and functional affordances in interaction design[J]. Behaviour & Information Technology,2003,22(5):315-338.

[88] Loder R T, Abrams S. Temporal variation in childhood injury from common recreational activities[J]. Injury,2011,42(9):945-957.

[89] Askew J. Shaping urbanization for children: a handbook on child-responsive urban planning[J]. Cities & Health,2019,3(1/2):85.

[90] Khalifa S I, Shafik Z, Shehayeb D. Young people's preferences in public spaces[J]. Archnet-IJAR International Journal of Architectural Research,2024,18(1):41-57.

[91] De Visscher S., Bouverne-de Bie M. Recognizing urban public space as a co-educator: Children's socialization in Ghent[J]. International Journal of Urban and Regional Research,2008,32(3):604-616.

[92] Guo D, Shi Y S, Chen R Q. Environmental affordances and children's needs: Insights from child-friendly community streets in China[J]. Frontiers of Architectural Research,2023,12(3):411-422.

[93] Bringolf-Isler B, Grize L, MäDer U, et al. Built environment, parents' perception, and children's vigorous outdoor play[J]. Preventive Medicine,2010,50(5/6):251-256.

[94] Shadkam A., Moos M. Keeping young families in the centre: a pathways approach

to child-friendly urban design[J]. Journal of Urban Design,2021,26(6):699-724.

[95] Heelan K A,Abbey B M,Donnelly J E,et al. Evaluation of a Walking School Bus for Promoting Physical Activity in Youth[J]. Journal of Physical Activity & Health,2009,6(5):560-567.

[96] Rossetti T,Lobel H,Rocco V,et al. Explaining subjective perceptions of public spaces as a function of the built environment:A massive data approach[J]. Landscape and Urban Planning,2019(181):169-178.

[97] Farahani M,Razavi-Termeh S V,Sadeghi-Niaraki A,et al. People's olfactory perception potential mapping using a machine learning algorithm:A Spatio-temporal approach[J]. Sustainable Cities and Society,2023(93):1-22.

[98] Elsawy A A,Ayad H M,Saadallah D. Assessing livability of residential streets-case study:El-Attarin,Alexandria,Egypt[J]. Alexandria Engineering Journal,2019,58(2):745-755.

[99] Mcmillan T E. The relative influence of urban form on a child's travel mode to school[J]. Transportation Research Part A:Policy & Practice,2007,41(1):69-79.

[100] March A,Rijal Y,Wilkinson S,et al. Measuring Building Adaptability and Street Vitality[J]. Planning Practice & Research,2012,27(5):531-552.

学位论文

[1] 刘洁.公平正义视角下的城市更新实施策略研究[D].西安:长安大学,2016.

[2] 邢斐.城市开放空间儿童友好性设计研究[D].哈尔滨:哈尔滨工业大学,2011.

[3] 张昊宁.城市儿童游戏空间规划[D].北京:北京林业大学,2011.

[4] 崔淑芝.住区外部空间儿童交往行为的案例研究[D].大连:大连理工大学,2009.

[5] 刘晓艳.基于儿童友好城市理论的社区公共空间更新策略研究[D].长沙:湖南大学,2018.

[6] 张渡也.儿童友好型社区公共空间设计研究[D].深圳:深圳大学,2019.

[7] 王婷.易诱发儿童交往行为发生的老城街巷空间研究[D].武汉:华中科技大学,2006.

[8] 魏子珺.诱发儿童街道活动的组团式社区街道环境研究[D].哈尔滨:哈尔滨工业大学,2019.

[9] 赵乃莉.国外"儿童友好型"街区环境设计及启示[D].北京:北京林业大学,2010.

[10] 程超.为儿童着想的城市开放空间研究[D].长沙:湖南大学,2011.

[11] 武昭凡.儿童友好视角下西安曲江新区城市街道空间评估与优化策略研究[D].西安:西安建筑科技大学,2021.

[12] 茅凯花.社交媒体情境下留守儿童情感分析研究[D].南京:南京林业大学,2023.

[13] 缪岑岑.基于街景图片数据的城市街道空间品质测度与影响机制研究:以南京中心城区为例[D].南京:东南大学,2018.

［14］方永华. 基于多源大数据的城市街道活力测度与影响机制研究：以南京为例［D］. 南京：东南大学，2018.

［15］王昱. 基于车载 LiDAR 数据和街景照片的街道美景度评价［D］. 南京：南京大学，2016.

［16］杨玉茹. 基于街景图像和机器学习的街道空间品质评价与优化研究［D］. 广州：华南理工大学，2022.

［17］曲大刚. 深度学习驱动的建筑概念方案体量生成设计研究［D］. 哈尔滨：哈尔滨工业大学，2021.

［18］何益. 基于大数据与机器学习的历史街区视听环境及评价模型研究［D］. 重庆：重庆大学，2021.

［19］Mehta V. Lively streets：Exploring the relationship between built environment and social behavior. Dissertations & Theses［D］. Maryland：University of Maryland，2006.

附录

附录A 调研问卷设计

家长问卷调查表

您好,我们是东南大学建筑学院儿童友好型社区街道空间营建研究课题组,现需要您的帮助以共同完成关于儿童友好街区的评价与改进策略的调查研究,请您在符合您实际情况和真实想法的选项上做出标记,如"√"。

本次调研的所有数据和意见反馈均作为学术研究资料,非常感谢您的帮助!

日期:_____年____月____日　地点:_____

一、基本信息

1. 您是:□ 社区居民(常住居民)　□ 附近居民
2. 您的年龄:□ 10岁以下　□ 10—19岁　□ 20—29岁　□ 30—39岁
   □ 40—49岁　□ 50—60岁　□ 60岁以上
3. 您与孩子的关系:□ 父子　□ 母子　□ 孩子的祖父/外祖父
   □ 孩子的祖母/外祖母　□ 其他
4. 您的受教育程度:□ 小学　□ 初中　□ 高中(含中专)　□ 大学
   □ 硕士研究生及以上
5. 您孩子的性别:□ 男　□ 女
6. 您孩子的年龄:□ 0—3岁　□ 4—6岁　□ 7—12岁　□ 13—18岁
7. 您家有几个孩子:□ 1个　□ 2个　□ 3个　□ 4个及以上

二、偏好和评价

1. 在社区内您和孩子日常习惯于走哪条路?请在地图中标出或向我们描述。
2. 您选择这条道路的原因(可多选):□ 安全,机动车影响小　□ 空间宽敞
   □ 道路平整　□ 自然景观优美　□ 路边有小商店　□ 道路铺地
   □ 墙体装饰　□ 其他(请填写)

3. 您对目前的步行体验是否感到满意：☐ 是　☐ 否　　打分

4. 您认为目前人行道路存在的不足（可多选）：☐ 无专门步行道　☐ 步行道过窄
　　☐ 步行道不连续　☐ 路边停车　☐ 商铺占地　☐ 路面不平整
　　☐ 道路存在高差　☐ 没有遮阴　☐ 环境差（有蚊虫、不够卫生、路边有狗屎等问题）
　　☐ 其他（请填写）

5. 街区中哪些安全标识曾引起您的注意（可多选）：
　　☐ 信号灯　☐ 斑马线　☐ 标识牌　☐ 构筑物

6. 您在注意到这些安全标识后是否感到更安全：☐ 是　☐ 否

7. 请问您在孩子行走过程中担心的因素有什么（可多选）：☐ 交通安全
　　☐ 路面破损　☐ 孩子走丢　☐ 不当使用设施　☐ 蚊虫叮咬　☐ 其他（请填写）

8. 在场地范围内您和孩子通常在何处进行活动？请在地图中表示或向我们描述。

9. 您和孩子日常进行活动的区域（可多选）：☐ 树荫、草坪　☐ 人造广场
　　☐ 休闲座椅　☐ 家楼下或家门外　☐ 街边　☐ 其他（请填写）

10. 您和孩子选择该地进行活动的原因（可多选）：☐ 有座椅　☐ 有游玩设施
　　☐ 儿童较多　☐ 您的朋友较多　☐ 有水景　☐ 有亲近自然的植物景观
　　☐ 有遮阴树木或廊架　☐ 离家近　☐ 安全　☐ 安静　☐ 场地大
　　☐ 其他（请填写）

11. 您孩子在社区内进行户外活动的频率：☐ 每个月1—2次　☐ 每月数次
　　☐ 每周2—3次　☐ 几乎每天　☐ 其他（请填写）

12. 您孩子在玩耍时更愿意（可多选）：
　　☐ 独自活动　☐ 和小伙伴一起　☐ 和看护人一起

13. 您孩子喜欢以下哪些活动（可多选）：☐ 跑跳　☐ 爬高　☐ 滑滑梯　☐ 捉迷藏
　　☐ 搭积木　☐ 球类运动（具体填写）　☐ 游戏器材　☐ 角色扮演
　　☐ 观察小动物　☐ 其他

14. 您在孩子玩耍时认为体验不佳的原因（可多选）：☐ 交通安全　☐ 设施老旧
　　☐ 设施单一　☐ 家长可参与感弱　☐ 夜间照明不足　☐ 没有休息座椅
　　☐ 孩子使用设施时存在安全隐患　☐ 孩子被同龄人欺负　☐ 孩子走丢
　　☐ 周边环境不卫生　☐ 其他（请填写）

15. 您在与孩子进行活动时是否曾发现他人有一些不安全或不道德的行为：
　　☐ 是　☐ 否
　　请简要描述具体行为＿＿＿＿＿＿＿＿＿＿＿＿＿＿＿＿＿＿＿＿＿＿

儿童调查问卷表

您好,这是东南大学建筑学院儿童友好型社区街道空间营建研究课题组,现需要您的帮助以共同完成关于儿童友好街区的评价与改进策略的调查研究,请您在符合您实际情况和真实想法的选项上做出标记,如"√"。

本次调研的所有数据和意见反馈均作为学术研究资料,非常感谢您的帮助!

日期:_____年___月___日   地点:_____

一、基本信息

1. 您是:☐ 社区居民(常住居民)   ☐ 附近居民
2. 您的受教育程度:☐ 小学   ☐ 初中   ☐ 高中
3. 您的性别:☐ 男   ☐ 女
4. 您的年龄:☐ 0—3岁   ☐ 4—6岁   ☐ 7—12岁   ☐ 13—18岁
5. 您家有几个孩子:☐ 1个   ☐ 2个   ☐ 3个   ☐ 4个及以上

二、偏好和评价

1. 在本街区中您日常习惯于走哪条路?请在地图中标出或向我们描述。
2. 您选择这条道路的原因(可多选):☐ 安全,机动车影响小   ☐ 空间宽敞
   ☐ 道路平整   ☐ 自然景观优美   ☐ 路边有小商店   ☐ 道路铺地
   ☐ 墙体装饰   ☐ 其他(请填写)_____
3. 您对目前的步行体验是否感到满意:☐ 是   ☐ 否   打分_____
4. 您认为目前人行道路存在的不足(可多选):☐ 无专门步行道   ☐ 道路过窄
   ☐ 步行道不连续   ☐ 路边停车   ☐ 商铺占地   ☐ 路面不平整
   ☐ 道路存在高差   ☐ 没有遮阴   ☐ 环境差(有蚊虫、不够卫生、路边有狗屎等问题)
   ☐ 其他(请填写)_____
5. 街区中哪些安全标识曾引起您的注意(可多选):
   ☐ 信号灯   ☐ 斑马线   ☐ 标识牌   ☐ 构筑物
6. 您在注意到这些安全标识后是否感到更安全:☐ 是   ☐ 否
7. 请问您在社区范围内行走过程中会有哪些担心(可多选):
   ☐ 交通安全   ☐ 路面破损   ☐ 治安问题   ☐ 设施老旧产生危险   ☐ 蚊虫叮咬
   ☐ 其他(请填写)_____
8. 在场地范围内您通常在何处进行户外活动?请在地图中标出或向我们描述。
9. 您日常进行活动的区域(可多选):☐ 树荫、草坪   ☐ 人造广场   ☐ 休闲座椅

☐ 家楼下或家门外 ☐ 街边 ☐ 其他（请填写）_____

10. 您选择该地进行活动的原因（可多选）：☐ 有座椅 ☐ 有游玩设施 ☐ 家长要求 ☐ 朋友较多 ☐ 有水景 ☐ 有亲近自然的植物景观 ☐ 有遮阴树木 ☐ 离家近 ☐ 安全 ☐ 安静 ☐ 场地大 ☐ 其他（请填写）_____

11. 您在社区内进行户外活动的频率：☐ 每个月1—2次 ☐ 每月数次 ☐ 每周2—3次 ☐ 几乎每天 ☐ 不怎么出门 ☐ 其他（请填写）_____

12. 您在户外活动时更愿意（可多选）：☐ 独自活动 ☐ 和朋友一起 ☐ 和看护人一起

13. 您喜欢以下哪些活动（可多选）：☐ 跑跳 ☐ 爬高 ☐ 滑滑梯 ☐ 捉迷藏 ☐ 搭积木 ☐ 球类运动（具体填写） ☐ 和朋友闲聊 ☐ 游戏器材 ☐ 角色扮演 ☐ 观察小动物 ☐ 其他_____

14. 您在户外活动时认为造成体验不佳的因素（可多选）：☐ 交通安全 ☐ 设施老旧 ☐ 设施形式单一 ☐ 夜间照明不足 ☐ 没有休息座椅 ☐ 社会安全隐患 ☐ 同龄人较少 ☐ 与同龄人产生矛盾 ☐ 周边环境不卫生 ☐ 其他（请填写）_____

15. 您在平时进行活动时是否曾发现他人有一些不安全或不道德的行为：
☐ 是 ☐ 否
请简要描述具体行为_____

样本社区街道地图

唱经楼社区

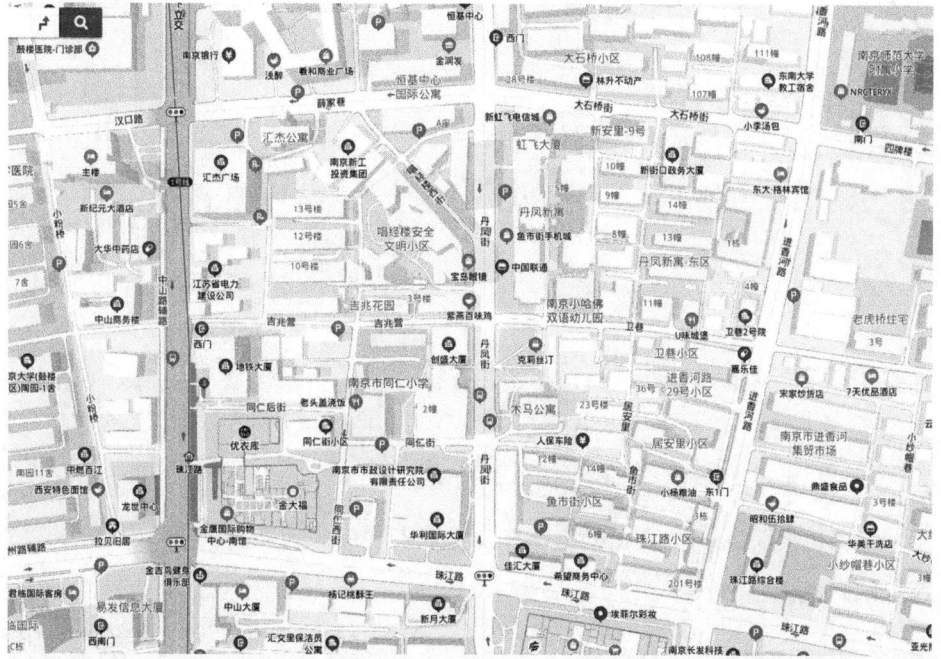

爱达花园社区

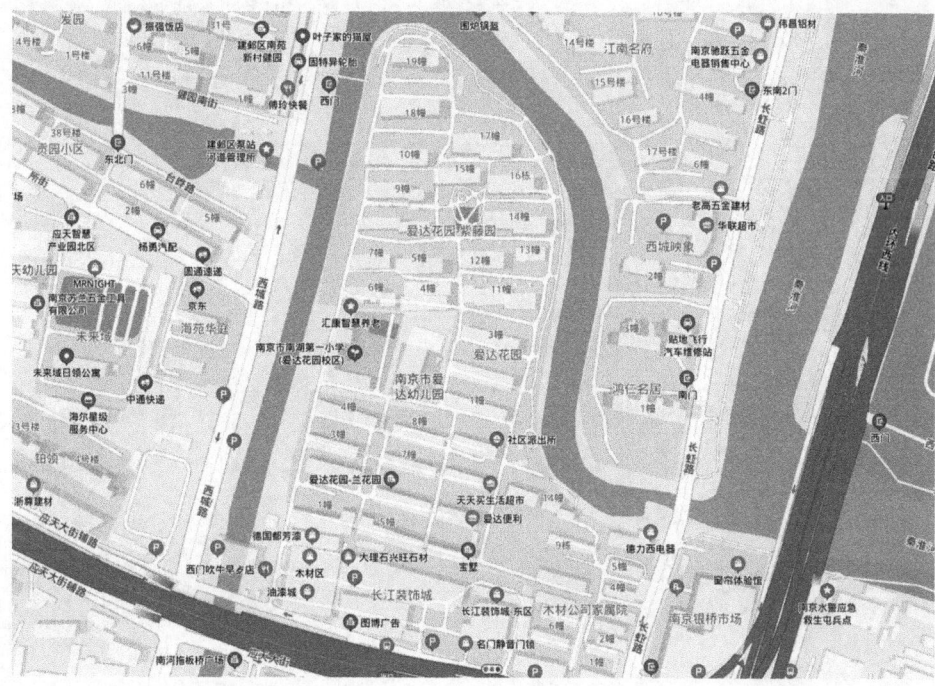

锁金村社区

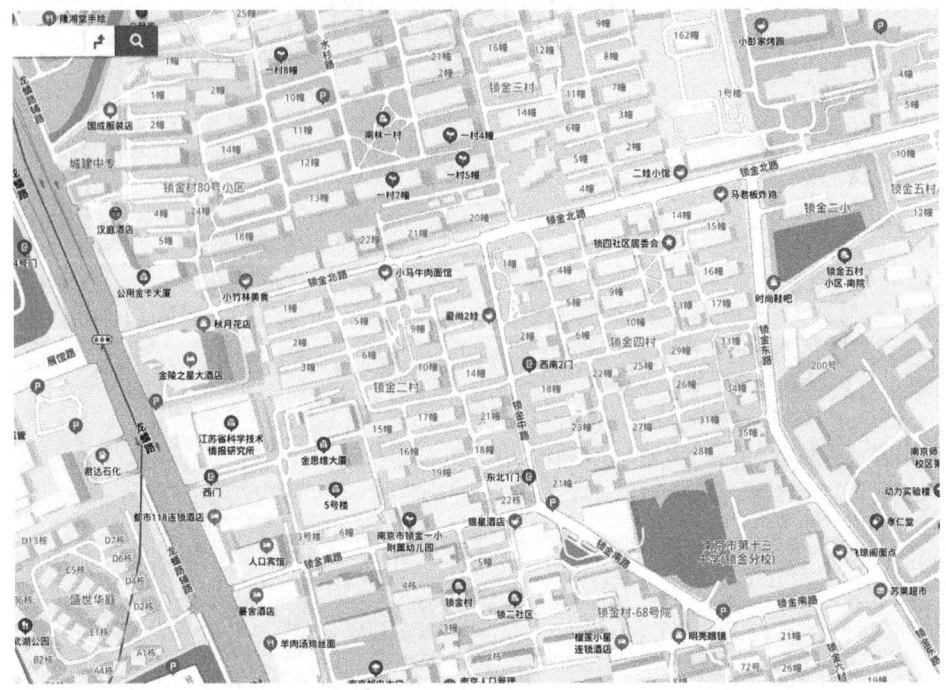

西堤国际社区

九都荟社区

南湖社区

附录 B 样本社区街道可供性赋值分析表

1. 爱达花园社区街道

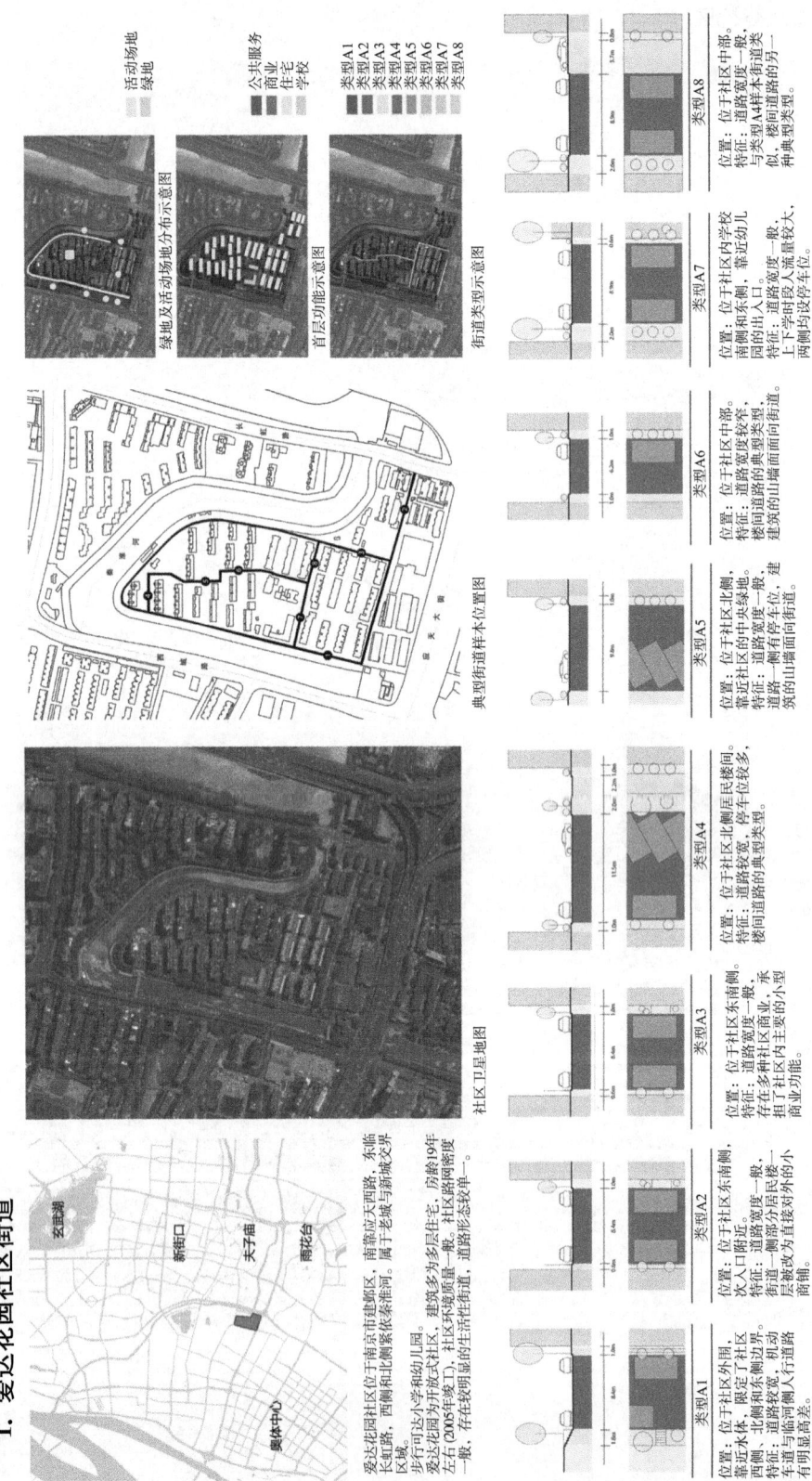

样本街道可供性赋值分析表（类型 A1）

研究图纸	赋值评分				现场照片	赋值说明
	一级指标	二级指标	赋值	总分		
街道空间侧剖面示意图 / 街道平面剖面示意图（1.8 m / 8.4 m / 1.0 m）	认知可供性	自然接触度	+++	5	图1–图8 现场照片	**自然接触度**：人行道两侧均可自接接触到规模较大的自然植物（图2，图7），侧界面功能与自然环境的互动性与自然感程度非常高，提供较强的积极可供性。 **装饰**：表面有较多装饰，所有街道总长度约1 183 m，在所有街道中类型A1样本街道总长度占比为45.9%，提供较弱的积极可供性。 **街道形态可识别度**：类型A1样本街道总长度为2 577 m，可视范围的洞口长度约620 m，可观察到的首层通透率约0.26，界面通透度较低（图3，图4），首层功能可识别度较低。 **通透度**：首层通透有效长度约2 412 m，可视范围内的洞口长度约620 m，可观察到的首层通透率约0.26，界面通透度较低（图3，图4），首层功能可识别度较低，但居住建筑首层，街道建筑上可识别度较低，未提供有效的认知可供性。 **标识系统**：街道内存在必要的交通标识如转角镜和交通牌（图2），对于目前的交通标识系统并不完善，未提供儿童上下行的积极可供性。
	功能可供性	活动场地	+	20		**活动场地**：由于街道两侧儿童安全，设置专门人行道（图1），步行空间存在一定宽度，提供了程度较弱的积极可供性。 **道路形式**：机动车道宽约7 m，设置专门人行道（图1），步行空间存在一定宽度，提供了程度较弱的积极可供性。 **道路曲折度**：路面平整，无破损（图1，图2），提供了程度较弱的积极可供性。 **道路障碍**：无障碍通行，增加儿童可以体验行走的趣味性（图2），提供了程度较强的积极可供性。 **功能丰富度**：考虑无障碍设计（图6），街道无完全开放
		道路形式	+++			
		道路曲折度	+			
		道路障碍	+++			
		功能丰富度	+			
		休憩设施	+++			
	社会可供性	活动设施	+++	8		**活动设施**：存在活动场地（图5），便于使用者到达。提供了程度较强的积极可供性。 **设施位置**：休憩设施地地位较高，且沿街道存在明确的空间范围（图5）。限制了儿童玩耍行为，仅可在空间内使用社会交往行为。 **功能布局**：步行空间最大宽度大于2 m，且可与街道连通（图8），有利于人行。街道临河。和沿岸和周边商铺（图4，图5），儿童无法较强的领域感。 **道路眼**：街道临河，视线可达一侧居民楼，由于街道少年和亲密性程度较弱（图3，图8），有利于街道眼作用的发挥。 **休憩设施**：人行通与机动车道之间存在1.4 m宽度的植被（图3，图8）产生较明确的领域感，进而一时间的社会交流（图7），提高了儿童留宿度，儿童及其活动器材。设置鼓励儿童在公共空间中使用其他设施便与产生社会互动，提供了程度较强的积极可供性。
		设施位置	0			
		领域感	++			
		功能布局	- -			
		道路眼	++			
		街道设施	- -			
		休憩设施	+++			

类型A1样本街道中认知、功能和社会可供性的赋值分数分别为5、20、8。可供性表现为总体较弱，其中功能可供性评分较高，下属的二级指标中也未产生可供性，表现在可供性表现的主要属性是。具体问题如下：

1. 临河侧街道侧界面通透度和通视眼不连通，未能充分利用秦淮河支流在街道中产生消极的影响，植物遮挡较严重，沿街建筑与部分人行道之间的视线不连通。

样本街道可供性赋值分析表（类型A2）

一级指标	二级指标	赋值	总分
认知可供性	自然接触度	+	5
	装饰	−	
	街道形态可识别度	++	
	通透度	+	
	首层功能可识别度	++	
功能可供性	标识系统	0	2
	活动场地	0	
	道路形式	0	
	道路尺度	−	
	道路曲折度	0	
	功能丰富度	++	
	休憩设施	0	
	设施位置	0	
社会可供性	领域感	++	2
	功能布局	+	
	街道眼	− −	
	休憩设施	0	
	活动设施	0	

研究图纸
街道空间轴侧示意图
街道平面及剖面示意图
0.6 m　8.4 m　1.0 m

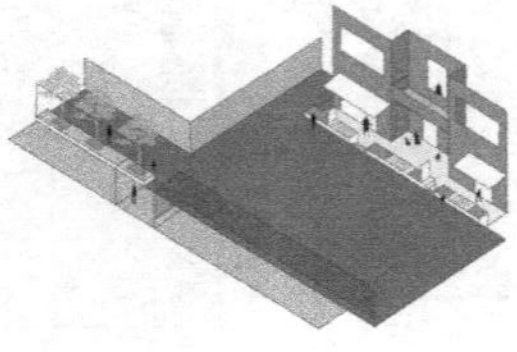

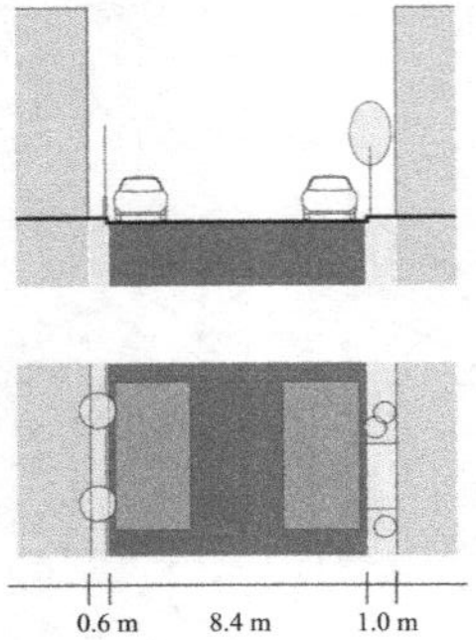

现场照片
图1　图2　图3　图4　图5　图6　图7　图8

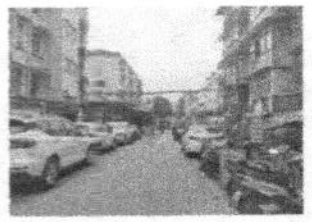

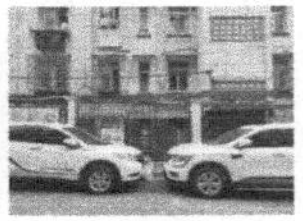

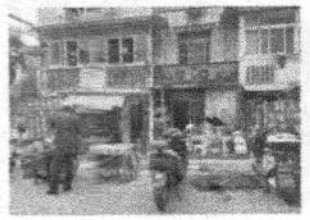

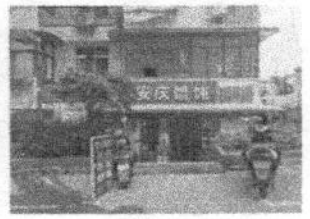

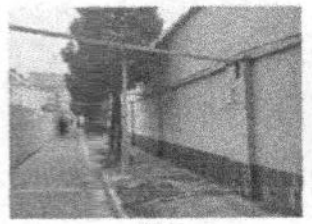

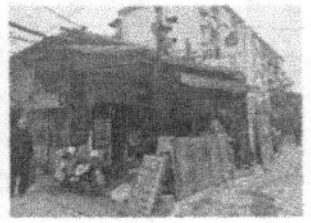

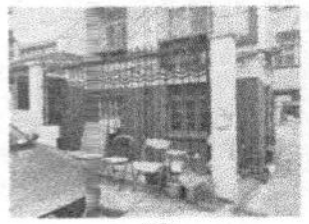

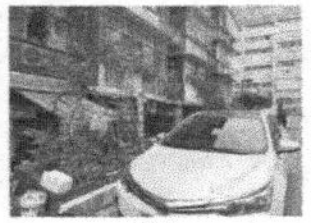

赋值说明

自然接触度：街道一侧可以直接接触到居民楼门前自发种植的小型盆景触（图8），属于零散型植物。提供性强度弱的积极性。

装饰：街道两侧界面边界无针对儿童美观设计的装饰（图5），产生了消极的积极障碍。由于端老化，侧界面出现了一定的脏污和破损（图1），在所有街道长度为2 577 m，类型A2样本街道长度为247 m，在所有街道中类型A2街道占比为9.6%。街道可供性较高，提供了较弱的支持程度。

街道形态可识别度：所有街道总长度为362 m，可视范围的洞口长度约400 m，开放界面与总长度约为0.63。

通透度：街道首层有一定量的社区商业（图3），开放程度较高，容易吸引儿童，提供了程度较强的积极性。

首层功能可识别度：有辨识度，未设置专门的步行道路（图1），由于路段正在进行施工，仅放置小量可移动路障，提供了较弱的积极性。

标识系统：街道标识系统不够完善，街道仅做通行空间使用，未提供有效的支持。

活动场地：首层显现用的建筑空间的积极可供性。

道路形式：人车混行，道路内的机动车速普通小于30 km/h，未设置专用人行道（图1），道路提供有效的人行道可供性。

道路尺度：机动车道宽约7 m，为双向单车道，未设置专用自行车道，具有一定的曲折度，且视界度对通行无明显影响。

道路曲折度：道路有一定的曲折，但未产生有效的积极性。

功能丰富度：道路两侧有一排商铺（图6），在一定程度上产生消极性，较为困难。

休憩设施：街道内未设置休憩设施，在一定程度上不具有积极可供性。

设施位置：设施可放置位置有变化，未提供有效的积极可供性。

领域感：街道两侧可能均为居民楼（图3），面向街道开放，在社区西侧商铺（图1），面向街道开放，为步行者进行交往的空间，常设在社区（图1），面向街道开放，提供程度较强的积极可供性。

功能布局：街道商铺出入口处有高儿童在街道内停留可供性。在街道两侧并列设置有商铺（图4），南侧住居区同商铺的街面（图3），街道较强的积极可供性。

街道眼：北侧挡住街区居民楼直接观察到街道（图4），可发挥街道眼作用。街道两侧面向街道装饰尺度和道路障碍，街道洞口长度约为257 m，街道可供性约为52%。街道起到的社会安全保障性。

休憩设施：自发放置（图7），未提供有效的消极影响。

活动设施：街道未铺设有活动设施，未设置活动设施放置在堆物、侵占街道公共空间。

类型A2样本街道可供性的赋值分数分别为5、2、2，可供性表现总体较弱。其中认知可供性评分较高，功能可供性和社会可供性评分一般。具体问题如下：
1. 路面和铺装设施发生老化破损，道路尺度和道路障碍，街道环境卫生状况较差。
2. 道路形式为人车混行，存在一定的安全隐患。
3. 步行道路尺度较小，不利于儿童停留进行活动。
4. 商业店铺习惯于占用公共道路堆放杂物，侵占街道公共空间。

样本街道可供性赋值分析表(类型 A3)

一级指标	二级指标	赋值	总分
认知可供性	自然接触度	0	5
	装饰	-	
	街道形态可识别度	+++	
	通透度	0	
	首层功能可识别度	+++	
	标识系统	+++	
功能可供性	活动场地	-	6
	道路形式	+++	
	道路尺度	-	
	道路曲折度	0	
	道路障碍	- -	
	功能丰富度	+++	
社会可供性	休憩设施	0	7
	活动设施	++	
	设施位置	++	
	领域感	++	
	功能布局	+++	
	道路尺度	- -	
	街道眼	+	
	休憩设施	0	
	活动器械	+++	

类型 A3 样本街道中认知、功能和社会可供性的赋值分数分别为 5、6、7,可供性表现总体尚可。其中社会可供性评价较高,认知可供性和功能可供性评价一般,有一定的提升潜力。商业街道中产生的三项指标为无表饰、道路环境卫生状况较差。
1. 步行道铺装尺度可供性较差,向侧倾斜攻、导致停留空间的效果较差;
2. 局部路面破损严重,儿童通行存在安全隐患,同时商业店铺习惯于占用公共道路堆放杂物,侵占街道公共空间。

现场照片

图1 图2
图3 图4
图5 图6
图7 图8

赋值说明

自然接触度:街道两侧无可接触的植物(图1),未提供有效的认知可供性。
装饰:侧界面和底界面均无装饰。底界面出现了一定的脏污和破损(图5),产生了消极可供性。
街道形态可识别度:所有街道总长度为 2577 m,类型 A3 样本街道总长度为 180 m,在所有街道长度中占比为 7.0%。街道形态独特(图1),可识别度高,提供了程度非常强的积极可供性。
通透度:首层界面有效长度共 360 m,可视范围洞口长度约 130 m,街道通透率为 0.36。界面通透度一般(图3),未提供有效的认知可供性。
首层功能可识别度:建筑首层为营业执照明显的小型商铺(图3、图4),功能丰富,功能可识别度高,提供了程度非常强的积极可供性。
标识系统:街道内存在存车位划分及少量可移动路障(图2),提供了有效的认知可供性。
活动场地:未设置考虑儿童使用者的活动场地(图3),未提供有效的认知可供性。
道路形式:人车混行,未设置专门的步行道路(图1),未提供有效的功能可供性。
道路尺度:机动车道普遍小于 30 km/h,车道宽度约 6.5 m,为双向单车道,未设置专用人行道(图1),产生了程度非常弱的消极可供性。
道路曲折度:街道有一定的曲折度(图2),提供了一定程度的功能可供性。
道路障碍:路面见目层出现破损、积水、杂物等(图4、图6),对儿童通行为各类小型商业店铺(图4、图6),产生了危险,道路中的积极可供性低,未行存在安全影响。
功能丰富度:街道西侧的建筑首层为各类小型商业店铺(图4、图6),提供了程度非常强的积极可供性。
休憩设施:未设置考虑休憩的设施,未考虑儿童活动的可能性(图1),未提供有效的社会可供性。
活动设施:存在考虑的活动设施(图8),提供了程度非常强的积极可供性。
设施位置:活动设施位置合理,提供程度较弱的积极可供性。
领域感:活动的小型商业店铺属领的区域和可直接对外门向街道开放,产生一定的可能性。若在街道中停留会较影响到行人正常通行目有一定的危险(图1),街道可停留度低,产生了程度较弱的领域感。
功能布局:街道单侧为有连续商铺(图1),面向街道开放,是社区内仅有儿童通行的可供性。
道路尺度:道路形成了程度非常强的积极可供性。
街道眼:街道内侧的铺面可直接受到街道(图4),发挥街道眼作用。街道眼所面长度为 180 m,街道眼洞口长度为 130 m,街道眼占比约为 72%。街道眼强烈的铺起到了安全保障作用较好,提供了程度较强的积极可供性。
休憩设施:未设置休憩设施(图1),未提供有效的社会可供性。
活动器械:设置鼓励儿童互动的活动设施(图8),增加了儿童进行社会交往的可能性。提供了程度非常强的积极可供性。

研究图纸

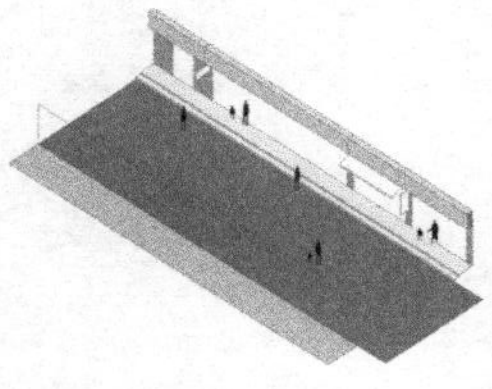

街道空间轴侧示意图

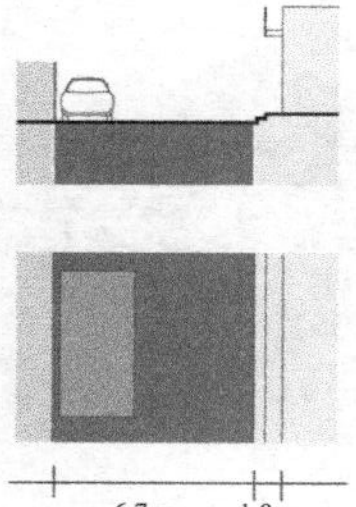

6.7 m 1.0 m
街道平面及剖面示意图

样本街道可供性赋值分析表（类型 A4）

研究图纸	赋值评分			现场照片	赋值说明
	一级指标	二级指标	赋值	总分	
街道空间剖面示意图	认知可供性	自然接触度	++	0	自然接触度：街道两侧植物均可接触到，一定规模的植物，以灌木及盆栽为主（图4，图7），提供程度较强的积极可供性。 装饰：侧界面和底界面均无明显装饰，较整洁，不存在脏污和破损（图1），未提供有效的认知可供性。 街道形态可识别度：此类街道在社区内重复度较高，且街道边没有明显装饰的活动场地，儿乎无法从街道形态上辨识不同道路（图1），产生有效的认知可供性。 通透度：按100 m长首层界面，能扩大行人可视范围的洞口长度约为48 m，街道侧界面总通透率约0.48，界面通透度一般（图2，图5），任由被儿童忽视。 首层功能可识别度：建筑两侧首层功能均为住宅（图3，图5），首层功能的可识别度较低，部分居民利用街边的剩余空间自发创造了功能，未提供有效的认知可供性。 标识系统：街道内交通标识系统不够完善，仅放置少量可移动路障，未提供有效的认知可供性。
		装饰	0		
		街道形态可识别度	--		
		通透度	0		
		首层功能可识别度	0		
		标识系统	0		
街道平面反剖面示意图	功能可供性	活动场地	+	6	活动场地：无明显活动场地（图7），提供较弱程度的积极可供性。 道路形式：人车分流，掌近街道建筑设置专门的步行道路，提供了程度较安全、提供了程度较强的积极可供性。 道路尺度：机动车道宽为11.5 m，为双向单车道，人行宽度约1 m，提供了积极可供性。 道路曲折度：街道曲折度对通行有无明显影响，对于步行、对于机动车通行产生了较弱的积极可供性。 道路障碍：路面大体平整，未考虑无障碍设计，产生了较弱的积极可供性。 功能丰富度：街道两侧建筑均为住宅（图1，图3），无绿地或公共服务功能，未提供有效的功能可供性。 休憩设施：街道未设置专门的休憩设施，存在居民自发放置的一排简易座椅（图7），提供了潜在的积极可供性。
		道路形式	++		
		道路尺度	+		
		道路曲折度	0		
		道路障碍	0		
		功能丰富度	+		
		休憩设施	+		
	社会可供性	设施位置	+	2	设施位置：休憩设施位于住宅单元出入口附近（图4），为行人使用。 领域感：路面中间的步行为无行车设施有行道树分隔，未提供有效的积极可供性。 功能布局：两侧的住宅可直接观察到街道（图2），可发挥街道眼作用。取长度100 m的侧界面，街道眼长度约为48 m，街道眼占比约为48%。街道眼起到的人车安全保障作用有限，未提供有效的积极可供性。 街道设施：步行空间最大宽度约为1.2 m，儿童在街道中停留交往无直接危险，但有可能影响他人正常通行（图5），街道可停留一般，未设置有效的积极可供性。 休憩设施：自发设置的休憩设施较为儿童提供了社会交往的可能（图7），提供了程度较弱的积极可供性。 活动设施：未设置活动设施，未提供有效的社会可供性。
		领域感	0		
		功能布局	+		
		道路宽度	0		
		休憩设施	+		
		活动设施	0		

类型A4样本街道中认知、功能和社会可供性的赋值分数分别为0、6、2，可供性表现总体一般，其中功能可供性和社会可供性评分较低，认知可供性评分较高，需要重点进行改提升。街道中产生消极可供性的指标为街道形态可识别度。具体问题如下：
1. 社区中同类型的消防情景、无聊消极的街道过多，提升场所信息，儿童无法确定自己所处位置，易产生迷茫。
2. 非机动车的停放和电梯改造的施工设施在一定程度上占了街道内的公共空间，影响了使用者的正常活动。

样本街道可供性赋值分析表（类型 A5）

一级指标	二级指标	赋值	总分
认知可供性	自然接触度	++	7
	装饰	0	
	街道形态可识别度	++	
	通透度	++	
	首层功能可识别度	0	
	标识系统	++	
功能可供性	活动场地	++	10
	道路形式	0	
	道路尺度	-	
	道路曲折度	+	
	路面障碍	++	
	功能丰富度	++	
	休憩设施	++	
	活动设施	+	
社会可供性	设施位置	++	7
	领域感	++	
	功能布局	0	
	道路尺度	++	
	街道眼	-	
	休憩设施	++	
	活动设施	++	

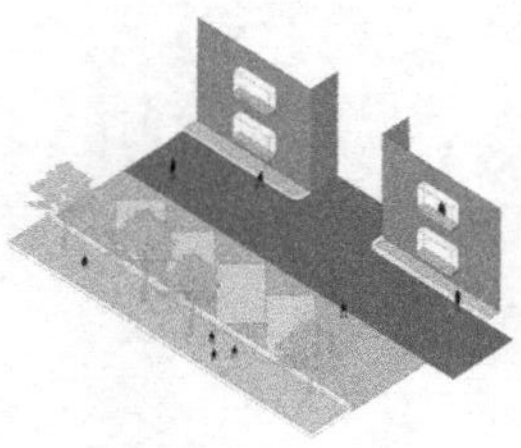

类型 A5 样本街道中认知、功能和社会可供性的赋值分数分别为 7、10、7。街道中产生消极可供性的两项指标为道路尺度和街道眼，具体问题如下：
1. 道路形式为人车混行，存在一定的安全隐患。
2. 未设置专用的步行道路，不利于儿童停留进行活动。

研究图纸

街道空间轴测示意图

9.8 m / 1.0 m
街道平面及剖面示意图

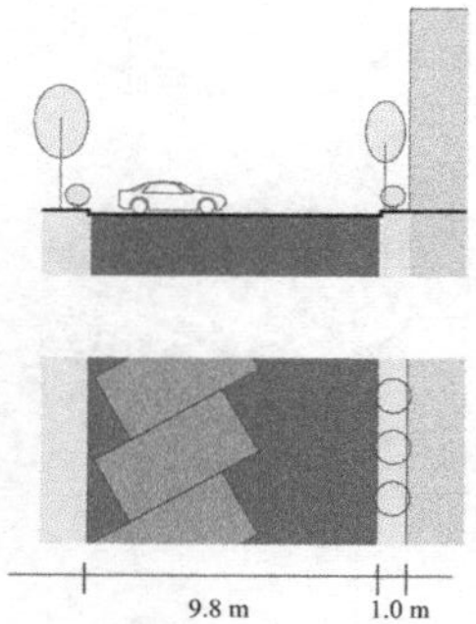

现场照片

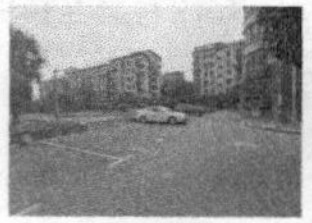

图1 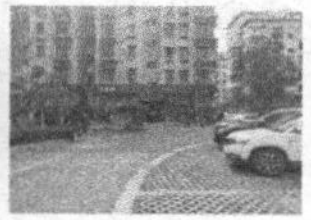 图2 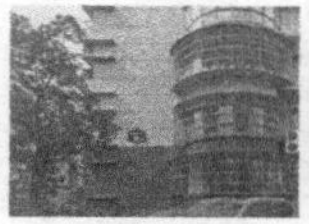 图3 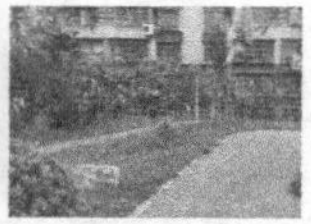 图4 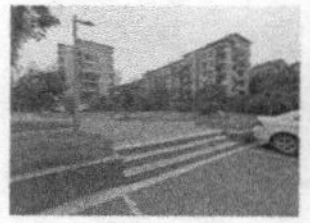 图5 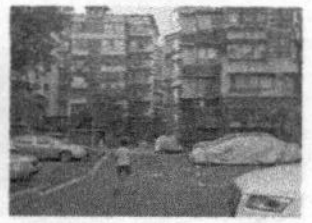 图6 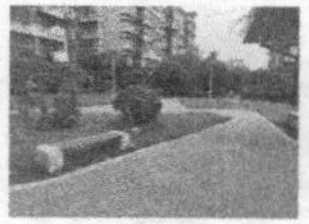 图7 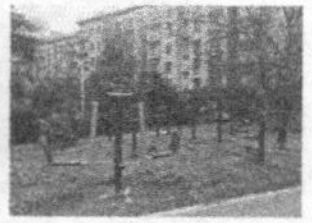 图8

赋值说明

自然接触度：街道两侧均可直接接触到较大规模的植物（图1），儿童在街道上的自然接触度较高，提供了程度较强的积极可供性。

装饰：侧界面和街道界面均无明显装饰，各界面整洁，无明显污渍和破损（图1），未提供有效的认知可供性。

街道形态可识别度：所有街道总长度为2577 m，类型A5样本街道总长度约为62 m，在所有街道中类型A5街道长度占比为2.4%。街道形态较独特，可识别度高，提供了程度较强的积极可供性。

通透度：街道两侧的植物围合、总体来看，界面通透度较好（图1、图3、图5），提供了较强的积极可供性。

首层功能可识别度：建筑首层功能均为住宅（图3、图5），在没有停车位时仅忽视了程度较强的积极可供性，未提供有效的认知的可供性。

标识系统：街道内交通标识和车位设置较完善（图5），未提供有效的认知可供性。

活动场地：街道旁中央绿地可作为活动场地使用（图5），同时街道专用人行道（图1），产生了程度较强的积极可供性。

道路形式：人车混行，未设置步行道，未考虑与机动车道混合的可供性。

道路尺度：入口道曲折度较合（图2、图3、图7），可减级较弱的积极可供性。

道路曲折度：入口道曲折度较合（图2、图3、图7），可减级较弱的积极可供性，提供了程度较强的积极可供性。

路面障碍：入车混行，路面无较弱，未提供有效的积极可供性。

功能丰富度：机动车道宽约9 m，为双向单车道可供性。

休憩设施：提供了考虑较弱的绿地和活动场地，对街道开放开放度较高（图5），未提供有效的积极可供性。

活动设施：街道两侧均为住宅，完全没有为活动提供与街道相连的积极可供性。

设施位置：活动器械周围植物包围，未考虑遮阳。在街道上的视线不同达，提供了程度较弱的积极可供性。

领域感：绿地内设置专门的休憩设施（图7），提供程度较弱的积极可供性，休憩设施设置在步行道一侧，提供了程度较弱的积极可供性，因此设施的位置选择仍存在优化的空间。

功能布局：街道两侧的步行空间与社区中央绿地中的活动场地（图1），完全没有效的社会可供性。

道路尺度：街道中的步行空间与活动场地相连，儿童可以前往社区活动场地。在街道，街道一侧的界面为住宅。有效侧界面宽约为62 m，街道宽度约为15 m，街道眼界面宽占比为24%。未能起到社会安全保障作用（图6）有助于儿童良好社交活动，提供了程度较弱的积极可供性。

街道眼：有直接观察到儿童的情况（图7），儿童有产生吸引力，一般，但存在儿童了消极的积极可供性。

休憩设施：存在专门的休憩设施（图7），儿童有产生吸引力，一般，但存在儿童了消极的积极可供性。

活动设施：活动器械内作为活动上进行活动的情况（图6）有助于儿童产生良性社交活动，提供了程度较强的积极可供性。

样本街道可供性赋值分析表（类型 A6）

研究图纸	赋值评分			现场照片	赋值说明
	一级指标	二级指标	赋值	总分	
街道空间轴侧示意图 / 街道平面及剖面示意图（1.0 m / 6.2 m / 1.0 m）	认知可供性	自然接触度	＋	1	自然接触度：街道两侧均可直接触到一定规模植物，以灌木为主（图1、图3），儿童接触到街道边植物的可能性较高，提供程度较强的积极可供性。
		装饰	0		装饰：侧界面和底界面均无装饰，各界面有明显的重复率较高，无明显脏污和破损（图1），未提供有效使用的认知可供性。
		街道形态可识别度	＋		街道形态可识别度：此类街道在社区内道路上辨识形态较高，且道路从不同道路口均可识别（图1），可识别度低，儿童无法从街道形态上辨识不同道路（图1），可识别度较强的可供性。
		通透度	0		通透度：取100 m长首界面，能够扩大行人可视范围的洞口长度61 m，侧界面总通透率为0.61，提供了程度较弱的积极可供性。
		首层功能可识别度	＋		首层功能可识别度：建筑首层功能均为住宅（图2），功能上的可识别度较低，未提供有效使用频率的认知可供性。
	功能可供性	标识系统	0	2	标识系统：街道内机动车道，街道内交通标识仅有停车位标识，不够完善（图1），未提供有效的功能可供性。
		活动场地	—		活动场地：无明显活动场地，未提供活动的功能可供性。
		道路形式	＋		道路形式：机动车道宽约6.5 m，为双向单车道，未设置专门的步行道（图1、图8），无绿地或公共服务功能，未提供有效的功能可供性。
		道路尺度	＋		道路尺度：人车混行，车行速度较小（道1），产生了程度较强的积极可供性。
		道路曲折度	＋＋		道路曲折度：人行道曲折度较好（图6），可减缓机动车行驶速度，能够提高儿童行为中的趣味性，提供积极可供性。
		功能丰富度	—		功能丰富度：路面平坦，考虑无障碍设计（图1、图2），未提供有效的功能可供性。
		道路障碍	0		道路障碍：路面平整，考虑无障碍的积极可供性。
		休憩设施	—		休憩设施：未设置专门的休憩设施，也未设置专门的步行道路，未提供有效的功能可供性。
		活动设施	0		活动设施：街道内未设置活动场地，未提供有效设施和活动的功能可供性。
		设施位置	0		设施位置：街道中设置休憩和活动设施可供性。
	社会可供性	领域感	0	-4	领域感：街道边未有活动空间，若儿童在街道中停留有其他工程目任存在一定的危险（图1、图2），产生了程度较强的消极可供性。
		功能布局	0		功能布局：街道两侧住宅（图2）可直接观察到街道上的情况，产生对街道上行为的直接观察，提供了有效的社会可供性。
		道路尺度	—		道路尺度：两侧的宽度宽约100 m的两侧界面宽度可识别度约为10 m，街道眼界面占比约为10%，未能起到有效安全保障作用，未提供了程度较强的社会可供性。
		街道眼	—		街道眼：未设置休憩设施，未提供有效的社会可供性。
		休憩设施	0		休憩设施：未设置休憩设施，未提供有效的社会可供性。
		活动设施	0		活动设施：街道活动要素较多，街道应根据要素表现尽可能提高其提供的积极可供性。

类型A6样本街道中认知可供性、功能和社会可供性的赋值分数分别为1、2、—4，可供性表现总体较差。其中认知可供性和功能可供性评分较为正值，社会可供性评分为负值，各方面均需进行提升改造。具体问题如下：
1. 社区中同类型的街道过多，街道中产生的消极印象为可识别度、通路尺度和街道眼，无明显问题。
2. 道路形式为人车混行，存在较大的安全隐患。
3. 步行道尺度有效可供性较小，不利于儿童在街道停留进行活动。
4. 未提供有效可供性的环境要素较多，后续应根据各要素现状尽可能提供的积极可供性。

样本街道可供性赋值分析表（类型 A7）

一级指标	二级指标	赋值	总分
认知可供性	自然接触度	++	5
	装饰	0	
	街道形态可识别度	++	
	通透度	++	
	首层功能可识别度	++	
	标识系统	+	
功能可供性	活动场地	--	-1
	道路形式	--	
	功能丰富度	--	
	道路曲折度	0	
	道路障碍	+	
	功能布局	+	
社会可供性	活动设施	0	1
	设施位置	+	
	领域感	0	
	功能布局	+	
	道路尺度	+	
	街道眼	-	
	休憩设施	0	
	活动设施	0	

赋值说明

自然接触度：街道两侧均可直接接触到一定规模植物，以灌木为主（图3、图4），儿童接触到街道边植物的可能性较高，提供程度较路边停车感挡（图6），可提供有效的认知可供性。

装饰：侧界面和底界面较整洁，无明显污损和破损（图1），幼儿园栏杆处针对儿童美进行了一定的装饰，但基本数路边停车感挡（图6），未提供有效的认知可供性。

街道形态可识别度：所有街道总长度为2 577 m，类型A7本街道总长度为472 m，在所有街道中类型A7街道长度占比为18.3%，街道边有学校，街道形态为独特（图1），可识别度高，提供了较强的积极可供性。

通透度：首层界面有效长度共944 m，能够扩大行人可视范围的洞口长度约670 m，街道侧界面总通透度约0.71，界面通透度较高，提供了程度较强的积极可供性。

首层功能可识别度：建筑首层功能为住宅和学校，上下学时段人流量较大，存在一定的积极可供性。

标识系统：街道内有必要的交通标识系统（图1），此街道中包含幼儿园出入口，提供了程度较弱的积极可供性。

活动场地：无明显活动场地，未提供有效的功能可供性。

道路形式：人车混行，未设置专门的步行道系统（图7），街道中的机动车主要大于30 km/h，且车流量密度较大，产生了程度较弱的消极可供性。

功能丰富度：机动车道宽约9 m，为双向单车道，未设置专用人行道，未提供有效的功能可供性。

道路曲折度：街道有一定的曲折度，对通行为无障碍设计（图1），未提供有效的功能可供性。

道路障碍：路面大体平整，无破损，未考虑无障碍设计（图1），未设施障碍，提供程度无较弱的积极可供性。

功能布局：街道一侧为学校，社区服务中心正在施工，预计未来提供多功能开放，提供了程度较弱的积极可供性。

体憩设施：街道内未设置休憩设施，未提供有效的功能可供性。

活动设施：街道内未设置活动设施，未提供有效的功能可供性。

设施位置：—

领域感：由于幼儿园的存在，儿童及其看护者在学校附近街道内的领域感较强，上下学时段内儿童看护者未将机动车放的场地内自发安全隐患，具有不稳定的积极可供性。

功能布局：街道两侧均为住宅停车位及非保线，未提供有效的社会可供性。

道路尺度：步行可能形（图3），具有不稳定因素街道行人宽度可达到2 m以上，有提高儿童安全的积极可供性。

街道眼：任乎可直接观察到街道内场地阻挡，无法充分发挥街道眼作用，学校到街道的视线被活动场地阻挡（图3），可发挥街道眼作用。

休憩设施：若靠近空间最大宽度约为944 m，未设置休憩设施，未提供有效的社会可供性。

活动设施：未设置活动设施，未提供有效的社会可供性。

类型A7样本街道中认知、功能和社会可供性的赋值分数分别为5、-1、1，可供性表现总体较差。其中认知可供性评分较高，功能可供性及社会可供性评分较低，需进行改造。街道中产生消极可供性较可接的四项指标为标识系统、道路形式、道路尺度、街道眼，具体问题如下：
1. 上下学时段街道内的车流量和人车混行，标识系统的缺失使街道内通行有危险性增加。
2. 道路尺度较为人车混行，道路形式为混行，存在较大的安全隐患。
3. 街道眼起到的社会监督作用不强，街道使用者的安全感不足。

样本街道可供性赋值分析表（类型A8）

一级指标	二级指标	赋值	总分
认知可供性	自然接触度	++	2
	装饰	0	
	街道形态可识别度	--	
	通透度	+	
	首层功能可识别度	0	
	标识系统	0	
功能可供性	活动场地	--	0
	道路形式	0	
	道路尺度	++	
	道路曲折度	0	
	道路障碍	-	
	功能丰富度	0	
	休憩设施	0	
	活动设施	+	
社会可供性	设施位置	0	-1
	领域感	+	
	功能布局	--	
	街道眼	0	
	休憩设施	0	
	活动设施	0	

赋值说明

自然接触度：街道两侧均可直接接触到规模较大的植物（图1，图8），街道边自然环境的互动性与自然接触程度较高，提供度非常强的积极可供性。

装饰：侧界面和底界面均无装饰，此类街道在社区内重复率较高，各界面整洁，无明显脏污和破损（图1），未提供有效的认知可供性。

街道形态可识别度：此类街道在社区内无法从街道形态上辨识不同道路（图1），可识别度很低，儿乎无法产生较强的消极可供性。

通透度：取100 m长首界面，能够扩大平行人可视范围的洞口长度55 m，侧界面总通透率约0.55。界面通透度较高（图3，图6），提供度较强的积极可供性。

首层功能可识别度：建筑首层功能均为住宅（图6），功能上的可识别度较低，未提供有效的认知可供性。

标识系统：无（图1），交通标识系统不够完善（图1），未提供有效的功能可供性。

活动场地：无明显活动场地，未设置专门的步行道路（图1），未提供有效的功能可供性。

道路形式：人车混行，产生度较弱的消极可供性。

道路尺度：机动车道宽约9 m，为双向单车道，未设置专用人行道（图1，图2），产生度较弱的消极可供性。

道路曲折度：街道有一定的曲折度，对通行行为无明显影响，未提供有效的功能可供性。

道路障碍：路面平整，无破损（图1，图5），考虑无障碍设计（图7），无无障碍设施，提供度较强的积极可供性。

功能丰富度：街道两侧建筑均为住宅（图2，图6），无绿地或公共服务功能，未提供有效的功能可供性。

休憩设施：街道内未设置休憩设施，未提供有效的功能可供性。

活动设施：街道内未设置休憩设施和活动设施（图1），未提供有效的功能可供性。

领域感：街道边若有近建筑前垂直停车位停放机动车，可视作较全的区域，步行空间最大宽度可达到2 m以上，有提高儿童及其看护者停留空间的可能性（图7），具有不稳定的积极可供性。

街道眼：一侧有街面的视线基本被本段树木遮挡（图2），无法发挥尺度眼作用。取长度100 m的街面，街道眼洞口约为15 m，街道眼界面比约为15%，未能起到社会安全保障作用，产生度较强的消极可供性。

休憩设施：未设置休憩设施，未提供有效的社会可供性。

活动设施：未设置活动设施，未提供有效的社会可供性。

类型A8样本街道中认知、功能和社会可供性的赋值分数分别为2、0、-1，可供性表现较差。其中认知可供性评分和社会可供性评分较低，功能的可供性评分略高，需重点关注。可供性的四项指标中认知可供性和社会可供性基本没有不足的积极作用，儿童无法确定自己所处位置，容易产生迷茫、无聊的消极情绪。具体问题如下：

1. 社区中同类型的街道眼，街道中产生的视线基本没有不足的视觉基础，街道形式、道路尺度问题可；
2. 道路形式为人车混行，存在较大的安全隐患；
3. 提供有效可供性的环境要素较多，后续应根据各要素现状尽可能提高其提供的积极可供性。

2. 西堤国际社区街道

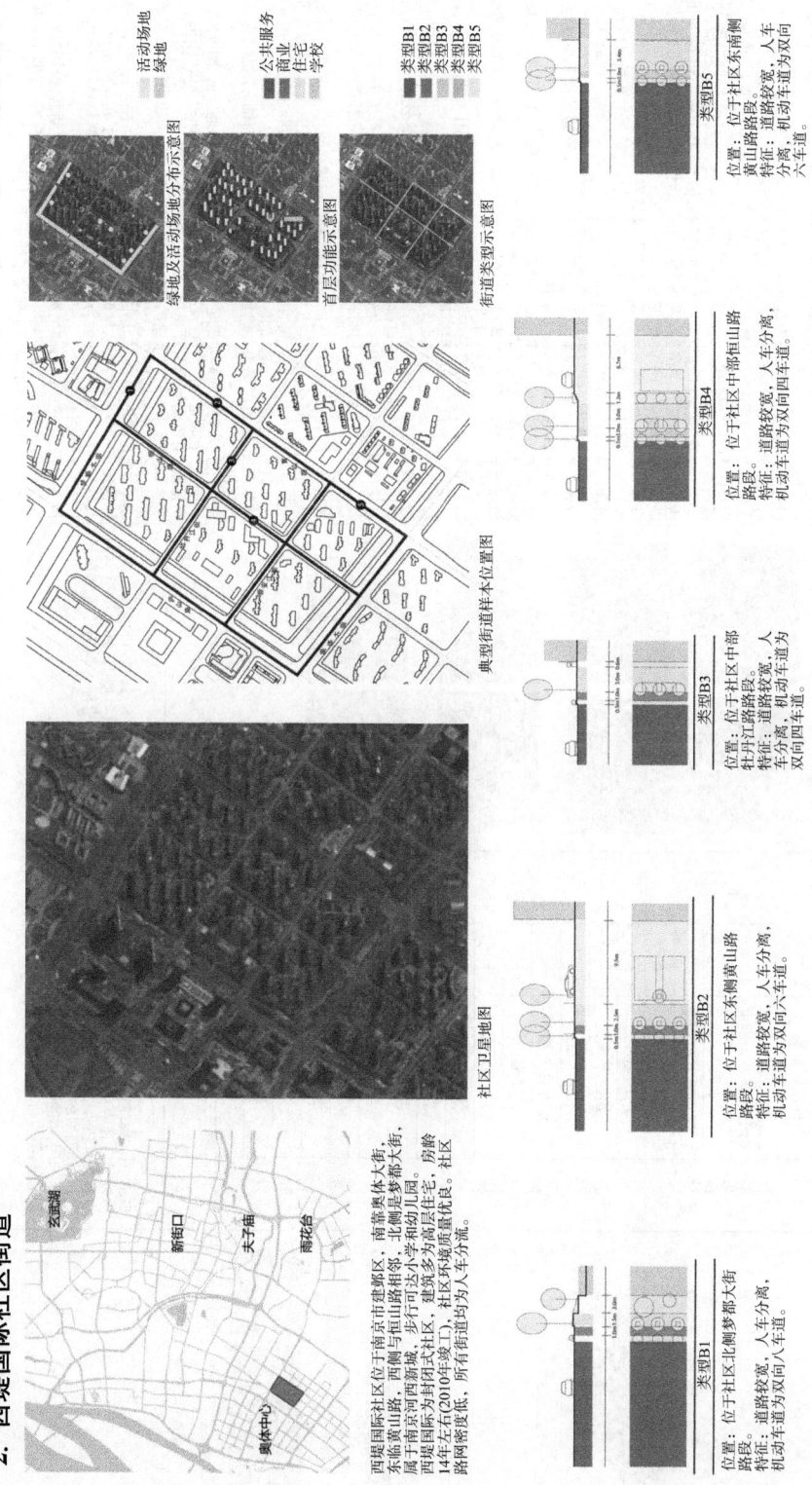

一米高度：
儿童友好型社区街道空间营建研究

样本街道可供性赋值分析表（类型 B1）

研究图纸	赋值评分		现场照片	赋值说明
街道空间轴侧示意图 / 街道平面及剖面示意图	一级指标	二级指标	赋值	总分		

一级指标	二级指标	赋值	总分
认知可供性	自然接触度	+++	8
	装饰	0	
	街道形态可识别度	+	
	通透度	0	
	首层功能可识别度	++	
	标识系统	++	
功能可供性	活动场地	++	14
	道路形式	++	
	道路尺度	++	
	道路曲折度	+	
	道路障碍	++	
	功能丰富度	+++	
	休憩设施	+	
	活动设施	−	
社会可供性	领域感	+++	8
	功能布局	0	
	街道尺度	++	
	街道眼	−−	
	休憩设施	++	
	活动设施	+++	

认知可供性

自然接触度：人行道两侧均可直接接触到规模较大的植物（图2），街道边自然环境的互动性与自然景观植物、表面硬度和界面密度评价指数较高，提供程度非常强的积极可供性。
装饰：街道界面型为装饰，所有街道总长度为 5 248 m，类型 B1 样本街道总长度约为 2 128 m，所有样本街道占比为 40.5%，同时街道线性较弱，道路侧的视觉信息居多。
街道形态可识别度：道路侧的视觉信息居多。
通透度：首层建筑首层均为住宅型。
首层功能可识别度：街道内行人在设置阳棚地与界面上的行道上的步行环境较差，街道上有行较高儿童的步行阻力，步行道中类型 B1 街道长度为 40.5%，提供了街道态可识别度较高的可供性。
标识系统：保持有符合标识牌和具观属性，但仅有少量指示牌与公共标识（图5）。

功能可供性

活动场地：街道上行儿童活动场地及设置不尽合理，无使用人车分流，临沂水道，设施有效实现儿童的安全活动，提供了非常强的积极可供性。
道路形式：街道内为双向少量不动车道，道路规划化（图6），提供了较强的积极可供性。
道路尺度：机动车道、路面平整，提供了非常强的无障碍积极可供性。
道路曲折度：人口曲折段（图2），道路通行较通，无障碍较多，提供了较强的积极可供性。
道路障碍：阶高局陡，提供了一定距离，无路面障碍，提供了较强的积极可供性。
功能丰富度：街道边行较多的绿地和活动场地（图4，图5），能够提供较高儿童的丰富的功能，提供了非常强的积极可供性。
休憩设施：街道较长但在丰富生活的地处，主要考虑年龄较大的儿童，未提供有效的社会较高的活动空间内多放，进而产生进行为。
活动设施：街道内儿童活动内容完全没有设备商铺，完全没有交往行为。

社会可供性

领域感：步行空间最大宽度大于 2 m，且可与活动场地内置于内部入侧步行道设置隔护，同时人行与步行道较强有明确阻隔，同时儿童活动开展明显的领域感（图5），儿童活动较强的积极可供性。
功能布局：道路侧在儿童活动在内邻的街道开展的居住一侧的居民活动，视线不可达，另一侧的居民作用，街道眼作用有限，使用频率较低。
街道尺度：街道沟通型，存在专门休息设施（图4，图7），儿童有子较多为社交活动，提供了一定程度的消极可供性。
街道眼：水桥设施密布无木的严重不足（图4），儿童不可其他使用产生有适当充足日光的活动功能（图8），吸引各年龄段的活动，提供了非常强的积极可供性。
休憩设施：街道旁伴有舒适可休憩的场所（图8），有助于儿童的留留，有助于儿童社交活动。
活动设施：街道旁座位、街道有商铺，提供了非常强的积极可供性。

类型 B1 样本街道中认知、功能和社会可供性的赋值分表分别为 8、14、8，可供性表现总体较强。其中功能可供性总体评分较高，说明功能可供性可能积极影响类型 B1 街道空间中积极可供性表现的主要因素，具体改造需求、具体问题如下：
1. 有较强烈的街道无法直接接触建筑物层，但可达性不足日夜间照明较差。
2. 临河侧步行街道内设施丰富，但可达性不足日夜间照明较差。

附录

样本街道可供性赋值分析表（类型 B2）

研究图纸	赋值评分			现场照片	赋值说明
	一级指标	二级指标	赋值	总分		

一级指标	二级指标	赋值	总分
认知可供性	自然接触度	++	10
	装饰	0	
	街道形态可识别度	++	
	通透度	++	
	首层功能可识别度	++	
	标识系统	++	
功能可供性	活动场地	++	9
	道路形式	++	
	道路尺度	—	
	道路曲折度	++	
	道路障碍	++	
	功能丰富度	0	
	休憩设施	0	
	活动设施	++	
	设施位置	++	
社会可供性	领域感	++	7
	功能布局	++	
	街道尺度	+	
	休憩设施	0	
	活动设施	0	

研究图纸： 街道空间轴侧示意图；街道平面及剖面示意图（1.0 m、0.5 m、2.5 m、9.5 m）

赋值说明：

自然接触度： 街道两侧均可接触到一定规模的植物，以行道树和灌木为主（图3），提供较强的积极的可供性。

装饰： 侧界面和界面均无明显装饰，较整洁，不存在脏乱破损现象（图2、图4），未提供有效的认知可供性。

街道形态可识别度： 所有街道总长度约为221 m，在所有街道总长度中类型B2样本占比为4.2%，样本在长度为5.248 m的辨识度较高的街道形态可识别空间（图5），提供了街道形态高的识别可供性。

通透度： 道路界面有效透视共221 m，可视范围内的洞口长度为160 m，街道总透视率约0.72，一侧被封闭围合界面，街道边的首层有一定量的商铺，儿童一般可以观察到的周边环境信息，提供了程度一般的积极可供性。

首层功能可识别度： 街道边的首层建筑的首层可以引起儿童注意等可识别度（图8），保障了儿童在街道上步行通过时的安全性，提供了程度较强的积极可供性。

活动场地： 作为活动场地使用的广场可以在路旁的（图1），开放程度较高，容易吸引儿童，设置专门的步行道，对步行车辆等安全性提供了程度较强的积极可供性。

道路形式： 街道两侧的建筑的积极的可供性，设置较强的专用人行道，提供了程度较强的积极可供性。

道路尺度： 机动车道为双向四车道，提供了程度较强的人行道，步行空间产生最大宽度大于1.5 m空间宽，提供了程度较强的积极可供性。

道路曲折度： 道路由较少的弯曲度构成，一规划完善的交通标识的积极可供性。

道路障碍： 路面平整，无破损（图1），可提供较好的积极可供性。

功能丰富度： 街道内程度较强的专门休憩活动，未设置活动设施，未提供有效的可供性。

休憩设施： 街道两侧的程度较强的建筑的休憩的积极的可供性。

活动设施： 街道内未设置活动设施，未设置休憩活动和设置活动设施的可供性。

设施位置： 人行道与机动车道之间有道树存在（图1），考虑无障碍设计，开放，为小型商业店铺可以发挥的功能可供性。

领域感： 提供了程度较强的领域的积极的可供性。

功能布局： 街道内未设置有效的阻隔，商铺前的空间给人较明显的领域感（图4），提供了程度较强的积极可供性。

街道尺度： 在街道中停留观察其他方便的儿童街道（图2），面向观察街道可能，可发挥可供性。在街道两侧留出1.5~2 m（图7），且可与街道长度约221 m，且可与行者正常通行，可保留街道眼。

休憩设施： 街道附近的社区的小型商业店铺可以有效地影响街道上其他交通行人，可留存街道眼。街道两侧占比约61%。

活动设施： 街道较强设置休憩设施，未提供有效的可供性。

活动设施： 街道内未设置活动设施，未设置活动设施，未提供有效的社会可供性。

类型B2样本街道的可供性的赋值分数分别为10、9、7，可供性表现总体较强。其中认知可供性体系评分较高，街道中产生消极可供性的只有道路曲折度一项，主要原因是该地区一规划的实现的方式，道路过于平直。另外儿项提供有效可供性的指标，比如休憩设施和活动器械等，后续改造时可考虑增设相关设施。

样本街道可供性赋值分析表（类型 B3）

一级指标	二级指标	赋值	总分
认知可供性	自然接触度	++	3
	装饰	+	
	街道形态可识别度	+	
	通透度	--	
	首层功能可识别度	0	
	标识系统	+	
功能可供性	活动场地	0	4
	道路形式	++	
	道路尺度	+	
	道路曲折度	--	
	道路障碍	++	
	功能丰富度	+	
	休憩设施	0	
	活动设施	0	
	设施位置	0	
社会可供性	领域感	+	-1
	功能布局	0	
	道路尺度	0	
	街道眼	--	
	休憩设施	0	
	活动设施	0	

赋值说明

自然接触度：街道两侧均可接触到一定规模的植物，以行道树及盆栽为主（图2），提供程度较强的积极可供性。表面有较多植物装饰的积极可供性。

装饰：侧界面整洁，表面有较多植物覆盖（图2），提供程度较低的积极可供性。

街道形态可识别度：道路两侧均为功能性建筑，但并未体现考虑儿童审美的街道形态可识别度。所有街道中类型 B3 样本街道长度占比为 41.9%。

通透度：道路总长度为 5 248 m，类型 B3 样本街道总宽度约为 2 200 m，在所有街道中类型 B3 街道透度很低。儿童无法观察到周边的环境信息，因此无法确定自己在社区中所处的位置，产生了程度较强的消极可供性。

首层功能可识别度：街道建筑首层可做通行使用，功能上的可识别度较低，未提供有效的积极可供性。

标识系统：街道内存在必要的交通标识如转角镜和交通指示牌（图8），可引起机动车司机的注意，提高街道上步行通过儿童的安全性。但目前的交通系统并未考虑特定的儿童群体，提供了程度较弱的积极可供性。

活动场地：无明显活动场地（图5），街道仅做通行空间使用，未提供有效的功能可供性。

道路形式：街道全域为人车分流，设置专门的步行道路（图2），对于步行通过的儿童来说非常安全，提供了程度较强的积极可供性。

道路尺度：机动车道为双向四车道，设置专用人行道，人行道宽度小于 1.5 m，提供了程度较弱的积极可供性。

道路曲折度：该区域道路规划单一平直，街道过于平直、平直的街道布局无法产生视觉上的趣味性，对行走的儿童产生了消极的功能可供性。

道路障碍：路面平整，无破损（图2），道路两侧建筑和住宅围墙对街道内无设施障碍（图4），街道内未设置休憩设施和活动设施，未提供有效的功能可供性。

功能丰富度：街道两侧为机动车道与行人道树的分隔（图1），使儿童产生一定的领域感。

休憩设施：未设置专门休憩设施，未提供有效的功能可供性。

活动设施：街道内未设置活动设施，未提供有效的功能可供性。

设施位置：人行道与机动车之间存在行道树的分隔（图1），使儿童产生一定的领域感。儿童可能在此处玩耍，提供了程度较弱的积极的社会可供性。

功能布局：步行空间最大宽度约为 1.2 m，儿童在街道中停留容易产生直接危险，但有可能影响到他人正常通行（图7），街道可停留容量无法满足。

道路尺度：完全没有商铺，未提供有效的社会可供性。

街道眼：街道侧界面封闭围墙（图4），儿童不可达，视线不可达，产生了程度较强的消极的社会可供性。

休憩设施：未设置休憩设施，未提供有效的社会可供性。

活动设施：未设置活动设施，未提供有效的社会可供性。

研究图纸

街道空间侧视示意图

街道平面及剖面示意图

类型 B3 样本街道中认知、功能和社会可供性的赋值分数分别为 3、4、-1，可供性表现总体一般，其中社会可供性的评分较低，需重点进行改造提升。街道中产生停留交往无法实现的三项指标为道路曲折度、道路两侧的视线可达性，具体的改造需求如下：
1. 由于小区的封闭式管理，视线也被封闭围墙以教植物覆盖的侧界面以围墙阻隔，直接接触道路旁建筑物，视线也被封闭围墙阻隔。
2. 社区采取统一规划的方式，道路过于平直，行走过程中的丰富度有所欠缺。

样本街道可供性赋值分析表（类型 B4）

一级指标	二级指标	赋值	总分
认知可供性	自然接触度	++	12
	装饰	+	
	街道形态可识别度	++	
	通透度	++	
	首层功能可识别度	+++	
	标识系统	++	
功能可供性	活动场地	++	8
	道路形式	++	
	道路曲度	—	
	道路尺度	++	
	功能丰富度	++	
	休憩设施	0	
	活动设施	0	
	设施位置	0	
社会可供性	领域感	++	7
	功能布局	++	
	道路尺度	++	
	街道眼	+	
	休憩设施	0	
	活动设施	0	

赋值说明

自然接触度：人行道两侧均可直接接触到的植被神秘的图绕内的规模较大的植物（图2），道路边自然环境的互动性程度较高，提供了程度非常高的积极可供性，但伴未特殊考虑儿童审美（图3、图5），表饰：侧界面非常观看的积极可供性。

街道形态可识别度：类型B4样本街道总长度约为298 m，在所有类型B4街道中类型长度占比为5.7%，街道总体辨识度较高的积极可供性。是提供了程度较高的识别度，提供了程度较高的积极可供性。

通透度：道路约220 m，提供约0.74。界面通透率为0.74。界面通透度较高。店铺口宽度约为298 m，首层界面有效长度为298 m，可视范围的洞口宽度较高，首层立面基本没有设置阻隔神秘的图绕或者墙体。

首层功能可识别度：建筑首层富含多样的功能（图2），首层有富有的商业店铺，店铺种类丰富，种类丰富程度较高，开放程度较高，提供了程度非常强的积极可供性。

标识系统：街道内存在合理完善的交通标识设施，如标识牌、车道线（图8），提供了程度较高的积极可供性。

活动场地：街道全域人车分流（图1），设置专门的步行道路（图2），设置较强的积极可供性。

道路形式：机动车道为双向四车道，一块板式区域由两端一块板式区域组成，考虑无障碍设计（图6，图5）。功能较丰富。

道路尺度：提供了程度较弱的积极可供性。

道路曲度：街道专门的步行空间可作为活动场地使用（图2），人行道上的儿童可通过街道上的积极可供性。

功能丰富度：伯克夏二楼门市的趣味性、街道上的人行道、平直的街道可作为小型活动场地，但街道两侧积极性未设置无障碍设计，考虑无障碍设计（图6，图5）功能较丰富。

休憩设施：路对平整、无破损性（图2），街道上的人行道（图2），平直设计（图2），对于步行使用者正常通行人流使用。有利于儿童有效的使用，未设置活动设施未提供有效的积极可供性。

活动设施：未提供活动设施。

设施位置：街道内未设置活动设施和休憩设施，未提供有效的积极可供性。

领域感：人行道与机动车之间存在树的硬质铺地（图4，图5），同时街道开放，为步行者积极布局与街道开放设置界面较明显的领域感（图5），提供了程度较强的积极可供性。

功能布局：街道单侧为连续商铺（图2，图5），面向街道开放，为步行者正常通行。

道路尺度：步行空间较大于子身，对于沿地使用者影响正常通行人流（图2），其他使用者正常通行。

街道眼：街道附近街道商业可以直接观察到街道（图2，图5），且可以使用沿街正常通行，街道口长度约为230 m，街道眼起作用的只有一项指标，即街道曲折程度较弱，街道眼占比为77%，街道可供性较好，提供了程度较弱的积极可供性。

休憩设施：未设置休憩设施，未提供有效的社会可供性。

活动设施：未设置活动设施，未提供有效的社会可供性。

类型 B4 样本街道中认知、功能和社会可供性的赋值分数分别为 12、8、7，可供性表现总体较强，其中认知可供性总体评分较高，说明认知可供性的主要归属性，街道中产生消极可供性的只有一项指标，即道路曲折度，具体问题如下：机动车道和人行道均过于平直、行走空间过于丰富度有所欠缺。

样本街道可供性赋值分析表（类型 B5）

研究图纸	赋值评分			现场照片	赋值说明
	一级指标	二级指标	赋值	总分	
街道空间轴测示意图	认知可供性	自然接触度	++	7	**自然接触度**：街道两侧均可接触到一定规模的植物，以行道树盆栽装饰为主（图6），提供程度较强的积极可供性。 **装饰**：街面整洁，表面有较多植物装饰的积极可供性。 （图3；图6），提供了程度较强的积极可供性。 **街道形态可识别度**：所有街道总长度为5 248 m，类型5样本街道总长度约为2 601 m，在所有街道中类型5街道占比为49.6%，街道形态可识别度较高，提供了程度较强的积极可供性。 **通透度**：测界面两侧设有围墙或者墙体，但采用了楼空的方式，街道侧的周围环境信息总有效长度约为0.54，道路两侧楼空较多，儿童可观察到周围环境信息较多，提供了程度较弱的积极可供性。 **首层功能可识别度**：道路两侧的积极可供性较低，未提供了程度较强的认知的可供性。
		装饰	+		
		街道形态可识别度	+		
		通透度	+		
		首层功能可识别度	0		
街道空间轴测示意图	功能可供性	标识系统	++	5	**标识系统**：街道内存在合理完善的交通标识设施（图8），可引起机动车司机的注意，保障了街道上步行通过儿童的安全性，提供了程度较强的积极可供性。 **活动场地**：无明显显活动场地（图5），街道仅做通行空间使用，未提供有效的功能可供性。 **道路形式**：街道全域为人车分流，设置专门的步行道路（图5），街道专用于步行道，设置专用人行道，人行道宽度大于1.5 m，提供了程度较强的积极可供性。 **道路尺度**：机动车道为双向六车道（图5），街道较长，无弯地或该作趣味的，对行道上行走和产生了1.5 m，提供了程度较强的积极可供性。 **道路曲折度**：该区域由统一规划布局形成，街道间无高差（图7），街道平直，平直的街道司平直，街道上的功能可识别产生了消极可供性。 **功能丰富度**：街道两侧未设置休憩和活动设施，未提供有效的功能可供性。
0.5 m 3.4 m 街道平面及剖面示意图		活动场地	0		
		道路形式	++		
		道路尺度	++		
		道路曲折度	–		
		功能丰富度	++		
	社会可供性	休憩设施	0	0	**领域感**：人行道与机动车道之间存在行道树的分隔（图6），使儿童产生一定的地域感，儿童有可能以此改变与活动场所的积极可供性。 **街道眼**：街道侧界面以封闭围墙为主（图6），日距离住宅楼在一定的距离较低，产生了程度较弱的街道眼作用，提供的社会可供性有效保障较低。 **休憩设施**：未设置休憩设施，未提供有效的社会可供性。 **活动设施**：未设置活动设施，未提供有效的社会可供性。
		活动器械	0		
		领域感	+		
		设施位置	0		
		功能布局	0		
		街道尺度	+		
		街道眼	– –		
		休憩设施	0		
		活动设施	0		

类型 B5 样本街道在认知、功能和社会可供性的赋值分型分别为 7、5、0，可供性表现总体较弱。其中社会可供性总体评分较低，需重点进行改造提升。儿童友好性存在的主要问题如下：
1. 由于小区的封闭式管理，街道外侧界面以被植物覆盖的围墙为主，视线也被封闭围墙阻隔。
2. 社区采取统一规划的方式，道路过于平直，行走过程中丰富度有所欠缺。

3. 锁金村社区街道

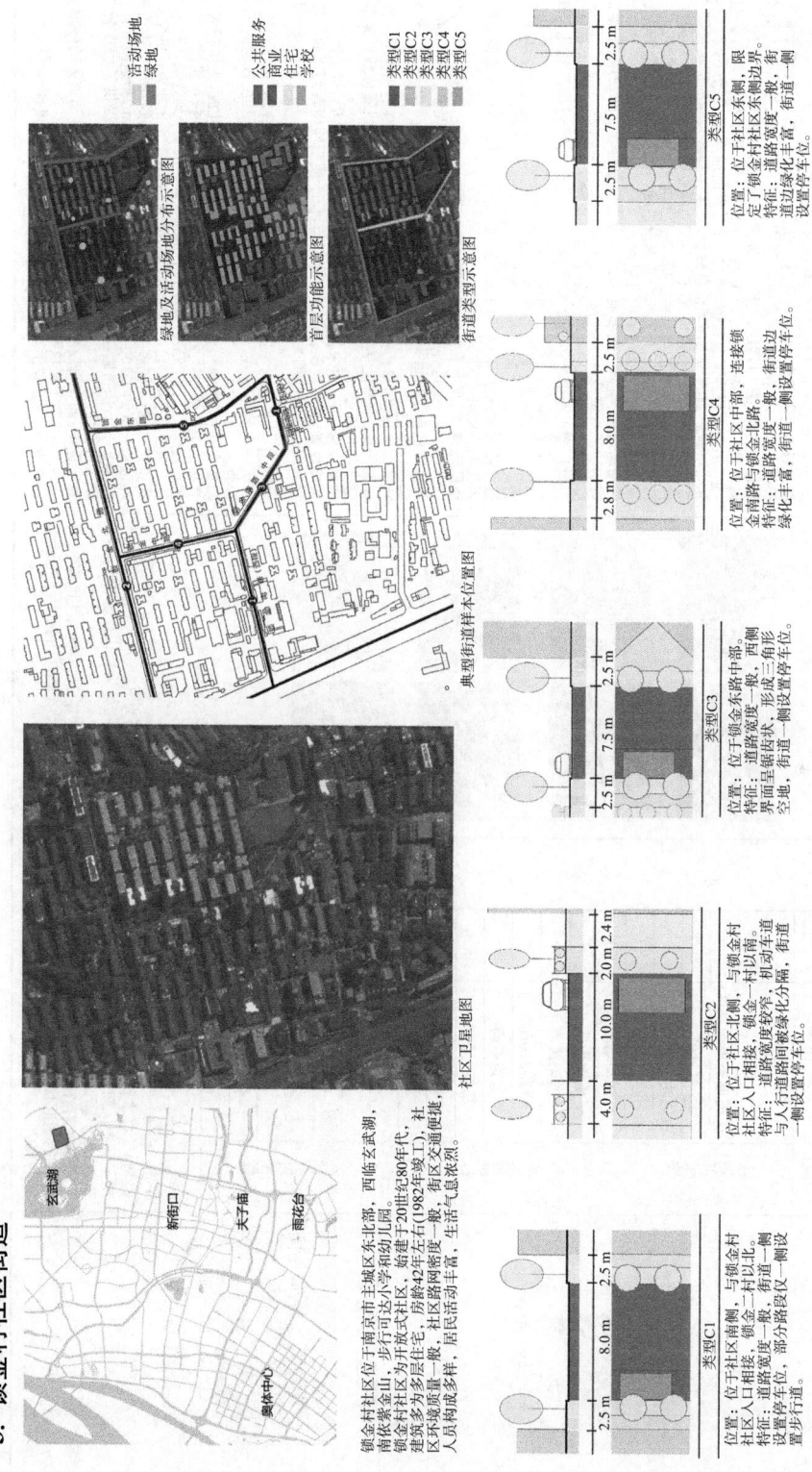

锁金村社区位于南京市主城区东北部，西临玄武湖，南依紫金山，步行可达小学和幼儿园。锁金村社区为开放式社区，始建于20世纪80年代，社区建筑多为多层住宅（1982年竣工），房龄42年左右，社区环境质量一般，社区路网密度一般，街区交通便捷，人员构成多样，居民活动丰富，生活气息浓烈。

类型C1
2.5 m | 8.0 m | 2.5 m
位置：位于社区南侧，与锁金村社区入口相接，锁金二村以西。
特征：道路宽度一般，街道一侧设置停车位，部分路段仅一侧设置步行道。

类型C2
4.0 m | 10.0 m | 2.0 m | 2.4 m
位置：位于社区北侧，锁金二村相接。
特征：道路宽度较宽，锁金村以南社区，机动车道南北分隔，人行道与绿化分隔，街道一侧设置停车位。

类型C3
2.5 m | 7.5 m | 2.5 m
位置：位于锁金路东侧中部。
特征：道路宽度一般，西侧呈锯齿状，形成三角形空地，街道一侧设置停车位。

类型C4
2.8 m | 8.0 m | 2.5 m
位置：位于社区中部，连接锁金路与锁金北路。
特征：道路宽度一般，街边绿化丰富，街道一侧设置停车位。

类型C5
2.5 m | 7.5 m | 2.5 m
位置：位于社区东侧，限定了锁金社区东侧边界。
特征：道路宽度一般，街道边绿化丰富，街道一侧设置停车位。

样本街道可供性赋值分析表（类型C1）

研究图纸	赋值评分			现场照片	赋值说明
	一级指标	二级指标	赋值	总分		

一级指标	二级指标	赋值	总分
认知可供性	自然接触度	+	8
	装饰	++	
	街道形态可识别度	++	
	通透度	++	
	首层功能可识别度	+++	
	标识系统	−	
功能可供性	活动场地	0	4
	道路形式	+	
	道路尺度	0	
	道路曲折度	−	
	道路障碍	++	
	功能丰富度	+++	
	休憩设施	0	
社会可供性	活动位置	+	7
	领域感	+	
	功能布局	+++	
	道路尺度	+	
	街道眼	++	
	休憩设施	0	
	活动设施	0	

赋值说明：

自然接触度：街道一侧可以直接接触到路边零散的行道树（图1），由于路面功能的摩擦，儿童可能无法接触到街道边的植物，提供了程度较弱的积极可供性。

装饰：侧界面多种类型的幼儿园外墙特殊参考儿童审美（图3、图4），提供了程度较强的积极可供性。

街道形态可识别度：所有街道中类型C1样本街道总长度为2 184 m，街道中类型C1占比为25%。

通透度：首层界面的积极性较好，界面通透度约为0.86，视野范围围的积极可供性。

首层功能可识别度：街道两侧街面首层界面多为底商，且可识别度高（图2、图3），开放度高，产生儿童常见的积极可供性。

标识系统：街道内无必要的交通标识设施（图1），有引起司机误会做可的交通标识，产生了程度较弱的消极可供性。

活动场地：无明显活动场地的积极可供性。

道路形式：部分路段人车混行情况存在，一定的人车分流，对于步行通过街道的儿童来说比较安全，提供了程度较弱的积极可供性。

道路尺度：街道长度大于60%，未能提供步行可供性。

道路曲折度：机动车道路宽约6 m，一侧步行人行道宽度小于1 m，空间较窄，提供了程度较弱的积极可供性。

道路障碍：道路本身不平整，影响有无明显影响。

功能丰富度：路边有平等，商业繁华度高，提供了无障碍行通可供性。

休憩设施：街道旁的商家门前有非自发设置休憩设施，大部分障碍对儿童行为无明显影响。

活动位置：路段上各段有一定的破行空间，未提供活动场地可供性。

领域感：街道商业繁华热闹，未提供较好休息空间。儿童可利用此处完成一定的领域感。

功能布局：街道两侧多为连续商铺（图2），面向街道开放（图6），产生了非正式的积极可供性。

道路尺度：街道中停留空间较少，步行社会交往。提供较大开窗商铺进行社会交往。

街道眼：街道宽约1 100 m，街道眼界面约占850 m，街道眼占比约为88%。

休憩设施：商家自发放置的休憩设施对提高儿童在街道内的停留度较高，未提供有效的社会可供性。

活动设施：活动设施影响无，未设置活动设施未提供有效的社会可供性。

类型C1样本街道社会认知中认知、功能和社会可供性的赋值分数分别为8、4、7，可供性表现的其中认知可供性评分较高。街道中产生的两项指标为标识系统中出现"解除30 cm限速"等反常规理的标志出现现象，同时存在非机动车道通堵路障碍得分。具体问题如下：
1. 道路上存在诸如儿童容易聚集的区域出现"解除30 cm限速"等反常理标志的现象。
2. 步行路起伏较大，起伏处道路多有破损情况，起伏处道路多有破损情况占据步行空间存车的现象。

来源：课题组绘制和拍摄

样本街道可供性赋值分析表(类型C2)

研究图纸	赋值评分	现场照片	赋值说明

研究图纸

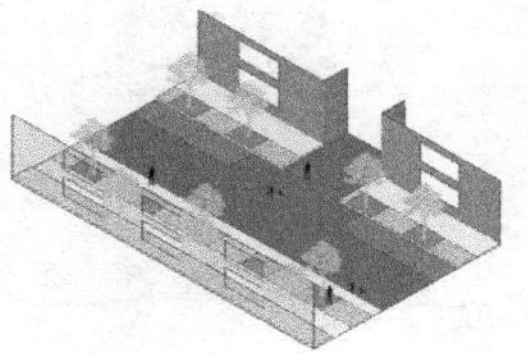

街道空间轴侧示意图

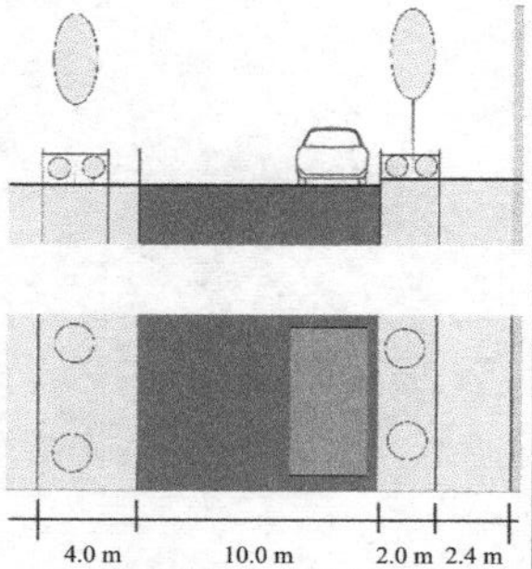

4.0 m
10.0 m
2.0 m
2.4 m

街道平面及剖面示意图

赋值评分

一级指标	二级指标	赋值	总分
认知可供性	自然接触度	+++	10
	装饰	++	
	街道形态可识别度	+	
	通透度	0	
	首层功能可识别度	+++	
	标识系统	+	
功能可供性	活动场地	+	12
	道路形式	++	
	道路尺度	++	
	道路曲折度	0	
	道路障碍	−	
	功能丰富度	+++	
	休憩设施	+++	
	活动设施	0	
	设施位置	++	
社会可供性	领域感	+	7
	功能布局	++	
	道路尺度	+	
	街道眼	+	
	休憩设施	++	
	活动设施	0	

现场照片

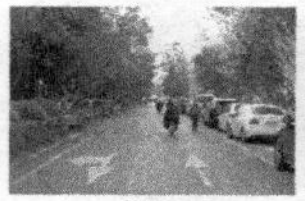

图1

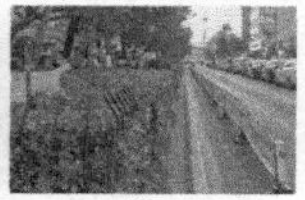

图2

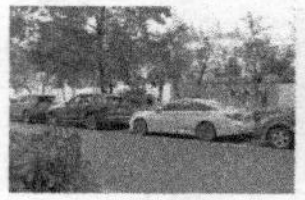

图3

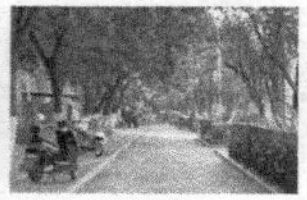

图4

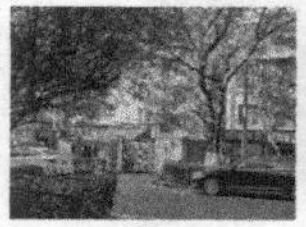

图5

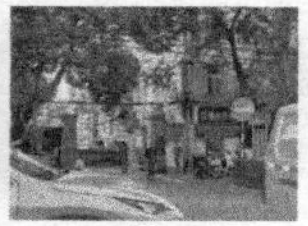

图6

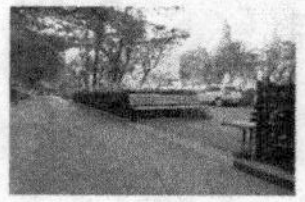

图7

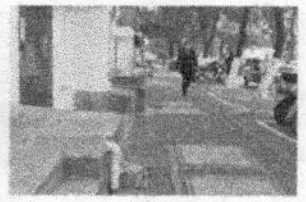

图8

赋值说明

自然接触度:人行道两侧均可直接接触到包括行道树和花坛在内的规模较大的植物(图2),街道边自然环境的互动性与自然性程度较高,提供程度非常强的积极可供性。

装饰:侧界面整洁,侧界面有装饰且考虑儿童审美(图3),提供了较强的积极可供性。

街道形态可识别度:所有街道总长度为2 184 m,类型C2样本街道总长度为819 m,在所有街道中类型C2街道长度占比为37.5%。街道形态较为独特(图1),可识别度较高,提供了程度较弱的积极可供性。

通透度:首层界面有效长度共1 638 m,可视范围的洞口长度约568 m,街道侧界面总通透率约0.35。界面通透度一般(图4),未能提供有效的认知可供性。

首层功能可识别度:街道建筑首层功能存在丰富的商业活动和社区公共服务(图5),开放程度高,有辨识度,功能上的可识别度高,提供了非常强的积极可供性。

标识系统:街道内存在必要的交通标识如交通指示牌和车道线(图1、图6),可引起机动车司机的注意,提高街道上步行通过儿童的安全性。但目前的交通标识系统并不完善,提供了程度较弱的积极可供性。

活动场地:无明显活动场地,儿童存在利用街边的剩余空间自发创造活动场地的可能性,提供了潜在的积极可供性。

道路形式:街道全域人车分流,设置专门的步行道路(图4),对于步行通过街道的儿童来说非常安全,提供了程度较强的积极可供性。

道路尺度:机动车道为双向单车道,宽约6 m,步行空间大于1.5 m,提供了程度较强的积极可供性。

道路曲折度:存在街道尺度发生变化的情况,使用者通过该街道时会自发调整通行路径。街道曲折度对通行行为无明显影响,未提供有效的功能可供性。

道路障碍:路面不平整(图8),主要道路间基本无高差(图7),未提供有效的功能可供性。街道旁的小商铺在街道边摆放招牌等(图6),在一定程度上侵占了街道内的步行空间,产生了程度较弱的消极可供性。

功能丰富度:街道北侧的建筑首层被改造为小型商业店铺,主要类型为餐饮(图5),对街道开放度极高且被儿童使用十分频繁,功能丰富,提供了非常强的积极可供性。

休憩设施:存在舒适合理的休憩设施(图7),提供了较强的积极可供性。

活动设施:街道内未设置活动设施,未提供有效的功能可供性。

设施位置:休憩设施位于街道两旁的花坛中(图7),便于使用者到达,且对于使用者来说较为安全,提供了较强的积极可供性。

领域感:街边的小型商业店铺区域与机动车道存在高差,商铺前的区域给人以较明显的领域感(图4),提供了程度较弱的积极可供性。

功能布局:街道两侧为商铺但部分路段两侧商铺不连续(图5),面向街道开放,为步行者提供在街道中停留并社交的可能性,产生了程度较强的积极可供性。

道路尺度:步行空间最大宽度大于2 m,但未能与活动场地连通,有提高儿童及其看护者停留度的可能性,提供了较强的积极可供性。

街道眼:北侧的商铺可直接观察到街道上的情况(图6);南侧住区围墙并未阻挡居民看向街道的视线,可发挥街道眼作用。街道两侧界面总长度约1 638 m,街道眼洞口长度约为1 100 m,街道眼界面占比约为0.67。街道眼起到的社会安全保障作用较好,提供了积极可供性。

休憩设施:存在专门的休憩设施(图7),提高了儿童停留度,儿童及其看护者在休憩时往往会与其他使用者产生社会交往活动,提供了程度较强的积极可供性。

活动设施:未设置活动设施,未提供有效的社会可供性。

类型C2样本街道中认知、功能和社会可供性的赋值分数分别为10、12、7,可供性表现总体较强。其中功能可供性评分较高,街道中产生消极可供性的指标为道路障碍,具体问题如下:

1. 路面和墙体局部发生老化破损,街道环境卫生状况较差,存在商铺物体侵占公共空间现象。
2. 路边商铺为街道内儿童的活动提供了活动场地和领域感,但场地中所发生的商业活动吸引儿童停留的能力较差。

一米高度：
儿童友好型社区街道空间营建研究

样本街道可供性赋值分析表（类型C3）

研究图纸	赋值评分			现场照片	赋值说明
	一级指标	二级指标	赋值	总分	

一级指标	二级指标	赋值	总分
认知可供性	自然接触度	++	8
	装饰	0	
	街道形态可识别度	++	
	通透度	0	
	首层功能可识别度	+++	
	标识系统	+	
功能可供性	活动场地	++	17
	道路形式	++	
	道路尺度	++	
	道路曲折度	+	
	道路障碍	++	
	功能丰富度	+++	
	休憩设施	++	
	设施位置	++	
社会可供性	活动设施	0	10
	领域感	++	
	功能布局	+++	
	道路宽度	+	
	街道眼	++	
	休憩设施	++	
	活动设施	0	

赋值说明：

自然接触度：人行道两侧均有行道树（图1），一侧街道部分路段设置花池，供了程度较强的积极可供性，街道上的自然接触物较多，装饰、较整齐，不存在脏污和破损（图4），未提供有效的认知可供性。

街道形态可识别度：所有街道总长度为2 184 m，类型C3样本C3街道总长度约为195 m，在所有街道长度占比约9%，儿童可边行在辨识程度较高的三角街坊状况（图1），街道形态可识别度高，提供了程度较好的积极可供性。

通透度：首层界面长度共390 m，可视范围内可商铺和学校（图3，图4），界面透明度0.32，界面功能主要为商铺和学校（图3，图4），开放观察到的街道首层活动空间和首层活动空间较少，提供了较弱的积极可供性。

首层功能可识别度：首层界面上的功能性较高，易于产生较强的认知度，但目前司标识系统不完善者，提供了非常强的积极可供性。

标识系统：街道过目前在必要的交通标识（图2），步行空间上步行通过的安全性。

活动场地：街道旁存在活动场地，集中了大量老儿童（图7，图8），同时儿童会在街道尚自发的创造活动场地，设置专门的积极可供性的活动场地，提供了程度较强的积极可供性。

道路形式：街道中自发性车辆分流，设置专门的人车通行空间，提供了程度较高的积极可供性。

道路尺度：机动车道宽约7 m，人行道折设有约7 m，街道专用道（图2），提供了程度较高的积极可供性。

道路曲折度：路面平整，空间较宽阔，街道存在一定的宽度，还能够基础儿童使用的过程的趣味性。

道路障碍：街道路面平整，无破损（图2），考虑无障碍设计（图4），对于街道内无障碍很好。

功能丰富度：街道旁有多类商业店铺，提供了较强的积极可供性，进而使儿童的活动频繁，功能丰富，提供人同的社会可供性。

休憩设施：街道内集中设置了舒适合理的休憩设施（图7，图8），对于街道开放的儿童者使用者来说环境正常，可以对儿童的社会保障有利。

设施位置：道路两侧均为社区商铺（图1，图4），面向街道开放，未提供有效的功能可供性。

领域感：儿童可能在此玩耍，为步行者行为，提供了较好的积极可供性。

功能布局：街道两侧交互不同置商铺（图1，图4），产生了较好的社会可供性。

道路宽度：人行道最小宽度为2 m，日可与活动场地相通（图5，图8），提供了较好的社会可供性。

街道眼：街道两侧总占比约0.66，街道眼起到了较强安全保障作用，提供了较好的社会可供性。

休憩设施：各专门的休憩设施，提供其他使用者社会交往的积极可供性。

活动设施：在休憩同时存在社会与其他使用者产生社会交往的积极可供性，未提供活动设施，未提供有效的社会可供性。

类型C3样本街道在认知、功能和社会可供性的赋值分数分别为8, 17, 10，可供性表现较好。三方面可供性评分均较高，街道在不存在产生消极不供性的指标，不过场地有较大的谱能并未利用，目前全部划作非机动车位且使用率低，大量空闲地有较大的街道西侧存在活动场地利用，未设置有效的活动场地，未设置活动设施，得消极。

234

样本街道可供性赋值分析表(类型 C4)

一级指标	二级指标	赋值	总分
认知可供性	自然接触度	++	8
	装饰	0	
	街道形态可识别度	++	
	通透度	0	
	首层功能可识别度	+++	
	标识系统	+	
功能可供性	活动场地	0	7
	道路形式	+	
	道路尺度	0	
	道路曲折度	−	
	道路障碍	+++	
	功能丰富度	++	
	休憩设施	0	
	活动设施	+	
社会可供性	设施位置	+	5
	领域感	+	
	功能布局	+	
	道路尺度	+	
	街道眼	0	
	休憩设施	++	
	活动设施	0	

赋值说明

自然接触度：街道两侧均可接触到一定规模的植物，以行在道树为主(图2)，提供程度较强的积极可供性。

装饰：街侧界面和底界面均无明显脏污和破损(图3)，未提供有效的消极可供性。

街道形态可识别度：所有街道总长度为2184 m，类型C4样本街道总长度约为239 m，在所有街道中类型C4街道长度占比为11%。街道形态可识别度高，提供了程度较强的积极可供性。

通透度：界面可识别度一般，可视范围长度约114 m，街道的首层通透度约为0.48，未提供有效的积极可供性。

首层功能可识别度：界面上的广告牌丰富(图1)，提供了非常强的交通设施如交通指示牌(图2、图6)，儿童可观察到周边的环境。

标识系统：沿街道内存在商业店铺(图1)，开放程度和类型丰富，未提供必要的交通标识设施如交通指示牌(图6)，但目前的交通引导作用不明显。

活动场地：街道内存在的公共场地没有通过设计来引导儿童正常的玩耍行为，未提供通过街道步行通过的儿童的积极可供性。

道路形式：人车分流，街道长度占全部街道长度比较安全，提供了程度较弱的儿童对于步行交通的积极可供性。

道路尺度：道路曲折度且目前设置对交通行为无明显影响。

道路曲折度：大于60%，对于步行通过街道步行较为的儿童来说比较安全，提供了程度较弱的积极可供性。

道路障碍：道路宽度约4 m，设置专用人行道(图4)，步行空间宽度大于1.5 m，未能提供有效的消极可供性。

功能丰富度：路面不平整且局部出现破损(图8)，考虑到的人行道上设置了一定的曲折度，且目前设置对机动车存在停车的现象(图3)，在一定程度上为了机动车移动提供了程度较弱的积极可供性。

休憩设施：街道功能有丰富的商业店铺(图5)，提供程度较强的积极可供性。

活动设施：街道内可能出现休憩设施(图7)，面向街道开放，便于程度较弱的积极可供性。

设施位置：街道与专门设施之间存在一定的高差且门窗较大于2 m，考虑到使用者的积极可供性，儿童产生明显消极。

领域感：人与街道最大宽度约可能在此(图5)，儿童产生不愉快的感受(图1)，对行者视线较为一般，未提供明显的积极可供性。

功能布局：街道单侧布置不愉快不愉快此交通，产生了程度较弱的积极可供性，另一侧的街道眼较长度约200 m，未提供程度较弱的社会可供性。

道路尺度：人行道一侧路段安全故障起到的社会可供性一定程度上作用。

街道眼：街道一侧总长度约478 m，街道眼数量界面比约占42%，提供程度较弱的社会可供性。

休憩设施：街道内休憩设施在会社交产生作用。

活动设施：看护者在街道整段可以会在其他使用者一起产生了儿童及其较弱的积极可供性，出现轻微破损，未提供活动设施、未提供有效社会可供性。

类型C4样本街道中认知、功能和社会可供性的赋值分数分别为8、7、5，可供性表现一般。三种可供性评分较为均等。街道中产生消极可供性的指标为道路障碍，很难产生如下：

1. 街道旁无活动空间，人们使用时大多数为通过性需求，很难产生社会可供性。
2. 人行道不连续，部分路段出现轻微破损，人行道路面出现人车混行，影响使用体验。

样本街道可供性赋值分析表（类型C5）

赋值说明

自然接触度：街道两侧均可接触到一定规模的植物，以行道树为主。装饰：侧界面整治、学校路段界面的积极可供性。提供程度较强的积极可供性。

街道形态可识别度：所有街道总长度为2 184 m，类型C5样本街道总长度约为381 m，在所有街道长度中类型占比约17%，街道长度可识别度高，提供了程度较强的辨识积极可供性。

通透度：首层界面总通透度较高约0.32，界面范围内长度约245 m，儿童可观察到街道周边环境信息较小，未产生威胁感，提供积极可供性。

首层功能可识别度：界面内的局部功能为住宅和学校（图4、图5），提供程度较高，对儿童有积极可供性。

标识系统：街道上步行道内未考虑无障碍设计，保障了街道上步行道内通过儿童专门的交通标识设施（图1），对于步行者的积极可供性较弱。

活动场地：街道上未设置存在合理位置的积极可供性。提供了程度较弱的积极可供性。

道路形式：街道为人车分流、设置了步行道路（图2、图4），未考虑无障碍设计，提供程度较弱的积极可供性。

道路尺度：街道宽7 m，两侧设置人行道宽约7 m，机动车道宽约7 m，可以满足步行、车行和停车的积极可供性。

道路曲折度：道路笔直平整，无破损（图2、图3、图4），未考虑无障碍设计，主要使用者为老年人（图6），街道上老年人、儿童可能较多，未产生积极可供性。

功能丰富度：街道两侧的建筑空间内主要功能以居住为主小型商业店铺（图7），提供了较强的积极可供性。

休憩设施：路面平整、无高差分流，提供了休憩行为的空间（图1），但每天使用者不多，提供了较弱的积极可供性。

设施位置：休憩设施位于存在合理位置的积极可供性。

活动设施：街道内未设置活动场地的积极可供性。

领域感：街道中段的积极性存在行人流较大于2 m，两侧直观看到街道内商业活动，产生行为分流（图5、图8），东侧住宅、西侧商业空间的街道两侧使用视线与街道联系。

功能布局：人行道路两侧界面大于2 m，提供了步行交往、且视线看向道旁观察进行社会交往。其他程度较弱的积极可供性。

道路尺度：西侧街道边侧休憩设施存在商业空间，提供活动场所和社会交往，街道视线关联性一般；东侧住宅面向道路，居民与其他人使用的社会交往，提高儿童停留度、儿童及其看护者在社会与在社会活动，提供了非常积极可供性。

街道眼：街道单侧围墙遮挡，产生隔离作用（图7、图8），东侧住宅形成无限面积比约32%，未能形成社会安全感。

活动设施：未设置专门的休憩设施，未提供有效的社区可供性。

样本街道可供性赋值评分

一级指标	二级指标	赋值	总分
认知可供性	自然接触度	++	10
	装饰	++	
	街道形态可识别度	++	
	通透度	0	
	首层功能可识别度	+	
功能可供性	标识系统	++	15
	活动场地	++	
	道路形式	++	
	道路尺度	+	
	道路曲折障碍	++	
	功能丰富度	+++	
	休憩设施	0	
	设施位置	++	
社会可供性	活动设施	0	5
	领域感	++	
	功能布局	+	
	道路尺度	−	
	街道眼	++	
	休憩设施	0	

研究图纸

街道空间轴侧示意图

街道平面及剖面示意图（2.5 m / 7.5 m / 2.5 m）

类型C5样本街道中认知、功能和社会可供性赋值分表分别为10、15、5，可供性表现较高或认知中社会可供性评分偏低。街道中产生影响积极可供性的指标为街道、高可识别度以安装以外为主，不利于提供可供性和社会监督。具体问题如下：

1. 社区的围墙以实墙为主，街道首层功能可识别度较低，无活动设施，无利于提供可供性和社会监督。
2. 未设置专门活动设施。

附 录

4. 唱经楼社区街谱

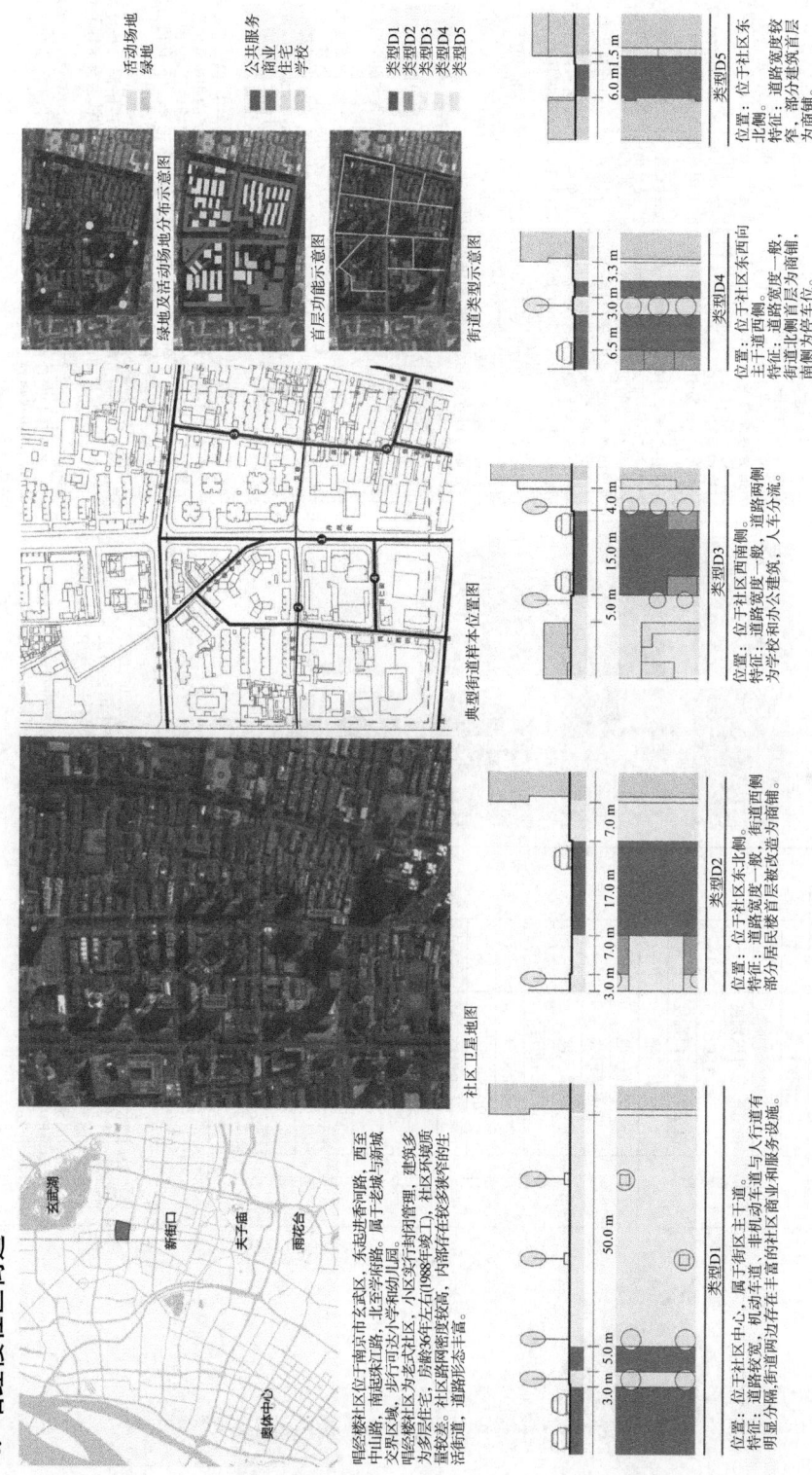

唱经楼社区位于南京市玄武区,西至中山路,南起珠江路,北至学府路,东起进香河路,属于老城区与新城交界区域。步行可达小学和幼儿园。唱经楼社区为老社区,小区实行封闭时管理,建筑多为多层住宅,房龄36年左右(1988年竣工),内部存在较多装修的生活街道,社区路网密度较高,街道形态丰富。

类型D1
位置:位于社区中心,属于街区主干道。
特征:道路较宽,机动车道、非机动车道与人行道有明显分隔,街道两边均存在丰富的社区商业和服务设施。

类型D2
位置:位于社区东北侧,街道西侧。
特征:道路宽度一般,街道西侧为商铺,部分居民楼首层被改造为商铺。

类型D3
位置:位于社区西南侧,道路两侧,人车分流。
特征:道路宽度一般,为学校和办公建筑。

类型D4
位置:位于社区东西向主干道西侧。
特征:道路宽度一般,街道北侧首层为商铺,南侧首层为停车位。

类型D5
位置:位于社区东北侧。
特征:道路宽度较窄,部分建筑首层为商铺。

样本街道可供性赋值分析表（类型D1）

研究图纸	赋值评分			现场照片	赋值说明
	一级指标	二级指标	赋值	总分	
街道空间轴侧图 / 街道平面及剖面示意图	认知可供性	自然接触度	++	7	**自然接触度**：街道两侧植物均可接触到，一定规模的植物，以行道树为主（图2），ät程度较强的积极性。 **装饰**：侧界面和路面均无明显装饰，较整洁，不存在脏污和破损（图1），未提供有效的认知可供性。 **街道形态可辨识度**：所有街道总长度为6 630 m，类型D1样本街道总长度约为2 450 m，在所有街道长度占比为37.0%。提供了街道形态可辨识度的认知可供性。 **通透度**：界面可透度约0.33，开放程度高，街道边存在的商业店铺（图3）引起儿童兴趣。提供了观察到街道环境信息的认知可供性。 **首层功能可辨识度**：建筑首层有丰富的商业店铺（图3），儿童可观察到街道边的各种类和不同的功能，容易引起首层功能注意上的可供性。
		装饰	0		
		街道形态可辨识度	+++		
		通透度	+		
		首层功能可辨识度	++		
	功能可供性	标识系统	++	16	**标识系统**：街道内存在必要的交通标识如角街、斑马线、信号灯等交通基础指示牌（图5），界面通道长度共450 m，可视范围的洞口长度约150 m，提供了一定安全性。 **活动场地**：街道旁的广场可作为活动场地（图2），人车分流度较高，儿童可在此进行一定活动。提供了程度较弱的活动积极性。 **道路形式**：部分路段人车分流（图1，图6），具有人行道，人车分流度较弱（图4），提供程度较弱的可供性。 **道路曲折度**：路面平整，无破损（图1，图6），儿童很有可能在此玩耍。提供了程度较强的积极可供性。 **功能丰富度**：商业街，街道边有绿地，商业和广场可较强的空间多角为较多的功能（图3，图7）。 **休憩设施**：街道两侧休憩设施（图2，图3），提供了较强可供性。 **活动设施位置**：休憩位置分散在街道内（图4，图7），使用程度较高，位置合理。提供了较强的积极可供性。
		活动场地	++		
		道路形式	++		
		道路曲折度	++		
		功能丰富度	++		
		休憩设施	++		
		活动设施位置	++		
	社会可供性	领域感	++	12	**领域感**：街道人行道宽度大于5 m，空间领域设施（图7），提供有效的安全性。 **功能布局**：人行道最宽处于2 m，其他街道无影响界面宽度（图4，图7），提供了程度较强的积极性。 **道路尺度**：街道两侧的商铺可直接观察到的街道（图4，图7），说明功能持续在街道中储存作用，街道两侧视线较好，有利于儿童产生较强领域感。 **街道眼**：街道两侧存有街道眼，总长度约为450 m，街道眼占比为0.89。 **休憩设施**：存在专门的休憩设施（图7），提高了儿童的社会交往性。 **活动设施**：街道中无活动设施和装饰，未提供有效的认知使用和产生社会交往性和社会可供性。
		功能布局	++		
		道路尺度	++		
		街道眼	++		
		休憩设施	++		
		活动设施	0		

类型D1样本街道中认知、功能和社会可供性的赋值分数分别为7、16、12，可供性表现休较强。其中功能可供性评分较高，下属的二级指标中也未产生消极可供性，说明功能可供性是影响类型D1样本街道可供性空间中积极性表现的主要属性。儿童活动频度，降低了儿童的安全性。
1. 活动场地内仅存在非机动车等行的机动车等行为不等行为交通现象，降低了儿童的安全性。
2. 街道中无活动设施和装饰，未设置积极和有效使用者产生社会交往和社会的可供性。

样本街道可供性赋值分析表（类型 D2）

一级指标	二级指标	赋值	总分
认知可供性	自然接触度	++	7
	装饰	0	
	街道形态可识别度	++	
	通透度	0	
	首层功能可识别度	++	
	标识系统	+	
功能可供性	活动场地	0	4
	道路形式	++	
	道路曲折度	+	
	道路障碍	0	
	道路尺度	--	
	功能丰富度	+++	
	休憩设施	0	
	活动器械	0	
	设施位置	+	
社会可供性	领域感	++	5
	功能布局	+	
	道路尺度	+	
	街道眼	+	
	休憩设施	0	
	活动设施	0	

赋值说明

自然接触度：人行道一侧可接触到一定规模的植物，以行道树为主（图2），提供程度较强的积极可供性。
装饰：侧界面和底界面均较整洁，不存在脏污和破损（图3），未提供有效的认知可供性。
街道形态可识别度：所有街道总长度为 6 630 m，类型 D2 样本街道总长度约为 1 000 m，类型 D2 街道长度占比为 15.1%。街道形态可识别度高，提供了程度较强的积极可供性。
通透度：界面层通透率约 0.25，提供了程度一般的积极可供性。
首层功能可识别度：首层业态丰富，容易吸引儿童一定量的认知可供性。
标识系统：街道内有牌匾设施一般，未提供通过儿童的安全性。标识系统并不完善，提供了程度较弱的积极可供性。
活动场地：无活动场地（图1），未提供有效的功能可供性。
道路形式：街道全域人车分流，设置专门的步行道路，机动车与非机动车道之间有栏杆，非机动车道与人行道之间略有高差，提供了程度较强的积极可供性。对于在人行道上活动的儿童来说非常安全，提供了程度较强的积极可供性。
道路曲折度：街道与道路平直，且曲折程度对通行无明显影响。
道路尺度：机动车道宽约 7 m，步行空间宽度约为 1.2 m（图1），相对道路宽度较窄，提供了程度较弱的积极可供性。
道路障碍：道路内无障碍，提供了有效的功能可供性。
功能丰富度：路面平整，未感无障碍设计（图8），同时有非机动车占道停车和施工的临时设施和活动动线。未提供有效的消极可供性。
休憩设施：街道边可能有此元件，提供了程度较弱的积极可供性。
活动设施：街道内未设置休憩设施和商铺（图6），未提供有效的功能可供性。
设施位置：儿童可能在街道两侧的商铺可直接观察到儿童的情况（图3），可发挥街道眼的作用。
领域感：儿童为考虑无障碍设计（图3），可能产生一定的领域感。
功能布局：街道可能存在交通中停留的情况（图3），儿童在街道中停留可供性。
道路尺度：提供了非常丰富的可供性。
街道眼：街道两侧有店铺，街道眼可直接观察到（图3），街道眼洞口长度约为 650 m，提供了程度较弱的社会可供性。
休憩设施：未设置休憩设施，未提供有效的社会可供性。
活动设施：未设置活动设施，未提供有效的社会可供性。

类型 D2 样本街道可供性的赋值表现总体较好，其中三项一级指标获得相对平均，其中产生较强积极和消极可供性的因素如下：
1. 场地内人车分流，并有完善措施进行分隔，为儿童在街道上提供了非常安全和社会可供的活动区域。
2. 街道中无活动设施和装饰，未提供有效的认知可供性，功能可供性和社会可供性。
3. 街道路面较老旧，存在破损，对儿童活动上的活动产生了消极影响。

样本街道可供性赋值分析表（类型D3）

研究图纸	赋值评分			现场照片	赋值说明
	一级指标	二级指标	赋值	总分	
街道空间剖面图 街道平面及剖面示意图 5.0 m 15.0 m 4.0 m	认知可供性	自然接触度	++	10	**自然接触度**：人行道一侧可接触到一定规模的植物，以行道树为主（图1），提供程度较强的积极可供性；侧界面和底界面均无明显破损，较整洁，不存在脏污和破损装饰，未提供有效的认知可供性。 **街道形态可识别度**：所有街道总长度约6 630 m，类型D3样本街道总长度约1 000 m，在所有街道中类型D3街道长度占比约15.1%，提供程度较高的积极可供性。 **通透度**：首层界面通透度约0.64，存在明显的洞口或活动窗口，可视范围较大，长度约80 m，可观察到周边环境信息较多，提供积极可供性。 **首层功能可识别度**：建筑首层有丰富的商业店铺（图5），开放程度高，功能可能引起儿童注意，功能丰富，提供非常强的积极可供性。
		装饰	0		
		街道形态可识别度	++		
		通透度	+		
		首层功能可识别度	+++		
	功能可供性	标识系统	++	12	**标识系统**：街道内存在合理完善的交通标识牌，如标识地、人行道上的可识别度高的商业店铺（图6），可供性较强；保障了街道上步行通过儿童的安全性。 **活动场地**：街道旁的广场用作为活动场所使用（图3），提供了较强的积极可供性。 **道路形式**：街道内机动车道宽约15 m，设置了程度较强的积极可供性。 **道路尺度**：道路宽度约15 m，空间宽敞，提供了程度较强的积极可供性，步行空间宽度大于1.5 m，对于步行人群有效的可供性。 **道路曲折度**：道路有一定的曲折度（图1），步道对通行无明显影响，未提供有效的功能可供性。 **道路障碍**：路面平整，无破损（图1），考虑无障碍设计可供性。 **功能丰富度**：街道边存在丰富的商业、功能、服务功能和活动场地使用频繁较高，提供十分频繁，功能丰富，提供有效的功能可供性。
		活动场地	++		
		道路形式	++		
		道路尺度	++		
		道路曲折度	0		
		道路障碍	++		
		功能丰富度	+++		
	社会可供性	设施位置	0	7	**设施位置**：街道内停留休憩设施较少，未提供有效的功能可供性。 **领域感**：街道两侧均为公共服务功能和商业功能，产生一定的领域感；面向街道开放，为步行者提供了积极的可供性；街道两侧界面连续，儿童在街道中停留时可以使用公共设施，有明确的安全领域，未提供积极的可供性。 **功能布局**：街道两侧以商业功能为主，街道商业占比较高，可直接观察到街道两侧。 **街道尺度**：街道宽约80 m，街道两侧长度约125 m，街道眼口长度约80 m，街道口占比约0.64，街道眼起到的社会安全保障作用较好，提供了程度较弱但积极的积极可供性。 **街道眼**：街道内可视范围较高，且与街道中眼可观察到的活动无明显影响，街道眼起到提供较强的社会可供性。 **休憩设施**：街道内未设置休憩设施和活动设施，未提供有效的功能可供性。 **活动设施**：街道各界面未进行涂料或装饰，未提供有效的认知可供性。
		领域感	++		
		功能布局	++		
		街道尺度	++		
		街道眼	+		
		休憩设施	0		
		活动设施	0		

类型D3样本街道中认知、功能和社会可供性的赋值的评分分数分别为10、12、7，可供性表现总体非常好。其中，认知可供性和可能性和可供性评分较高，下属的二级指标中也未产生中也未产生积极的可供性，功能可供性和可供性类型D4样本街道空间中发挥街道眼可供性的主要属性。其可供性、功能有效的可供性的因素如下：
1. 显然街道内存在较明显的积极活动场地，但是没有相应的休憩设施和活动设施，未提供有效的认知可供性、功能可供性和社会可供性。
2. 街道各界面未进行涂料或装饰，未提供有效的认知可供性。

样本街道可供性赋值分析表（类型 D4）

研究图纸	赋值评分			现场照片	赋值说明
	一级指标	二级指标	赋值	总分		
街道空间轴侧示意图 街道平面及剖面示意图 6.5 m / 3.0 m / 3.3 m	认知可供性	自然接触度	++	7	图1 图2 图3 图4 图5 图6 图7 图8	自然接触度：人行道两侧均存在自然景观，以行道树为主（图1），儿童在街道内的自然接触感较高，提供了程度较强的积极可供性。 装饰：侧界面和底界面均无明显装饰，较整洁，不存在脏污和破损（图3），未提供有效的认知可供性。 街道形态可识别度：所有街道总长度为 6 630 m，类型D4样本街道总长度约为 562 m，提供了程度较强的积极可供性。 街面形态可识别度：界面形态可识别度信息较高，可视范围洞口宽度约 110 m，界面通透度约 0.40，界面通透度首层度约 278 m，界面通透度底（图3、图4），儿童可观察到的周边活动环境（图5），提供了程度较强的积极可供性。 首层功能可识别度：街道内存在必要的交通功能（图2），开放程度较高，容易吸引儿童，提供了一定量的商业功能的积极可供性。 标识系统：街道上步行通过儿童的交通标识的安全性，但目前街道上的交通标识系统并不完善，提供了程度强的无明显活动场地（图1），街道上步行活动场地未提供有效的功能可供性。
	功能可供性	活动场地	0	9		道路形式：街道全域为人车混行，机动车与非机动车道之间没有门的机动车及非机动车停车位（图6、图7），对于在人行道上活动寻找车占道等有交通安全、提供了程度较强的消极可供性。 道路尺度：步行空间宽度大于 2 m（图5）、非常宽两，提供了非常强的积极可供性。 道路曲折度：街道相对平直，对步行者来说无明显影响（图3），未提供有效的功能可供性。 道路障碍：路面平整、无破损，考虑无障碍设计（图2），对不常骑的弱势者非常有利，提供了程度较强的积极可供性。 功能丰富度：街道边有丰富的商业场所（图2），提供了非常强的积极可供性。 休憩设施：街道内未设置休憩活动设施和活动设施，未提供有效的功能可供性。
		道路形式	+			
		道路尺度	+++			
		道路曲折度	0			
		道路障碍	+			
		功能丰富度	+++			
		休憩设施	0			
	社会可供性	活动设施	0	5		活动设施：未设置专门的休憩活动设施和装饰，未提供有效的功能可供性。 领域感：儿童可能在此玩耍，功能单侧为此（图2），使儿童产生了功能认可供性。 功能布局：街道单侧并非交叉的可能性，街道两侧大宽度约为 278 m，但街道眼长度约 185 m，街道眼的比例约为 0.67。街道眼较弱的积极可供性。 道路中段行为人使用界面两侧界面总长度约 185 m，街道眼起到的有效认知社会和社会可供性。 在街道两侧均为商业活动，部分用于通过有通透的围墙界面，街道侧界面通透度非常高。 休憩设施：未设置休憩活动设施，未提供有效的社会可供性。 活动设施：未设置活动设施，未提供有效的社会可供性。
		功能位置	+			
		功能布局	++			
		街道尺度	+			
		街道眼	+			
		休憩设施	0			
		活动设施	0			

类型 D4 样本街道在认知、功能和社会可供性的赋值分数分别为 7、9、5，可供性总体表现一般。其中功能可供性评分较高，下属的二级指标中也未产生消极可供性表现的主要属性。说明功能可供性是影响类型 D4 样本街道空间可供性积极程度的主要因素之一。

供性的因素如下：
1. 街道两侧多为商业活动，部分功能段有通透的围墙界面，街道侧界面通透度非常高。
2. 街道上无活动场地、未设置休憩活动设施，未提供有效的认知可供性、功能可供性和社会可供性。

样本街道可供性赋值分析表（类型D5）

研究图纸	赋值评分			现场照片	赋值说明
	一级指标	二级指标	赋值	总分	

一级指标	二级指标	赋值	总分
认知可供性	自然接触度	0	5
	装饰	++	
	街道形态可识别度	++	
	通透度	−	
	首层功能可识别度	+	
	标识系统	+	
功能可供性	活动场地	0	2
	道路形式	−−	
	道路尺度	+	
	道路曲折度	+	
	道路障碍	+	
	功能丰富度	0	
	休憩设施	0	
	活动设施	0	
	设施位置	+	
社会可供性	领域感	+	0
	功能布局	−−	
	街道尺度	0	
	街道眼	0	
	休憩设施	0	
	活动设施	0	

街道空间轴测示意图

6.0 m 到 1.5 m

街道平面及剖面示意图

赋值说明

自然接触度：人行道两侧缺少自然绿化，无可接触的植物（图7），未提供有效的认知可供性。

装饰：侧界面有装饰儿童审美（图7），类型D5样本街道装饰的认知可识度日考虑儿童审美可识度总长度约6 630 m，在所有街道中类型D5街道长度占比为17.3%。

街道形态可识别度：所有街道的可识度较高，提供了程度较强的积极可供性。

通透度：首层界面有效长度为212 m，界面通透率约为0.24，产生了程度较弱的积极可供性。

首层功能可识别度：首层功能信息较少，可吸引儿童，提供了程度较弱的积极可供性。

标识系统：街道内存在必要的交通标识设施，如转角镜（图6），提高了程度的安全性。

活动场地：街道内无明显的可进行活动的积极场地。

道路形式：人车混行，未设置专门的步行道（图6），可减缓机动车行驶速度，提供了程度较弱的积极可供性。

道路尺度：人车混行，机动车道宽约3 m，未设置专用人行道（图7），产生了程度较弱的消极可供性。

道路曲折度：人行道曲折度较合适（图2），可增加街道的有趣味性。

道路障碍：路面平整，无破损，无路障，考虑无障碍设计（等小型设计设施在人行道（图2），提供了程度较弱的积极可供性。

功能丰富度：街道建筑首层有少量有功能可供性。

休憩设施：未设置休憩的空间，未提供有效的功能可供性。

活动设施：街道内未设置活动设施，未提供有效的功能可供性。

设施位置：人行道专用车道之间存在高差（图1），视线部分可达，可发挥街道眼作用，道路两侧可能出现商贩（图2），街道较弱的程度提供行步行者提供街道中停留并社交的可能性，产生了程度较弱的步行空间，若儿童在街道中停留会影响到其他正常通行（图8），街道可停留空间、街道眼停留程度低，产生了程度较强的消极可供性。

领域感：儿童与机动车辆中停留到的有效的社会保障可供性。

街道布局：街道一侧界面均为底商（图1），视线部分可达，可发挥街道眼作用。

街道尺度：街道两侧界面总长度约为212 m，街道眼通过长度约为100 m，街道眼起到的社会安全保障作用有限，未提供有效的社会可供性。

街道眼：街道眼占比约为0.47，未提供有效的社会可供性。

休憩设施：未设置休憩设施，未提供有效的社会可供性。

活动设施：未设置活动设施，未提供有效的社会可供性。

类型D5样本街道中认知、功能和社会可供性的赋值评分分别为5、2、0，可供性表现总体较弱。功能可供性和社会可供性评级较低，其中，产生的安全隐患。可供性和社会可供性的因素如下：
1. 场地内人车混行，儿童活动场地、休憩设施和活动设施，未提供有效的认知可作性、功能可供性和社会可供性。
2. 街道中无休憩设施和活动设施，未提供有效的社会可供性。
3. 街道内缺少自然绿化，未提供有效的认知可供性。

附录 C　相关代码

1. 街景图像语义分割代码

```
import os
import cv2
import mmcv
import pandas as pd
from mmseg.apis import inference_segmentor, init_segmentor
from mmseg.datasets import build_dataset
from mmseg.models import build_segmentor

# 初始化 SegFormer 模型和配置文件路径
config_file = 'path/to/segformer/config_file.py'
checkpoint_file = 'path/to/segformer/checkpoint.pth'

# 初始化模型和加载预训练权重
model = init_segmentor(config_file, checkpoint=checkpoint_file)

dataset_cfg = dict(type='CityscapesDataset',
                   data_root='path/to/cityscapes/data',
                   img_dir='leftImg8bit/train',
                   ann_dir='gtFine/train',
                   pipeline=None,
                   classes='cityscapes_classes.txt',
                   test_mode=True)
class_indices = {'vegetation': 8,
                 'sky': 10,
                 'person': 11,
                 'sidewalk': 1,
                 'car': 13,
                 'road': 0,
                 'building': 2}
# 文件夹 A、B、C 的路径
input_folder_A = 'path/to/folder/A'
output_folder_B = 'path/to/folder/B'
output_folder_C = 'path/to/folder/C'
```

```python
    if not os.path.exists(output_folder_B):
        os.makedirs(output_folder_B)
    if not os.path.exists(output_folder_C):
        os.makedirs(output_folder_C)
# 初始化统计数据容器
stats = []
# 遍历文件夹 A 中的图像并进行语义分割
for img_filename in os.listdir(input_folder_A):
    if img_filename.endswith('.jpg') or img_filename.endswith('.png'):
        img_path = os.path.join(input_folder_A, img_filename)

        # 对单个图像进行预测
        result = inference_segmentor(model, img_path)

        # 获取预测结果并转换为 one-hot 编码
        pred = result['seg_result'].argmax(dim=1).astype(np.uint8)

        # 计算特定类别的像素比例
        pixel_counts = {name: np.sum(pred == index) for name, index in class_indices.items()}
        total_pixels = pred.shape[0] * pred.shape[1]
        category_ratios = {name: count / total_pixels for name, count in pixel_counts.items()}

        # 将统计数据添加到汇总列表
        spacedata = {'image': img_filename[:-4], **category_ratios}
        stats.append(spacedata)

        # 保存分割结果到 B 文件夹
        pred_vis = model.show_result(img_path, result, palette=model.CLASSES)
        out_pred_path = os.path.join(output_folder_B, img_filename[:-4] + '_pred.png')
        mmcv.imwrite(pred_vis, out_pred_path)

        # 加载原始图像和分割结果,并做透明度叠加
```

```python
        original_image = cv2.imread(img_path)
        original_image = cv2.cvtColor(original_image, cv2.COLOR_BGR2RGB)
        pred_mask = cv2.imread(out_pred_path)
        pred_mask = cv2.cvtColor(pred_mask, cv2.COLOR_BGR2GRAY)
        alpha = 0.5  # 透明度参数
        blended = cv2.addWeighted(original_image, 1 - alpha, pred_mask, alpha, 0)
        out_overlay_path = os.path.join(output_folder_C, img_filename[:-4] + '_overlay.png')
        cv2.imwrite(out_overlay_path, cv2.cvtColor(blended, cv2.COLOR_RGB2BGR))

# 将统计数据保存到 Excel 文件
df = pd.DataFrame(stats)
df.to_excel('statistics.xlsx', index=False)


# 关闭模型释放资源
model.cfg.data.test.pipeline = None
model.cpu()
model._cleanup()
```

2. 主导色识别及比例计算代码

```python
import cv2
import numpy as np
import os
from sklearn.cluster import KMeans
from collections import Counter
import pandas as pd


def is_vibrant_color(color_bgr, brightness_threshold=70, saturation_threshold=70):
    """
    判断一个BGR颜色是否属于鲜艳色彩
    """
    h, s, v = cv2.cvtColor(np.uint8([[color_bgr]]), cv2.COLOR_BGR2HSV)[0][0]
    return (brightness_threshold <= v <= 255) and (saturation_threshold <= s <= 255)
```

```python
def extract_dominant_colors(image_path, k=8):
    """
    提取图像的主导色
    """
    image = cv2.imread(image_path)
    image = cv2.resize(image, (64, 64))  # 缩小尺寸以加快计算速度
    pixels = image.reshape((-1, 3))
    kmeans = KMeans(n_clusters=k)
    labels = kmeans.fit_predict(pixels)
    counts = Counter(labels)
    dominant_colors = kmeans.cluster_centers_[np.argsort(-counts)]
    return dominant_colors

def process_images(input_folder, output_folder, excel_output='dominant_colors_stats.xlsx'):
    """
    处理文件夹中的所有图像,计算主导色及鲜艳色彩的比例,并保存到 Excel 文件
    """
    stats = []

    for img_filename in os.listdir(input_folder):
        if img_filename.endswith(('.jpg', '.jpeg', '.png')):
            img_path = os.path.join(input_folder, img_filename)
            dominant_colors = extract_dominant_colors(img_path)

            vibrant_count = sum(is_vibrant_color(color) for color in dominant_colors)
            vibrant_ratio = vibrant_count / len(dominant_colors)

            # 生成主导色图像并保存至输出文件夹
            # generate_and_save_dominant_colors_image(dominant_colors, os.path.join(output_folder, img_filename))

            stats.append({
                'Image': img_filename,
                'Dominant_Color_Count': len(dominant_colors),
```

```
            'Vibrant_Color_Count': vibrant_count,
            'Vibrant_Color_Ratio': vibrant_ratio
        })

    df = pd.DataFrame(stats)
    df.to_excel(excel_output, index=False)

# 调用函数处理 A 文件夹中的图像
input_folder_A = 'path_to_your_A_folder'
output_folder_B = 'path_to_your_B_folder'
process_images(input_folder_A, output_folder_B)
```

3. 视觉熵计算代码

```
import cv2
import os
import numpy as np
import pandas as pd


def calculate_entropy(image_path):
    """
    计算图像的视觉熵
    """
    # 加载图像并转换为灰度图像
    image = cv2.imread(image_path, cv2.IMREAD_GRAYSCALE)

    # 计算灰度直方图
    hist = cv2.calcHist([image], [0], None, [256], [0, 256])
    # 确保直方图总和不为零
    hist = hist.astype('float32')
    total_pixels = hist.sum()
    if total_pixels != 0:
        hist /= total_pixels

    # 计算概率分布
    prob = hist.flatten()
    # 计算熵
```

```python
    entropy = -np.sum(prob * np.log2(prob + np.finfo(float).eps))
    return entropy

def process_images(input_folder, excel_output='image_entropy.xlsx'):
    """
    处理文件夹中的所有图像，计算熵值并保存到 Excel 文件
    """
    entropies = []
    for img_filename in os.listdir(input_folder):
        if img_filename.endswith(('.jpg', '.jpeg', '.png')):
            img_path = os.path.join(input_folder, img_filename)
            entropy = calculate_entropy(img_path)
            entropies.append({'Image': img_filename, 'Entropy': entropy})

    df = pd.DataFrame(entropies)
    df.to_excel(excel_output, index=False)

# 调用函数处理 A 文件夹中的图像
input_folder_A = 'path_to_your_A_folder'
process_images(input_folder_A)
```

4. 基于 ELO 系统的主观偏好数据搜集平台

```python
import os
import random
import tkinter as tk
from tkinter import messagebox
from PIL import Image, ImageTk
import openpyxl
import subprocess

class ImageELOCalculator(ELOCalculator):
    def __init__(self, *args, **kwargs):
        super().__init__(*args, **kwargs)
        self.image_counts = {}

    def add_image(self, image_name):
```

```python
        self.players[image_name] = self.base_rating
        self.image_counts[image_name] = 0

    def increment_image_count(self, image_name):
        self.image_counts[image_name] += 1

class ImagePreferenceRecorder(MatchResultRecorder):
    def __init__(self, root, image_folder):
        super().__init__(root)
        self.image_folder = image_folder
        self.image_names = [os.path.splitext(name)[0] for name in os.listdir(image_folder)]

    def load_images(self):
        random_images = random.sample(self.image_names, 2)
        self.increment_image_count(random_images[0])
        self.increment_image_count(random_images[1])

        image1_path = os.path.join(self.image_folder, f"{random_images[0]}.jpg")
        image2_path = os.path.join(self.image_folder, f"{random_images[1]}.jpg")

        #...其余加载和显示图像的代码...

    def record_preference(self, result):
        player1, player2 = random.sample(self.image_names, 2)
        self.results.append((self.match_counter, player1, player2, result))
        self.elo_calculator.add_image(player1)
        self.elo_calculator.add_image(player2)
        self.elo_calculator.update_ratings(player1, player2, result)
        self.match_counter += 1
        self.load_images()

    def save_results_and_scores(self):
        #...原有保存比赛结果的部分...
```

```python
        # 添加记录每张图像参与次数的部分
        count_sheet = wb.create_sheet(title="图像参与次数")
        count_sheet["A1"] = "图像名"
        count_sheet["B1"] = "参与次数"

        for image_name, count in self.elo_calculator.image_counts.items():
            row = count_sheet.max_row + 1
            count_sheet.cell(row=row, column=1).value = image_name
            count_sheet.cell(row=row, column=2).value = count

        wb.save("results.xlsx")

if __name__ == "__main__":
    root = tk.Tk()
    recorder = ImagePreferenceRecorder(root, r"G:\学位论文 2\10.程序\picture elo\picture")
    root.mainloop()
```

5. 随机森林回归模型训练代码

```python
import pandas as pd
from sklearn.model_selection import train_test_split, cross_val_score, GridSearchCV
from sklearn.ensemble import RandomForestRegressor
from sklearn.metrics import mean_squared_error, mean_absolute_error, r2_score, mean_absolute_percentage_error
from sklearn.preprocessing import StandardScaler
from genetic_algorithm_sklearn import GeneticAlgorithmSearchCV   # 需要安装 geneticalgorithm 库

# 读取 Excel 表 A 的数据
df_A = pd.read_excel('file_A.xlsx')
X_A = df_A.iloc[:, :9].values
y_A = df_A.iloc[:, 9].values

# 数据预处理
scaler = StandardScaler()
X_A = scaler.fit_transform(X_A)
```

```python
# 使用遗传算法进行超参数调优
param_grid = {
    'n_estimators': [10, 50, 100, 200],
    'max_depth': [None, 10, 20, 30],
    'min_samples_split': [2, 5, 10],
    'min_samples_leaf': [1, 2, 4],
}

ga_search = GeneticAlgorithmSearchCV(estimator=RandomForestRegressor(random_state=42),
                                     params_dict=param_grid,
                                     scoring='neg_mean_squared_error',
                                     cv=10,  # 十折交叉验证
                                     verbose=2,
                                     max_iter=100)

ga_search.fit(X_A, y_A)

best_params = ga_search.best_params_
print(f"Best parameters found by Genetic Algorithm: {best_params}")

# 使用最优参数训练随机森林回归模型
rf_reg = RandomForestRegressor(**best_params, random_state=42)

# 训练模型并计算性能指标
kfold = 10
scores_mse = cross_val_score(rf_reg, X_A, y_A, scoring='neg_mean_squared_error', cv=kfold)
mse = -scores_mse.mean()
mae = cross_val_score(rf_reg, X_A, y_A, scoring='mean_absolute_error', cv=kfold).mean()
rmse = np.sqrt(mse)
mape = cross_val_score(rf_reg, X_A, y_A, scoring='mean_absolute_percentage_error', cv=kfold).mean()
r2 = cross_val_score(rf_reg, X_A, y_A, scoring='r2', cv=kfold).mean()
```

```
print(f"MSE：{mse:.4f}，MAE：{mae:.4f}，RMSE：{rmse:.4f}，MAPE：
{mape:.4f}，$R^2$：{r2:.4f}")

# 读取 Excel 表 B 的数据
df_B = pd.read_excel('file_B.xlsx')
X_B = df_B.iloc[:, :9].values
X_B = scaler.transform(X_B)

# 使用训练好的模型预测 B 表的输出变量
y_B_pred = rf_reg.predict(X_B)

# 将预测结果写入到 B 表的第十列
df_B.insert(loc=9, column='Predicted_Output', value=y_B_pred)

# 保存更新后的 Excel 表 B
df_B.to_excel('file_B_with_predictions.xlsx', index=False)
```

附录

附录 D 社区街道街景采集

1. 爱达花园社区

共采集爱达花园社区街道 285 个测点街景图像

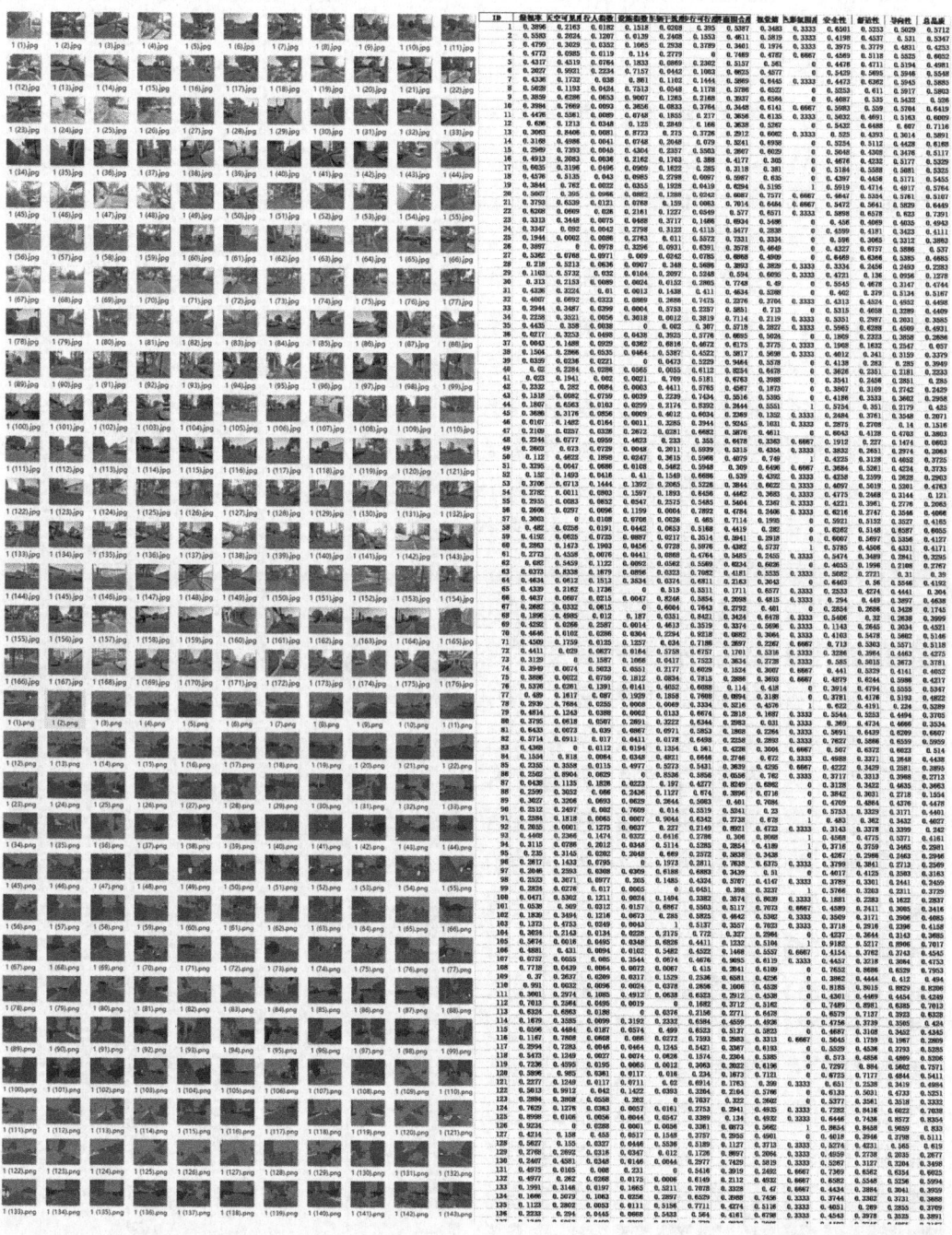

2. 西堤国际社区

共采集西堤国际社区街道247个测点街景图像

3. 锁金村社区
共采集锁金村社区街道 106 个测点街景图像

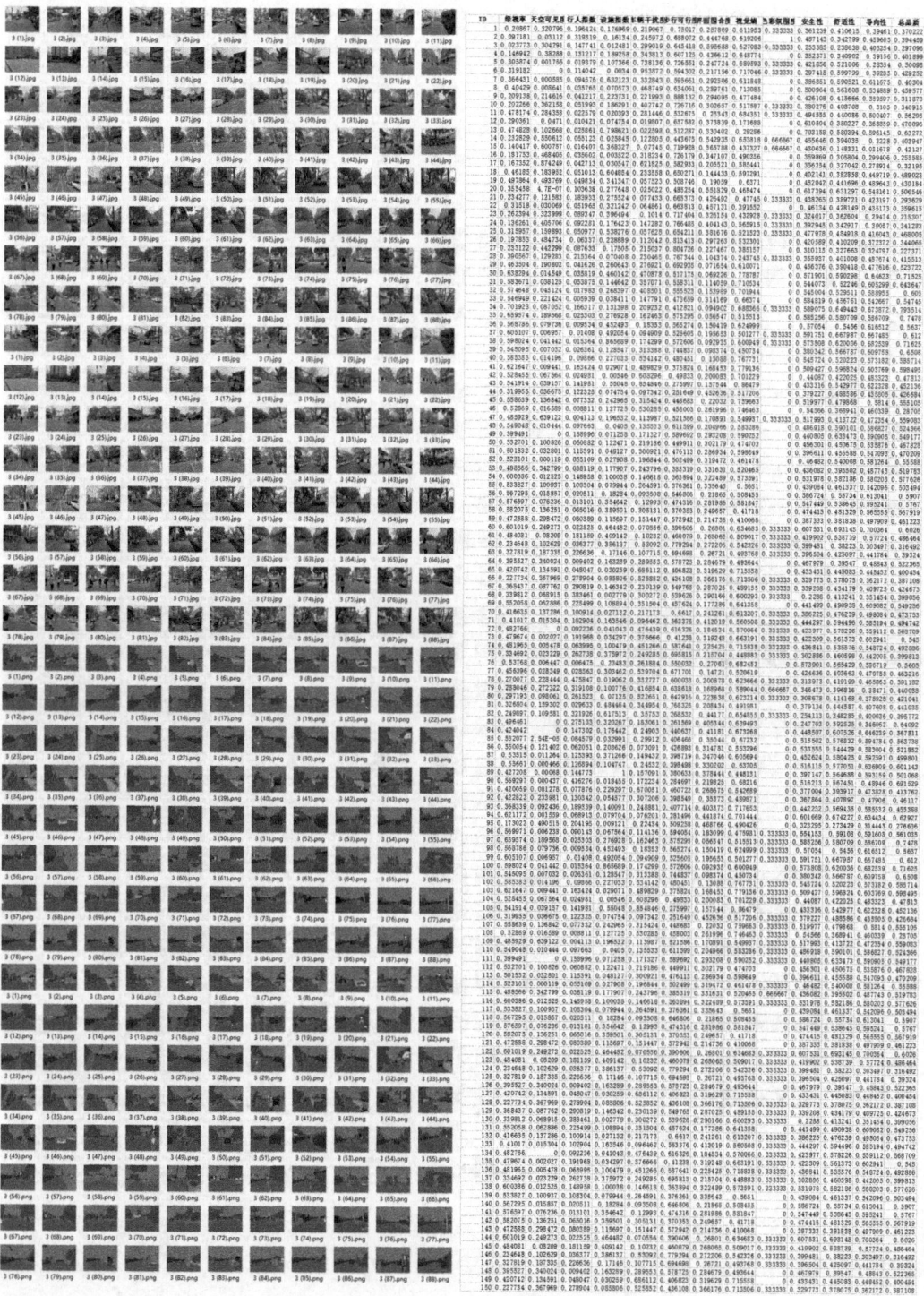

4. 唱经楼社区

共采集唱经楼社区街道 208 个测点街景图像

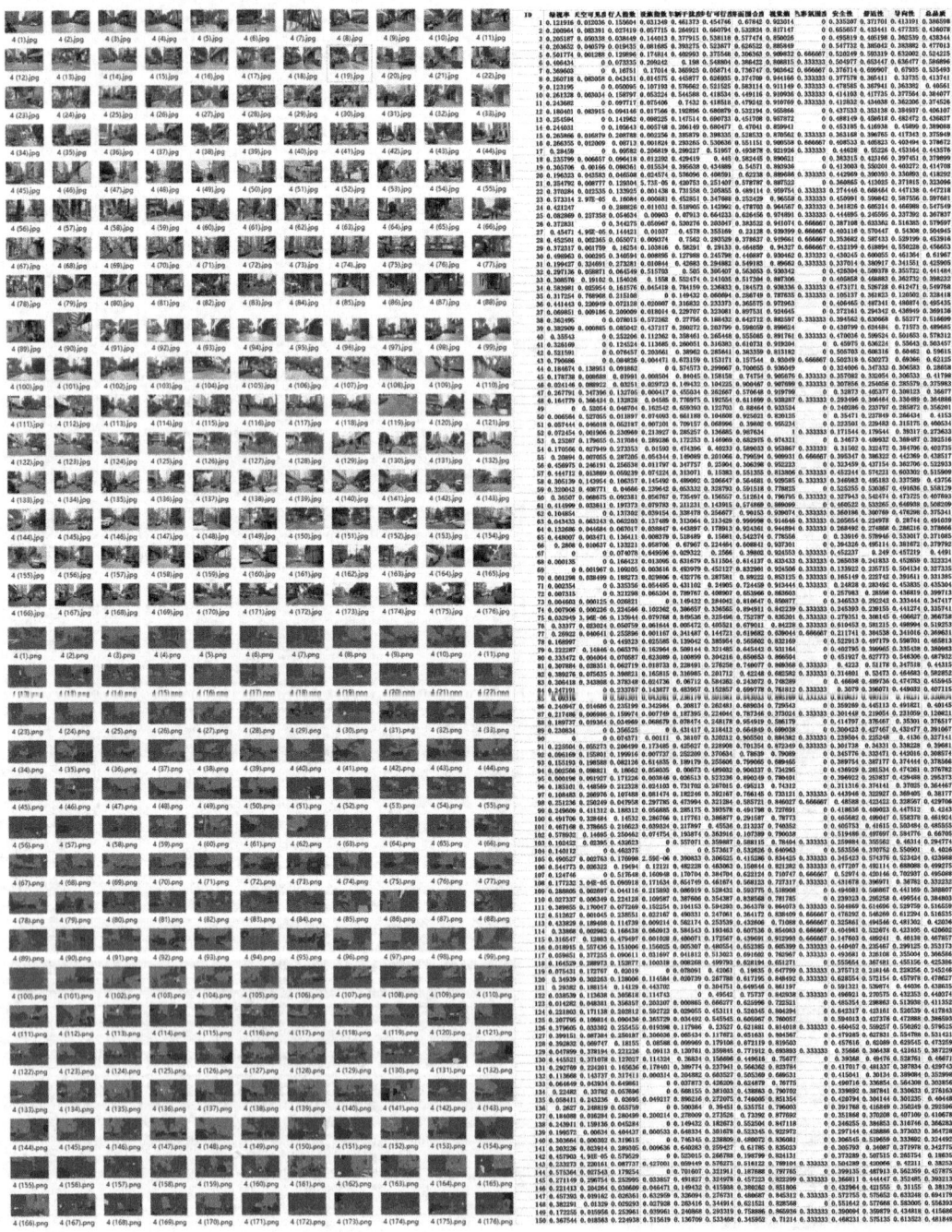

5. 九都荟社区

共采集九都荟社区街道 193 个测点街景图像

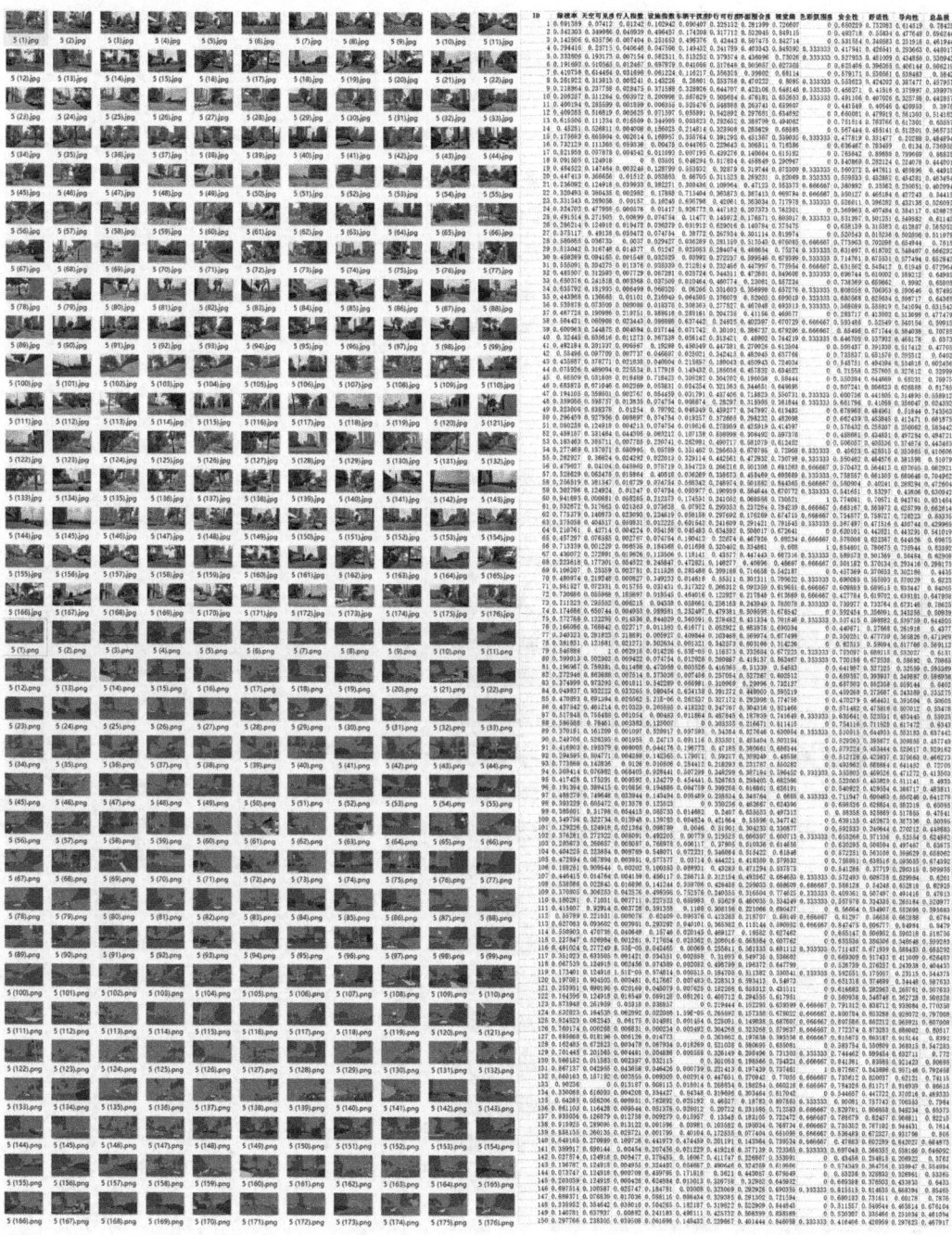

6. 南湖社区

共采集南湖社区街道 419 个测点街景图像

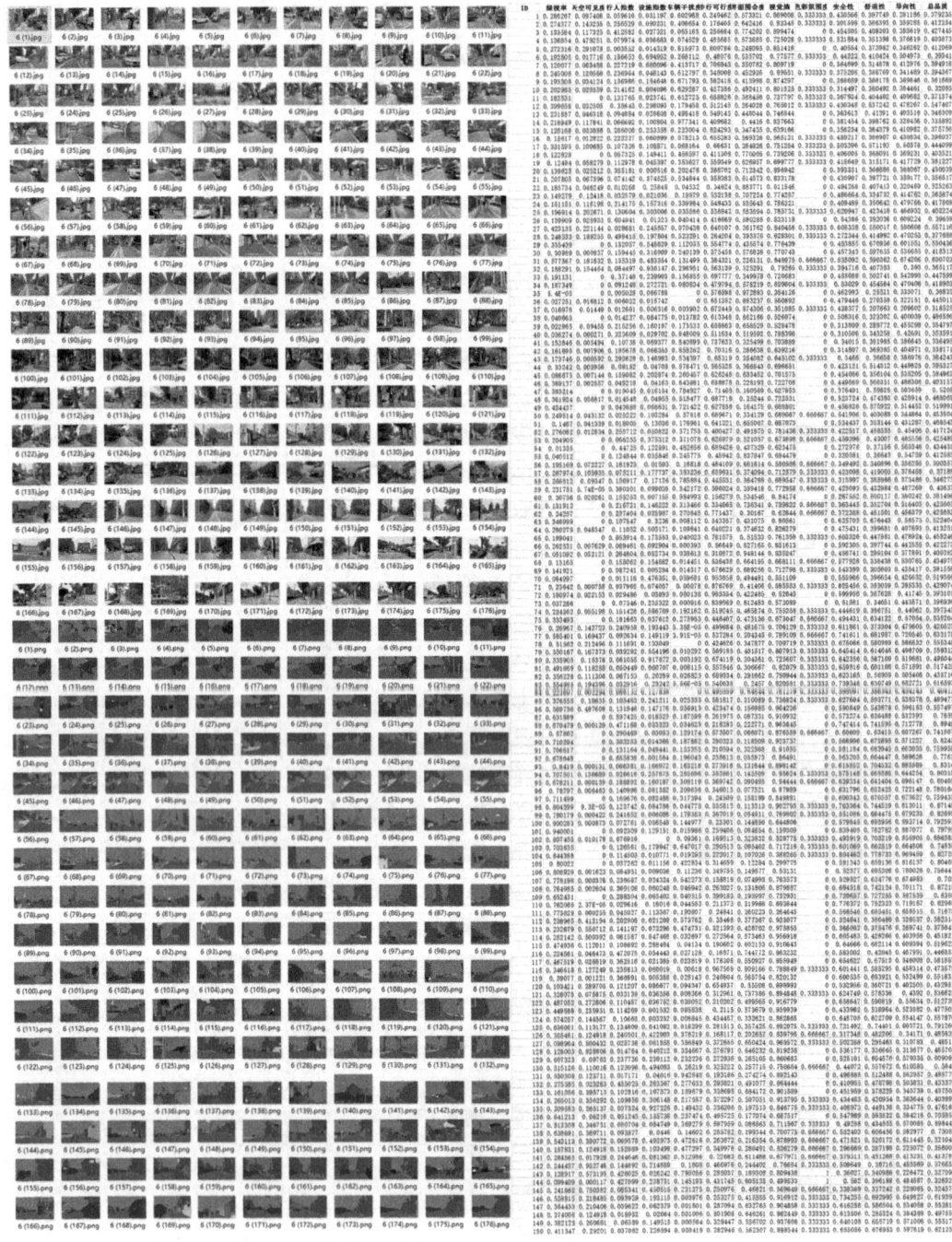

附录 E 街道空间品质评价指标 Pearson 相关性分析表

特征指标		绿视率	天空可见	行人指数	设施指数	车辆干扰度	步行可行度	界面围合度	视觉熵	色彩氛围度	安全性	舒适性	导向性	总品质
绿视率	相关性	1.000	-0.285**	-0.097	-0.094	-0.210**	-0.263**	-0.297**	-0.092	0.070	0.425**	0.684**	0.548**	0.564**
	显著性		0.000	0.240	0.254	0.010	0.001	0.000	0.261	0.393	0.000	0.000	0.000	0.000
天空可见	相关性	-0.285**	1	-0.277**	0.148	-0.137	0.079	-0.078	-0.159	0.104	-0.016	-0.336**	-0.231**	-0.246*
	显著性	0.000		0.001	0.071	0.094	0.336	0.344	0.052	0.206	0.845	0.000	0.000	0.045
行人指数	相关性	-0.097	-0.277**	1.000	-0.121	0.142	-0.241**	0.073	0.278**	-0.026	-0.266**	0.004	0.008	-0.217*
	显著性	0.240	0.001		0.139	0.083	0.003	0.377	0.001	0.756	0.001	0.957	0.918	0.034
设施指数	相关性	-0.094	0.148	-0.121	1.000	-0.165*	0.044	-0.048	0.139	-0.074	0.059	-0.012	0.197*	0.164*
	显著性	0.254	0.071	0.139		0.044	0.596	0.563	0.090	0.366	0.474	0.880	0.041	0.039
车辆干扰度	相关性	-0.210**	-0.137	0.142	-0.165*	1.000	-0.145	-0.002	0.246**	0.020	-0.524**	-0.235**	-0.229**	-0.346**
	显著性	0.010	0.094	0.083	0.044		0.077	0.985	0.000	0.805	0.000	0.004	0.005	0.000
步行可行度	相关性	-0.263**	0.079	-0.241**	0.044	-0.145	1.000	-0.266**	-0.299**	-0.023	0.201	0.192*	0.176*	0.183*
	显著性	0.001	0.336	0.003	0.596	0.077		0.001	0.000	0.778	0.087	0.019	0.032	0.024
界面围合度	相关性	-0.297**	-0.078	0.073	-0.048	-0.002	-0.266**	1.000	0.133	-0.156	-0.331**	-0.406**	-0.286**	-0.356**
	显著性	0.000	0.344	0.377	0.563	0.985	0.001		0.105	0.056	0.000	0.000	0.000	0.000
视觉熵	相关性	-0.092	-0.159	0.278**	0.139	0.246**	-0.299**	0.133	1.000	-0.049	-0.108	0.111	0.135	0.157
	显著性	0.261	0.052	0.001	0.090	0.000	0.000	0.105		0.550	0.189	0.177	0.099	0.085

续表

特征指标		绿视率	天空可见	行人指数	设施指数	车辆干扰度	步行可行度	界面围合度	视觉熵	色彩氛围度	安全性	舒适性	导向性	总品质
色彩氛围度	相关性	0.070	0.104	−0.026	−0.074	0.020	−0.023	−0.156	−0.049	1.000	0.194**	0.020	0.217**	0.198**
	显著性	0.393	0.206	0.756	0.366	0.805	0.778	0.056	0.550		0.020	0.810	0.008	0.024
安全性	相关性	0.425**	−0.016	−0.266**	0.059	−0.524**	0.201	−0.331**	−0.108	0.194**	1.000	0.510**	0.531**	0.569**
	显著性	0.000	0.845	0.001	0.474	0.000	0.087	0.000	0.189	0.020		0.000	0.000	0.000
舒适性	相关性	0.684**	−0.336**	0.004	−0.012	−0.235**	0.192*	−0.406**	0.111	0.020	0.510**	1.000	0.604**	0.721**
	显著性	0.000	0.000	0.957	0.880	0.004	0.019	0.000	0.177	0.810	0.000		0.000	0.000
导向性	相关性	0.548**	−0.231**	0.008	0.197**	−0.229**	0.176*	−0.286**	0.135	0.217**	0.531**	0.604**	1.000	0.730**
	显著性	0.000	0.000	0.918	0.041	0.005	0.032	0.000	0.099	0.008	0.000	0.000		0.000
总品质	相关性	0.564**	−0.246*	−0.217*	0.164*	−0.346**	0.183*	−0.356**	0.157	0.198**	0.569**	0.721**	0.730**	1.000
	显著性	0.000	0.045	0.034	0.039	0.000	0.024	0.000	0.085	0.024	0.000	0.000	0.000	

**：在 0.01 级别（双尾）相关性显著。　*：在 0.05 级别（双尾）相关性显著。

作者简介

郭菂　博士，副教授

南京市儿童友好专家库成员，中国建筑学会会员，瑞典隆德大学住房管理与发展中心访问学者。主要研究方向为住区规划与住宅设计以及传统民居的生态经验，专注于全龄友好的可持续社区营建。主持及参加国家自然科学基金 6 项、国家重点研发计划重点专项 1 项，出版专著 2 部、译著 2 部，发表中文核心期刊论文 20 余篇，获得多项国家发明专利和软件著作权。

王正　博士，副教授

中国建筑学会建筑策划与后评估专业委员会委员，江苏省土木建筑学会城市设计专委会委员。专注城市街区形态构成和演变、城市更新策划和设计、城市风貌规划和管控、城市公共空间系统营造等领域研究。主持及参加国家自然科学基金 4 项，出版专著 1 部、译著 2 部，发表中文核心期刊论文 20 余篇。获全国及省部级设计奖 10 余项，获中国建筑学会"青年建筑师奖"。

石一杉　硕士

长期从事居住住区和住宅建筑的开发管理工作，重视设计规划、营建运维的理论与实践的结合，尤其关注建成环境与居民行为和心理的双向关系。

吴佳晋　硕士

从事数字化环境行为技术工作，具备城市大数据挖掘、城市环境行为数据采集与分析的实践经验，探索数字技术和人工智能在城市更新设计中的运用。